普通高等教育智能制造系列教材

智能制造技术

王隆太　编著
刘延林　主审

机 械 工 业 出 版 社

智能制造技术是先进制造技术与新一代信息技术和人工智能技术深度融合的结晶。本书以数字化、网络化、智能化共性赋能技术为基础，以智能产品为载体，以智能设计、智能生产和智能服务为智能制造的三大功能支柱，构建了智能制造技术体系。

本书共7章，主要内容包括智能制造概述、智能制造赋能技术、智能产品、智能设计、智能生产、智能服务和智能制造生态。

本书将数字化、网络化、智能化三大赋能技术贯穿于全书各章节，具有良好的逻辑性和结构完整性。对于所涉及的每一项具体技术，本书均致力于清楚讲述其基本概念、方法原理及其关键技术，并引用具体案例进行印证。在内容叙述方面，本书尽力将一些深奥的技术问题简单化，力求通俗易懂，以适合读者自学及教师组织教学。

本书可作为智能制造工程专业、机械工程专业及其他机械类、近机械类专业的本科生教材，也可作为智能制造领域工程技术人员继续教育的培训教材和技术参考书。

图书在版编目（CIP）数据

智能制造技术 / 王隆太编著. -- 北京 : 机械工业出版社, 2025. 1. --（普通高等教育智能制造系列教材）.
ISBN 978-7-111-77779-3

Ⅰ. TH166

中国国家版本馆 CIP 数据核字第 2025CT3463 号

机械工业出版社（北京市百万庄大街22号　邮政编码100037）
策划编辑：王勇哲　　　　责任编辑：王勇哲
责任校对：潘　蕊　刘雅娜　　封面设计：张　静
责任印制：任维东
河北鑫兆源印刷有限公司印刷
2025年4月第1版第1次印刷
184mm×260mm · 15.25印张 · 371千字
标准书号：ISBN 978-7-111-77779-3
定价：49.80元

电话服务　　　　　　　　网络服务
客服电话：010-88361066　　机　工　官　网：www.cmpbook.com
　　　　　010-88379833　　机　工　官　博：weibo.com/cmp1952
　　　　　010-68326294　　金　书　网：www.golden-book.com
封底无防伪标均为盗版　　机工教育服务网：www.cmpedu.com

前 言

在新一轮产业革命推动下，制造业迈入了以“互联网+制造业”为特征的智能制造新时代。

智能制造是先进制造技术与新一代信息技术和人工智能技术深度融合的结晶，将数字化、网络化、智能化技术应用到产品设计、制造、服务等全生命周期的各个环节，以延伸或取代制造过程中人的部分脑力劳动，使产品制造过程及其制造系统具有智能感知、分析、学习、决策、控制与执行等智能功能。

自《中国制造2025》发展战略发布以来，智能制造已成为我国制造强国发展的主要方向。2021年由工业和信息化部等八部门联合印发了《“十四五”智能制造发展规划》，进一步加速了我国智能制造的发展。截至2021年底，我国已遴选出300多家国家级智能制造示范企业，覆盖92个行业类别，目前已在环渤海、珠三角、长三角和中西部四个地区形成了智能制造产业聚集区。在人才培养方面，全国高校新设立了260多个“智能制造工程”专业和250多个“人工智能”专业。

近年来，教育部、中国机械工程学会等也不失时机地组织出版了“智能制造”系列书籍，包括周济院士的《智能制造导论》、李培根院士的《智能制造概论》、谭建荣院士的《智能设计：理论与方法》等。这些著名学者的著作详细阐述了智能制造的基本概念和技术架构，指明了智能制造在我国的发展和实施路径，论及了当前现代制造业的基本理念和智能制造发展的前沿趋势，不仅引领了我国智能制造的发展与应用方向，也为智能制造学术研究提供了一批重要的参考文献。

然而，目前可为普通高校本科教学所用的智能制造技术书籍尚不多见。为此，编著者在对现有智能制造相关著作学习阅读的基础上，致力于编写一本适用于普通高校本科教学的《智能制造技术》教材，其中包含智能制造基本技术架构、智能制造赋能技术，以及智能产品、智能设计、智能生产与智能服务等智能制造的基本技术内容。

当然，本书的编写对编著者而言有一定难度，但编著者凭借在教学和科研一线几十年的工作经验及职业责任心，有信心编写好这本书。编著者曾在20世纪80年代开发了组合机床CAD系统，该系统在常州机床厂、济宁机床厂、北京625所、第一拖拉机制造厂等20多家组合机床生产和应用单位得到成功的应用；在20世纪末21世纪初，开发了数控螺杆磨床产品，其中的相关技术被陕西汉江机床厂成功应用至今，并为南京双螺杆挤出机生产企业改造了数十台三轴数控螺纹套磨床，为浙江台州地区蜗轮蜗杆减速机生产企业改造了数十台五轴数控蜗杆磨床；此外，还开发有高速活塞环数控车床、伺服压力机、六轴汽轮机叶片磨床等数控机床产品。在著作方面，连同本书，编著者先后编写出版了共12部教材和专著，其中《先进制造技术》和《机械CAD/CAM技术》本科教材均被列为“十三五”国家重点出版物出版规划项目——现代机械工程系列精品教材。

为此，编著者在认真学习智能制造相关技术著作的基础上，以周济院士提出的智能制造三个基本范式为蓝本，构建了本书的技术架构，即以数字化、网络化、智能化共性赋能技术为基础，以智能产品为载体，以智能设计、智能生产和智能服务为智能制造的三大功能支柱，构建了智能制造技术体系，其具体内容如下：

第 1 章智能制造概述，简要阐述智能制造提出背景，侧重论述智能制造的内涵与特征、智能制造技术的发展演进及智能制造系统架构与技术体系。

第 2 章智能制造赋能技术，从数字化、网络化和智能化三方面分别介绍智能制造相关的赋能技术。

第 3 章智能产品，在分析智能产品定义及其功能要素的基础上，从数字化、网络化及智能化等方面介绍智能产品的发展与进化。

第 4 章智能设计，在概述智能设计内容及其支持技术的基础上，侧重介绍机械产品设计建模、仿真优化及基于数字孪生的智能设计技术。

第 5 章智能生产，在概述智能工厂组成及其功能架构的基础上，讲述生产准备阶段的全三维工艺设计、车间层的制造执行系统、生产过程的产品质量智能监控和预测及数字孪生技术的应用。

第 6 章智能服务，侧重介绍数字化、网络化、智能化技术对制造服务的赋能作用、智能制造服务数据采集及预测性维护等智能服务技术。

第 7 章智能制造生态，重点围绕智能制造国家政策规划、智能制造产业模式、供应链生态及企业员工生态等方面阐述智能制造生态。

正如李培根院士所说，智能制造涉及的知识面很宽，“不管是教师、学生乃至工程师，欲全面地掌握智能制造相关的知识基本上是不可能的”。对于本书的编写，虽然编著者尽力补充了许多知识点，但本书仍不可避免地存在许多以偏概全、“一叶障目，不见泰山”之处，敬请领域专家及广大读者批评指正。

编著者
于扬州

目 录

第1章 智能制造概述

制造业是一个国家经济发展的重要支柱，是工业经济年代国家经济增长的“发动机”。制造业发展的重要因素在于技术的推动和市场的牵引。在当前新一轮技术革命的驱动下，制造业已悄然迈进了智能制造的新时代，世界各工业大国纷纷提出了自身制造业发展战略，如德国的“工业4.0”、美国的“工业互联网”、日本的“无人化工厂”及我国的“中国制造2025”等，这些国家级制造业发展战略中都包含了“智能制造”的共同要素，旨在通过新一代信息技术与工业技术的融合，打造一个万物互联、信息深度挖掘的智能世界。

重点内容：

本章在介绍当前智能制造提出背景的基础上，侧重论述智能制造的内涵与特征、智能制造的发展演进及智能制造的系统架构与技术体系。

1.1 ■智能制造提出背景

1.1.1 新一轮工业革命

科学进步和人类对物质生活的需求，催生了一个个新技术，同时也推动着制造业的发展与进步。世界历史上历次工业革命均源于新技术的问世，这些新技术推动着人类社会的进步和制造业的发展，如图 1.1 所示。

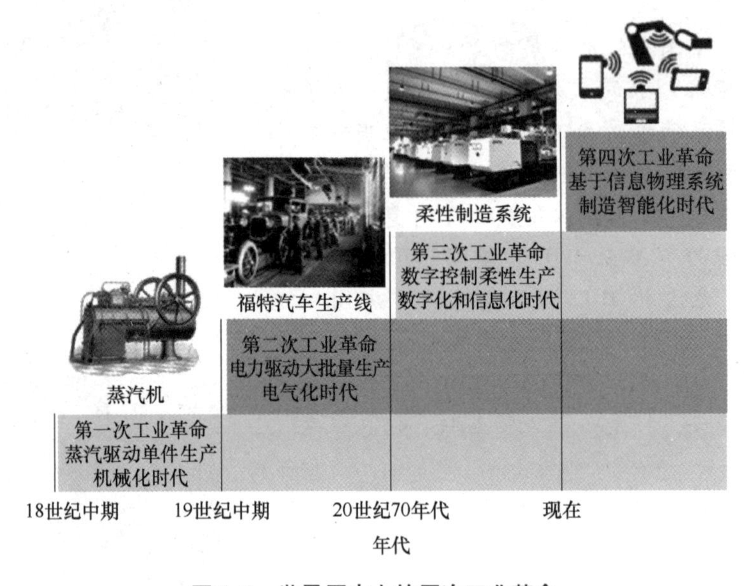

图 1.1 世界历史上的历次工业革命

早在 18 世纪中期，蒸汽机的发明在英国引发了人类历史上第一次工业革命，由机器替代人工，开创了制造业机械化的新纪元，同时也揭开了工业经济时代的序幕。

19 世纪中期，发电机的问世引发了第二次工业革命，使制造业进入了电气化时代。以汽车、武器、弹药为代表的产品产生大量社会需求，催生了福特等机械制造企业采用刚性生产线为制造手段，开启了社会商品大批量生产的模式，大幅度降低了产品生产成本，满足了人们对生产生活的物质需求。

第二次世界大战之后，电子计算机的问世及微电子技术的发展引发了第三次工业革命。数控机床、加工中心、工业机器人、柔性制造系统、柔性生产线等数字化控制设备被应用于产品的制造过程中，CAD/CAM、ERP、MES、PLM 等工业软件系统被应用于产品的设计和企业经营管理，制造业进入数字化和信息化时代。随着物质商品的丰富，人们对个性化、多样化的消费需求在不断提高，促使企业生产模式也由刚性大批量生产转变为多品种、中小批量的柔性化生产。

进入 21 世纪以来，随着工业互联网、大数据、云计算等新一代信息技术的发展，以及深度学习、大数据智能、群体智能等新一代人工智能技术的涌现，全球科技创新和产业进步呈现出新的发展态势，从而在全球范围内孕育并兴起了新一轮科技革命，即第四次工业革命。

第四次工业革命的主要特征是网络信息的互联互通，“互联网+制造业”将新一代信息技术与先进制造技术深度融合，使制造业迈入了智能制造的新时代。

1.1.2 世界工业大国智能制造发展战略

在新一轮工业革命大潮下，世界各国尤其是世界主要工业大国结合自身的实际和优势条件，积极采取行动，制定未来发展策略，以图抢占未来制造业发展战略的制高点，确保本国制造业在未来市场竞争中占据领先和主导地位。

1. 美国

2012年美国联邦政府推出了“先进制造业国家战略计划”，提出中小企业、劳动力、伙伴关系、联邦投资及研发投资五大发展目标和具体实施建议。

2012年美国通用电气公司（GE）提出了“工业互联网”计划，旨在通过互联网与工业的融合作为抢占发展先机的切入点，重塑美国制造业的竞争优势。为此，GE投入巨额资金进行了有益的实践，并联合了IBM、思科、英特尔、AT&T等行业龙头企业联手组建了美国工业互联网联盟（IIC）。至今，IIC已汇聚了33个国家与地区近300家成员单位。

2013年美国政府制定了《美国机器人路线图》，在重点发展领域从战略高度强调机器人的主导作用，研究发展机器人路线图，推动机器人技术在各领域的广泛应用。

2017年，美国智能制造创新机构CESMII发布了《智能制造2017—2018路线图》，以推动智能制造技术的应用，通过整合运营和信息技术工程系统实现智能制造的持续优化目标。

2018年美国政府发布了《先进制造业美国领导力战略》，其具体目标之一就是大力发展未来智能制造系统，包括智能与数字制造、先进工业机器人、人工智能基础设施、制造业网络安全等。

美国一系列智能制造发展战略与计划，旨在借助美国自身拥有全球领先的创新实力和高端制造的优势，着眼于工业软件、工业互联网及大数据等信息技术，以“软”实力渗透的带动作用，牢牢占据全球制造业的顶端位置。

2. 德国

德国是一个全球传统的制造业强国。制造业一直是德国经济发展的支柱，包括汽车及其零部件、机床工具及精密仪器等行业的规模和产值均位居世界前列，智能制造与精密制造技术是德国保持全球竞争优势的重要基础。

2013年在汉诺威工业博览会上，德国政府正式宣布启动“工业4.0”国家级战略规划，其目标是通过信息系统和物理系统的融合，即信息物理系统（Cyber Physical Systems，CPS），将企业内的各类信息与自动化设备等整合在一起，通过数据的无缝对接，实现设备与设备、设备与人、设备与工厂、各工厂之间的连接，以打造智能型制造工厂。区别于美国“工业互联网”，德国“工业4.0”更注重提升“硬”性的制造技术，重点发展智能型生产与智能型工厂，将先进的信息通信技术加快融入传统的制造领域，以使德国装备制造业具有更大的全球竞争优势，实现传统制造业向智能制造、智慧服务方向转型，将德国制造商打造成为智能制造技术的领先供应商。为实现此目标，2019年德国政府又提出了“国家工业战略2030”，明确提出了德国需要在重要领域拥有国家及欧洲范围的旗舰性企业。

3. 日本

早在20世纪80年代，日本就曾正式提出了智能制造系统（Intelligent Manufacturing System，IMS）国际合作计划，后因技术等原因被搁置。

2015年日本政府发布了《机器人新战略》，面对日本少子化、老龄化及用工短缺的负面影响，拟借助日本机器人的技术优势，提出了打造“世界机器人创新基地”“世界第一的机器人应用国家”“迈向世界领先的机器人新时代”的机器人发展三大核心目标。

2018年日本政府在出版的制造业白皮书中指出：在生产一线采用数字化技术，大力推动智能制造，以无人或少人加工来降低生产成本，利用大数据构筑日本“下一代”制造业。

2019年日本政府出台了《人工智能战略2019》，通过发展人工智能推动社会制度的改革，提升日本的国际影响力，并计划在2025年前实现在高中、大学普及人工智能基础知识教学，培养具有人工智能知识的复合人才。

4. 英国

英国政府曾一度推行去工业化战略，致使英国工业实体经济遭受到沉重的打击，从而迫使英国政府重新考虑重振制造业。2011年英国政府计划投资1.25亿英镑，打造先进制造业产业链，从而带动制造业竞争力的恢复。2012年启动了对未来制造业的战略研究项目，通过分析制造业面临的问题和挑战，提出了英国制造业的发展与复苏政策。

2013年10月英国政府推出《英国工业2050战略》，致力于敏捷响应的消费需求，把握市场机遇，提升可持续发展能力，培养高素质劳动力，重点资助建设新能源、嵌入式电子、智能系统、生物技术、材料化学等14个创新中心，以形成制造业智能制造的格局。

2014年，英国政府发布了《工业战略：政府与工业之间的伙伴关系》，明确重点支持大数据、高能效计算、机器人与自动化、先进制造业等多个重大前沿产业领域，旨在增强英国制造业的竞争性，促使其可持续发展。

5. 其他国家

其他工业大国也都将制造业的发展放在新形势下来构建本国经济竞争优势的核心地位，如法国政府提出“新工业法国计划”，韩国政府提出“制造业创新3.0计划”等。同时，印度、越南、墨西哥等新兴工业国家也都将制造业作为本国的立国之本，推动本国制造业的快速发展。

世界各国有关制造业的不同发展战略，其共同点在于充分应用新一代信息化技术，结合自身产业特点和优势，通过智能制造力求在未来制造业占据有利及主导地位。

1.1.3 我国制造强国的战略目标

自改革开放40多年来，我国制造业得到快速的发展。目前，我国制造业产业规模已居全球首位，是世界上唯一一个拥有全部工业门类的国家，并具备强大的产业基础和人力资源优势，是一个名副其实的制造大国。然而，我国制造业大而不强，自主创新能力还比较薄弱，劳动生产率与工业发达国家比较还有较大的差距，产业结构还不甚合理，关键核心技术还未能真正掌握在自己手中，产业发展所需的高端装备及关键零部件、元器件、核心材料等对外依存度还很高，从“制造大国”蜕变为“制造强国”之路任重而道远。

为应对新一轮全球科技革命，提升我国制造业全球竞争力，2015年我国国务院颁布了《中国制造2025》行动纲领。

《中国制造2025》提出以信息化与工业化深度融合为主线，以“创新驱动、质量为先、绿色发展、结构优化、人才为本”为发展方针，完成由要素驱动向创新驱动转变、低成本竞争优势向质量效益竞争优势转变、由资源消耗大和污染物排放多的粗放型制造向绿色制造转变、由生产型制造向服务型制造转变的四大任务，最终实现由制造大国迈向制造强国的宏伟目标。

针对我国国情和现实，《中国制造2025》将我国制造强国的宏伟目标分为三个阶段实施，如图1.2所示。

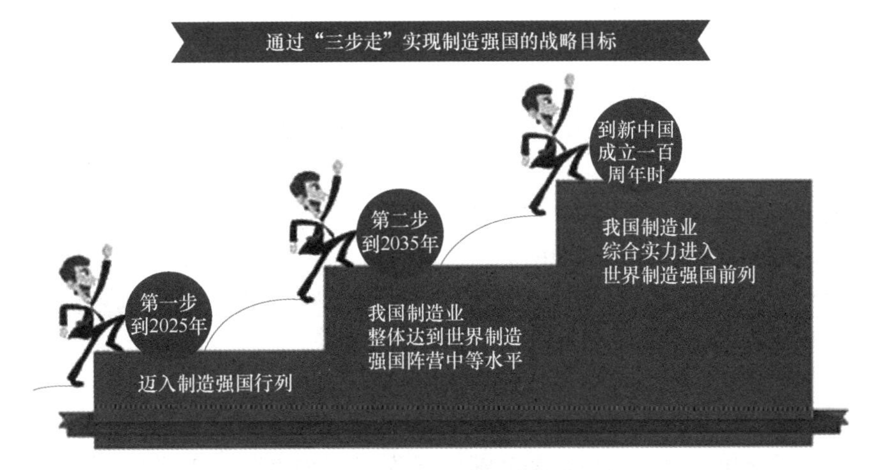

图1.2　我国制造强国三个发展阶段

第一阶段：到2025年基本实现工业化，使我国制造业迈入制造强国行列，综合指数接近德国、日本等实现工业化时代的制造强国水平。在创新能力、全员劳动生产率、两化融合、绿色发展等方面迈上新台阶，形成一批具有较强国际竞争力的跨国公司和产业集群，在全球产业分工和价值链中的地位明显上升。

第二阶段：到2035年成为名副其实的工业强国，综合指数达到世界制造强国阵营中的中等水平。创新能力大幅提升，优势行业形成全球创新引领能力，制造业整体竞争能力显著增强。

第三阶段：到新中国成立一百周年时进入世界强国的第一方阵，成为具有全球引领影响力的制造强国。制造业主要领域具有创新引领能力和明显竞争优势，建成全球领先的技术体系和产业体系。

智能制造是我国制造业创新发展的主要技术路线，是加快建设我国制造强国目标的主攻方向。

自《中国制造2025》颁布以来，我国无论在企业界、学术界还是教育界，智能制造已成为一个热点话题。在企业界，通过试点示范应用、系统解决方案、供应商培育、标准体系建设等多措并举，使我国制造业数字化、网络化、智能化水平得到显著提升，截至2021年底我国工业互联网应用已经覆盖45个国民经济大类，工业APP数量突破60万个，数字化车间与智能工厂建成了700多个，培育了较大型的工业互联网平台超过150家，连接工业设备超过 7800 万台（套）；在学术界，近年来发表智能制造各类学术研究论文数万篇；在教育界，全国高校在 2017—2021 五年期间新增设了 260 多个“智能制造工程”专业、250 多个“人工智能”专业，着眼于新时期智能制造专业人才的培养。

为了贯彻落实我国国民经济发展“十四五”规划，2021 年 12 月国家工业和信息化部等八部门联合印发的《“十四五”智能制造发展规划》，进一步明确了我国智能制造的发展目标：到 2025 年规模以上制造业企业基本普及数字化，重点行业骨干企业初步实现智能化转型。

1.2 ■ 智能制造的内涵与特征

1.2.1 智能制造的内涵

什么是智能？什么是人工智能？智能制造又如何定义？首先让我们搞清楚这些名词概念。

关于“智能”的含义，“科普中国 · 科学百科”将其定义为智力与能力的总称，《辞海》中的定义是聪明才智和处理问题的能力，两者对“智能”语义的定义基本类似。

“人工智能”属于计算机科学的一个分支，是研究和开发模拟、延伸及扩展人类智能的理论和方法的一门技术性科学，包括自然语言处理、机器学习、图像识别、自动推理、知识表示和机器人学等。

关于智能制造（Intelligent Manufacturing，IM）目前定义较多，尚无一个标准的定义。中国科学院原院长路甬祥院士曾将智能制造定义为“一种由智能机器和人类专家共同组成的人机一体化智能系统，它在制造过程中能够进行智能活动，诸如分析、推理、判断、构思和决策等。通过人与智能机器的合作共事，去扩大、延伸和部分地取代人类专家在制造过程中的脑力劳动”。该定义将智能制造看作人机一体化的智能系统。

工信部在 2016 年所发布的《智能制造发展规划（2016—2020 年）》中，将智能制造定义为“智能制造是基于新一代信息通信技术与先进制造技术深度融合，贯穿于设计、生产、管理、服务等制造活动的各个环节，具有自感知、自学习、自决策、自执行、自适应等功能的新型生产方式”。该定义点明了智能制造的技术基础、应用环节及其基本功能。

中国工程院李培根院士给出的智能制造定义是“智能制造把机器智能融合于制造的各种活动中，以满足企业相应的目标”。并进一步指出，其中的关键词“机器智能”包括计算、感知、识别、存储、记忆、呈现、仿真、学习、推理等，既包含传统智能技术，也包括新一代人工智能技术；关键词“制造活动”包括研发、设计、加工、装配、设备运维、采购、销售、财务等企业的生产经营活动；关键词“融合”，意指智能制造并非完全颠覆传统制造方式，而是通过融入机器智能以进一步提高现有制造的效能；关键词“目标”，包含提高企业生产效率、降低成本、绿色制造等企业目标。可见，该定义涵盖了智能制造的本质内涵、技术基础、系统功能及其目标等要素。

上述关于智能制造的各种定义，从不同角度阐述了智能制造的基本要素：

（1）系统构成　智能制造是由智能机器和人类专家共同组成的人机一体化系统，通过人与智能机器的合作共事，去扩大、延伸及部分地取代人类专家在制造过程中的脑力劳动。

（2）本质特征　智能制造是新一代信息技术与先进制造技术的深度融合，贯穿于企业产品设计、生产、管理及服务等企业生产活动的各个环节。

（3）基本功能　智能制造具有感知、分析、决策、执行与反馈等基本功能，能够通过感知制造过程及其外部信息，经分析、决策与推理，主动调整系统结构及运行参数，动态适应外部环境的变化，并能在实践与实施过程中具有自学习、自组织功能，通过搜集与理解制造过程信息及其环境信息，不断充实制造系统自身的知识库，提高分析判断及规划自身行为的能力。

（4）应用价值　智能制造的基本目的在于优化配置制造资源，以实现敏捷、优质、高效、低成本、可持续及满足用户要求等企业经营目标。

1.2.2　智能制造的特征

智能制造借助于工业互联网、大数据、云计算等新一代信息技术，以及机器学习和深度学习等新一代人工智能技术，相对于传统制造而言具有以下鲜明特征：

（1）方便迅捷的数据采集与处理　智能制造借助工业互联网以及各类感知元器件，可方便迅捷地获取产品数据、市场数据、生产设备数据、生产现场实时数据及企业员工等各种类型数据，经筛选、处理、综合与传递，可供企业生产过程的各个环节调用与共享。

（2）高效响应与自主决策能力　智能制造系统由若干智能机器所构成，这些智能机器虽然是由人开发的，但其所具有的计算、记忆、决策处理能力远远超过传统制造过程中人的能力。对于固定模式的计算与推理决策过程，例如产品设计时的工程分析、生产管理时的计划排产、物料分拣时的模式识别等，智能机器要比普通人能够更加快捷、准确地给出最优方案。

（3）自主规划及调节能力　应用智能传感与智能控制技术，智能制造具有对自身行为做出规划和调整的自治能力，主动感知设备及其环境工况，自动调节自身工作参数，通过“感知—分析—决策—执行”的闭环控制，可显著提高制造质量，有效提升生产效率，减少原材料与能源的消耗。

（4）大数据分析和全局优化　制造企业拥有产品全生命周期的海量数据，应用工业互联网和大数据分析等技术，可实现对企业整个生产过程及产品全生命周期的全局优化，能够以更快的速度、更高的效率和更深远的洞察力，响应快速变化的市场需求，而且拥有对生产订单的适应和应变能力。

（5）可控制驾驭不确定性、非结构化、非固定模式等问题　在制造业中，自动化技术所能解决的问题基本是确定性、结构化且具有固定模式的问题，而对大量存在的不确定性问题，如温度、振动等对制造质量影响的随机因素却无法事先认知。智能制造的本质是利用物联网、大数据及人工智能等先进技术，认知制造系统的整体联系，能够控制驾驭系统中的不确定性、非结构化和非固定模式问题，以实现更高的企业目标。

显然，智能制造有较多优势特征，机器智能是人类智慧的延伸和扩展，在较多方面其智能强度远超人的能力。然而，智能制造并非要求机器智能完全取代人的智能，即使未来的高度智能化制造系统中也还是需要人的智能，以便发挥各自优势，相互弥补，实现人的智能与机器智能共存共生。

1.3 ■ 智能制造技术的发展演进

智能制造的产生与发展有其自身的社会发展背景，也与信息化技术和人工智能技术的发展密切相关，同时也需要有计算机、微电子及传感器等物质基础的支持。正是由于有了这些物质基础的支持，促使了信息化技术从数字化和网络化发展到现今的工业互联网、物联网、大数据、云计算等新一代信息化技术，人工智能技术从传统人工智能发展成为新一代人工智能技术。

关于智能制造的发展与演进过程，中国工程院周济院士在 2018 第六届智能制造国际会议报告中提出了智能制造的三个基本范式，如图 1.3 所示。智能制造的三个基本范式概要归纳了智能制造的发展演进历程：第一范式——数字化制造，也称为第一代智能制造；第二范式——数字化网络化制造，称为“互联网+制造”或第二代智能制造；第三范式——数字化网络化智能化制造，也称为新一代智能制造，即“人工智能+互联网+数字化制造”。

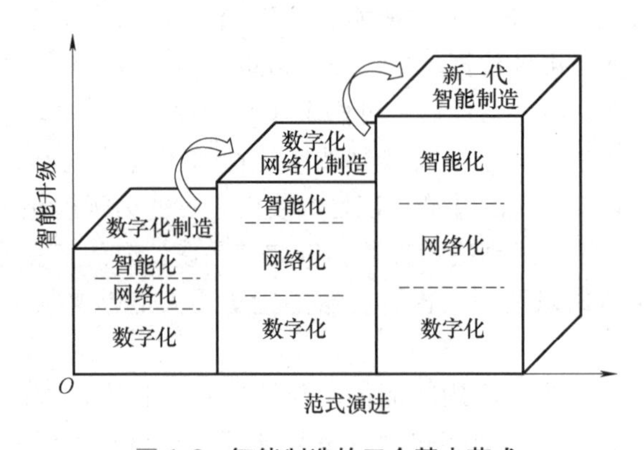

图 1.3　智能制造的三个基本范式

在欧美国家，通常将由物联网、云计算、大数据、信息物理系统（CPS）等新一代信息技术所引出的智能制造，统称为“智慧制造”（Wisdom Manufacturing，WM）。

为此，智能制造沿袭“传统制造—数字化制造—数字化网络化制造—新一代智能化制造”路径在发展和演进。

1.3.1　传统制造

在数字化技术未得到发展与应用之前，机械制造系统通常是由传统机械组成，其制造过程完全是由操作者借助于合适的制造装备与工具，通过手工来完成产品的制造过程，操作者不仅承担繁重的体力劳动，还需付出如感知、决策及控制等大量脑力劳动。这种传统的制造系统可认为是由人和物理机器两部分组成的，可简化为如图 1.4 所示的“人-物理”系统（Human-Physical Systems，HPS）。在 HPS 中，物理系统（P）的机器设备是系统的主体，人（H）在系统中起着主宰或主导作用。HPS 中的物理系统通常是由动力装置、传动装置、工作装置及机器本体等部分组成，在制造过程中帮助人担负着大量机械式的体力劳动，同时也提高了产品的制造质量与生产效率。HPS 中的人既是物理系统的创造者又是使用者，担负着制造过程的感知、分析、决策与操作控制等职能。

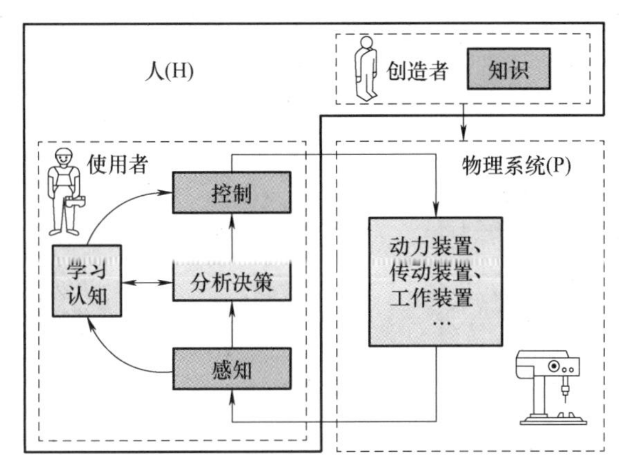

图 1.4　基于 HPS 的传统制造

1.3.2　数字化制造

自 20 世纪 60 年代以来，数字化控制技术的面世及普及，以及以数字计算、数字感知、数字通信等为主要特征的信息化技术的发展，催生了数字化制造时代。

数字化制造是将制造技术与数字化技术进行融合，通过对产品信息、工艺信息、资源信息及管理信息等进行数字化描述、分析、规划与控制，采用计算机软件系统和数字化制造装备对企业产品进行设计、制造及经营管理等制造活动，大大提高了产品设计与制造效率，提升了企业市场竞争力。

随着数字化技术的发展及制造业对技术进步的强烈需求，以数字化为主要形式的信息技术广泛应用于制造业的各个领域，有力推动了制造业发生革命性的变化。例如，在产品设计领域，采用 CAD/CAE/CAM 软件系统进行产品的设计、建模和仿真，极大提高了产品设计效率和质量；在生产车间，应用数控机床等数字化装备进行产品的生产加工，大大改善产品生产加工条件，提高产品制造质量；在企业管理部门，通过 ERP/PDM/MES/PLM 等信息管理系统对制造过程的各种信息与生产现场实时信息进行管理，优化了生产进程，缩短了生产周期，可取得企业综合的经济效益。

数字化制造是从传统制造基础上发展演化而来。与传统制造相比，数字化制造最为本质的变化是在原有人与物理系统的基础上增加了一个信息系统（Cyber Systems），从而使原有“人-物理”二元系统发展成“人-信息-物理”（Human-Cyber-Physical Systems，HCPS）的三元系统，如图 1.5 所示。

在 HCPS 中，物理机器依然是系统的主体，而信息系统则在其中占据着主导的地位，在很大程度上信息系统取代了原来由人所担负的制造过程中的分析、计算、感知与控制等生产制造任务。为此，与 HPS 比较，HCPS 集成了人、信息和物理系统的各自优势，尤其在计算分析、精确控制、感知能力等方面得到了极大提高，从而使系统的自动化程度、工作效率、质量稳定性及解决复杂问题的能力等均得到显著的提高，不仅进一步减轻了操作人员的体力劳动，人的部分脑力劳动也由信息系统去完成，大大改善了人的工作环境。

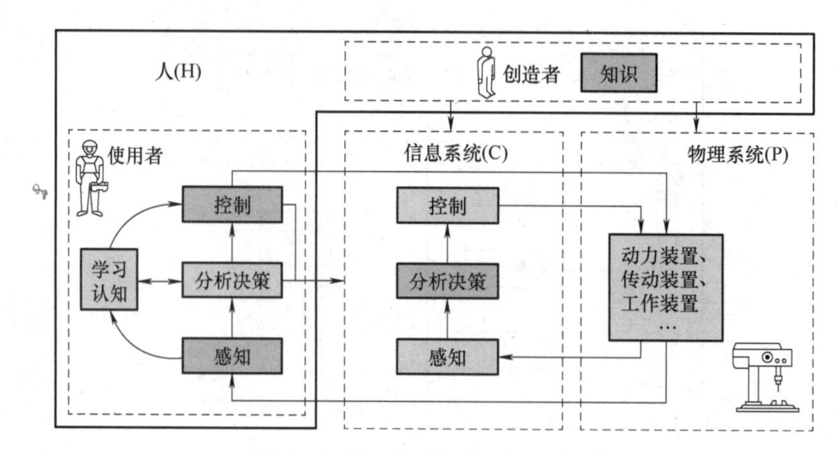

图 1.5　基于 HCPS 的数字化制造

但也必须认识到，人在 HCPS 中仍然起着主宰的作用。HCPS 中的物理系统和信息系统都是由人开发制造出来的，其分析计算方法及控制准则或模式都是由研发人员综合应用人类长期积累的知识、经验及实验数据等通过程序固化到信息系统的，一个个完善的数控加工程序都是由编程人员根据自身掌握的加工工艺知识及实际加工经验编制完成的。

在 HCPS 中，也可认为是由“人-信息”系统（HCS）和“信息-物理”系统（CPS）两部分组成。其中，HCS 反映了人与信息系统的关系，人不断应用自己的知识和经验以改进完善信息系统，信息系统的不断成熟反过来又可为人提供更好的服务；CPS 通过将信息系统与物理系统的深度融合，构建了一个个智能机器、装备、仪器或系统，CPS 是数字化制造乃至智能制造的一个重要组成部分，也是“中国制造 2025”、美国“工业互联网”和德国“工业 4.0”的核心技术。

1.3.3　数字化网络化制造

进入 21 世纪以来，互联网技术得到快速的发展与应用，“互联网+制造”促进了制造业与互联网的融合发展，重塑了制造业的价值链，推动着制造业从数字化制造向数字化网络化制造的转变。

在网络化时代，网络将人、流程、数据和事物联接起来，联通了企业内部及企业外部上下游企业间的一个个“信息化孤岛”。通过相互间的信息联通，促进了不同类型的社会资源共享与集成，大大便利了产业链的优化，使制造业对市场的变化具有更强的适应性和敏捷性，可为市场和用户提供高质量、低成本的产品与服务。

数字化网络化制造，是通过先进的网络技术、制造技术和其他相关技术，面向企业的需求构建了基于网络的制造系统，用以突破由于地域或空间限制对企业生产经营范围和方式的约束，实现覆盖产品全生命周期的企业业务活动的联接及企业间的合作与协同，高速度、高质量、低成本地为市场提供所需的产品和服务。

数字化网络化制造可为企业生产活动带来极大的便利，包括：可使产品信息在设计、制造、维护与服务全生命周期内实现共用共享，可实现企业内部各生产环节信息的纵向集成，上下游企业间信息的横向集成，以及企业生产各作业站点、供应端及用户端信息的端到端集成，可以打通企业整个制造系统的数据流、信息流与能量流，做到企业制造资源的全社会优化配置。

数字化网络化制造是在数字化制造基础上发展而来，两者之间的最大区别在于 HCPS 中信息系统的变化，如图 1.6 所示。在 HCPS 的信息系统中，工业互联网和云平台成为其中的重要组成部分，以此加强了信息系统的信息互通与协同优化的功能。作为系统的集成工具，工业互联网和云平台不仅将 HCPS 中信息系统、物理系统各组成部分连接起来，还将人与人及人与物连接在一起，使企业内部与外部的供应链、销售服务链及客户等不同人员加入到由网络连接的共同价值创造群体，使制造业的产业模式实现以产品为中心向以客户为中心的转变。

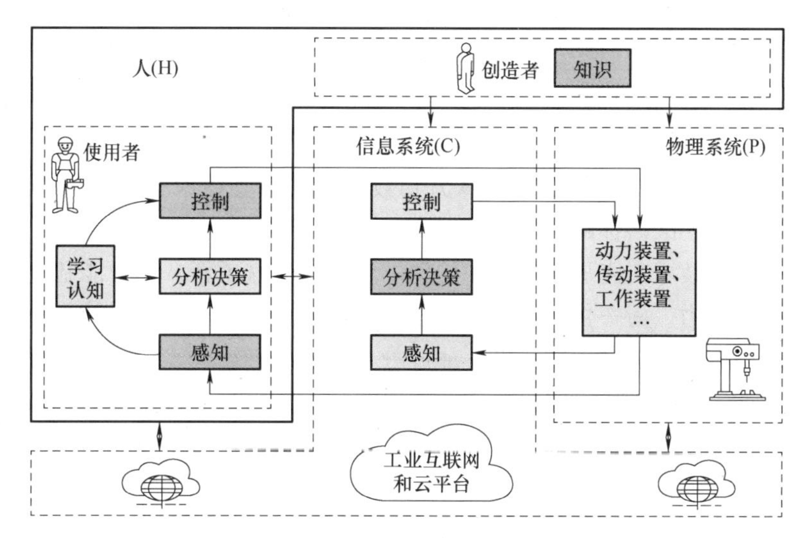

图 1.6　基于 HCPS 的数字化网络化制造

1.3.4　新一代智能制造

新一代智能制造，也即数字化网络化智能化制造，是随着新一代人工智能技术的兴起而涌现出来的一种新制造模式，其本质可理解为“新一代人工智能+互联网+数字化制造”。

人工智能（Artificial Intelligence，AI）概念早在 1956 年就已提出，但其发展并不是一帆风顺的，先后经历了两次研究“热潮”和“寒冬”的交替，如图 1.7 所示。早先的人工智能技术，主要是从事“符号推理”智能，可从事定理证明、自然语言理解、程序验证等特定问题的求解，但难以解决具体的实际问题，致使 AI 进入了第一次寒冬。20 世纪 80 年代，以专家系统为代表的知识工程面世，通过专家系统能够解决诸如产品设计、疾病诊断、矿场勘探等具体结构化问题，但因为知识描述、知识获取及知识管理的局限性，使 AI 研究进入了又一个的寒冬。

值得注意的是，在 20 世纪 80 年代模糊计算、人工神经网络、遗传计算等计算智能开始兴起。进入 21 世纪后，互联网技术得到广泛的应用，网络数据呈爆炸性增长，随之而引发了工业互联网、大数据、云计算等新一代信息技术的发展，从而触发了基于大数据的深度挖掘、机器学习与深度学习等新一代人工智能技术的爆发性发展。尤其在谷歌“Alpha Go”人机围棋大战 AI 机器胜出的影响下，科学界对于新一代人工智能的研究热情空前高涨。以大

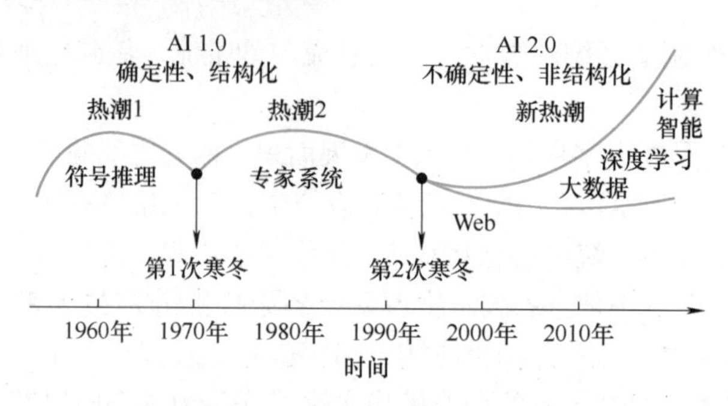

图 1.7　人工智能技术的发展与演进

数据、深度学习为主要标志的计算智能可解决一个个不确定性、非结构化的实际问题，从而推动着 AI 迎来新一轮研究热潮。

近年来，随着人工智能算法的重大突破，人工智能的计算能力极大提高，由互联网引发了真正意义上的大数据革命，其算法、算力和数据三大核心技术与其他先进技术的互融互通，使人工智能实现了战略性的突破。

新一代人工智能技术与先进制造技术的深度融合，成就了新一代智能制造。作为新一轮工业革命的核心驱动力，新一代智能制造将重塑制造业的技术体系、生产模式和产业形态，引领和推动着第四次工业革命。

在新一代智能制造 HCPS 中，新一代人工智能赋予了信息系统更强大的智能，如图 1.8 所示。在该信息系统中，除了增强了智能感知、智能分析决策与智能控制能力之外，还具有了学习认知的能力。通过人类专家和信息系统自学习认知功能共同建立的知识库，可在系统使用过程中使自身知识得到不断的积累、完善和优化。与原有的制造系统 HCPS 相比，新一代智能制造 HCPS 有了更大的进步，体现在：①从根本上提高制造系统建模能力及处理制造系统复杂性、不确定性问题的能力；②系统具有了自学习认知能力，可使知识的产生、利用、传承和积累产生革命性变化；③增强了人机混合智能，可使人的智慧与机器智能各自优势得以充分发挥，相互间能够启发式增长。

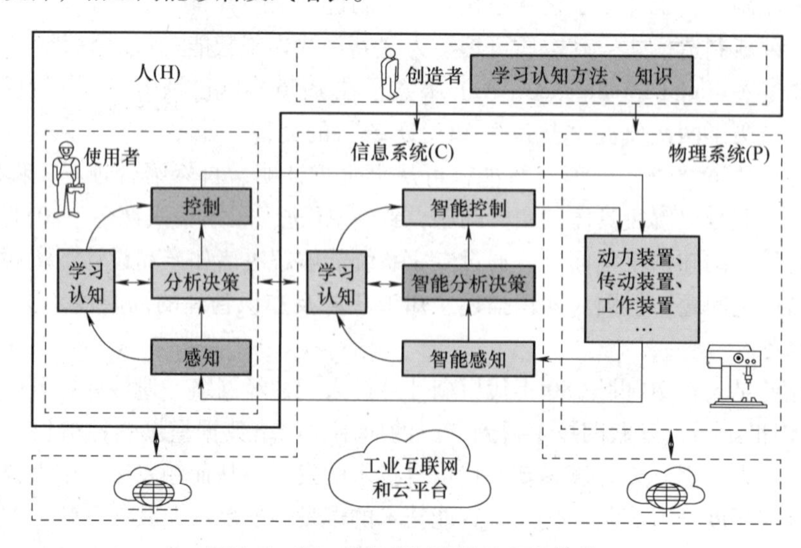

图 1.8　新一代智能制造的 HCPS 结构

1.4 ■ 智能制造系统架构与技术体系

1.4.1　智能制造系统架构

所谓系统架构，即为系统组成元素及其相互间关系与规则的形式化描述，是系统开发与实施的一个指导性原则及参考模型。

智能制造是我国推进实施制造强国的重要途径，是关系到众多企业和众多领域的信息集成、应用集成和价值集成的系统工程。智能制造系统架构是智能制造的核心技术之一，它对统一智能制造的认识和理解，以及进行智能制造技术工程的实施具有重要指导意义。

2015 年我国工信部国家标准化管理委员会发布了《国家智能制造标准体系建设指南》。为贯彻落实国家“十四五”规划，2021 年 11 月工信部对 2015 版指南进行了修订，重新颁布了 2021 版《国家智能制造标准体系建设指南》，该指南进一步明确了我国的智能制造系统架构，如图 1.9 所示。

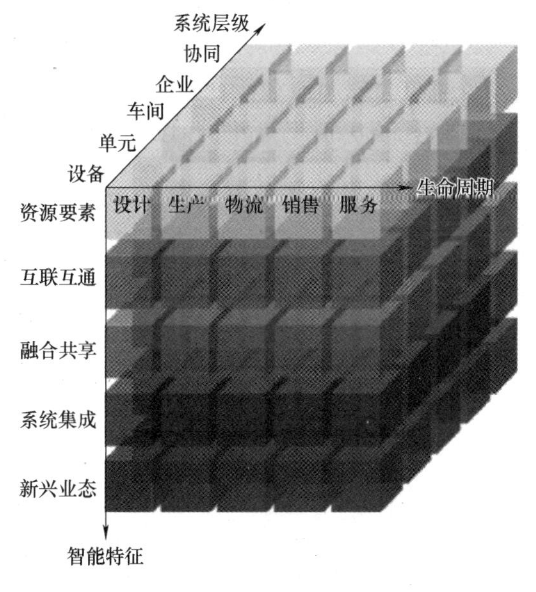

图 1.9　我国的智能制造系统架构

在我国的智能制造系统架构中，从产品生命周期、系统层级和智能特征三个维度对智能制造要素、制造装备及制造活动等内容进行了描述，明确了智能制造标准化的对象与范围。

（1）产品生命周期　智能制造的产品生命周期维度与传统制造相类似，涵盖从产品原型研发到产品回收再制造的各个阶段，包括设计、生产、物流、销售、服务等一系列相互联系的价值创造活动，各项活动可迭代优化，具有可持续性发展等特点。

不同行业产品生命周期的构成和时间顺序可能有所不同。在机械制造行业，产品生命周期的过程大致如图 1.10 所示。

1）设计。设计是根据企业约束条件及所选择技术，对用户需求进行实现和优化的过程。

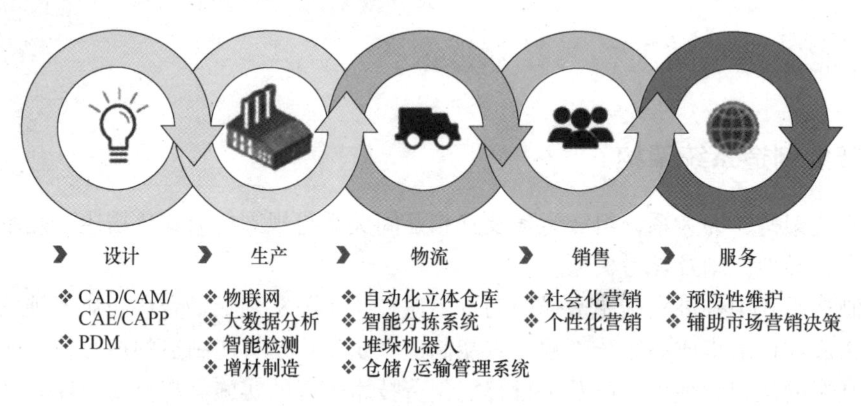

图 1.10　产品生命周期过程

2）生产。生产是指对物料进行加工、运送、装配、检验等创造产品的过程。

3）物流。物流是指物品从供应地向接收地的实体流动过程。

4）销售。销售是指产品或商品等从企业转移到客户手中的经营活动。

5）服务。服务是指产品提供者与客户接触过程中所产生的一系列活动的过程及其结果。

（2）系统层级　系统层级维度是指与企业生产活动相关的组织结构的层级划分，包括设备层、单元层、车间层、企业层和协同层，如图 1.11 所示。

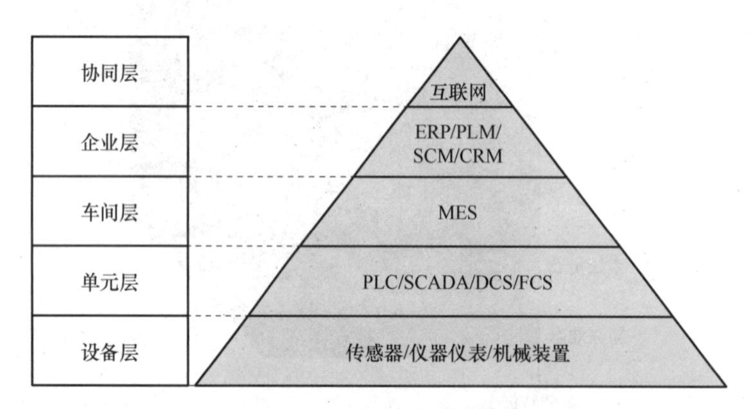

图 1.11　智能制造系统层级

1）设备层。设备层是指企业利用传感器、仪器仪表、机械装置等，实现生产物理流程并感知和操控物理流程的系统层级。

2）单元层。单元层是用于企业内信息处理、实现监测和控制物理流程的系统层级，包含 PLC、SCADA（数据采集与监控系统）、DCS（分布式控制系统）和 FCS（现场总线控制系统）等控制单元。

3）车间层。车间层是实现面向车间生产管理的系统层级，主要由 MES（制造执行系统）承担车间层的计划排产、生产调度、仓储管理等管理职责。

4）企业层。企业层是实现面向企业经营管理的系统层级，包括有 ERP、PLM、SCM、CRM 等企业决策层的软件管理平台。

5）协同层。协同层是通过互联网实现供应链上不同企业的信息互联与共享，实现跨企业间的业务协同的系统层级。

（3）智能特征　智能特征维度是指制造活动具有的自感知、自决策、自执行、自学习、自适应等功能的表征，包括资源要素、互联互通、融合共享、系统集成和新兴业态等五层智能化要求。

1）资源要素。资源要素是指企业从事智能生产时所需要使用的资源工具及其数字化模型。

2）互联互通。互联互通是指通过有线或无线网络、通信协议与接口，实现资源要素之间的数据传递与参数语义交换。

3）融合共享。融合共享是指在互联互通基础上，利用云计算、大数据等新一代信息通信技术，实现信息协同与共享。

4）系统集成。系统集成是指企业实现智能制造过程中的装备、生产单元、生产线、数字化车间、智能工厂及智能制造系统之间的数据交换和功能互联。

5）新兴业态。新兴业态是指基于物理空间不同层级的资源要素和数字空间集成与融合的数据、模型及系统，建立涵盖认知、诊断、预测及决策等功能，支持虚实迭代优化。

1.4.2　智能制造技术体系

智能制造是数字化网络化智能化技术与先进制造技术深度融合的一种集成创新技术或模式。通过上述智能制造定义及智能制造系统架构分析，本书将智能制造技术体系归纳为由智能产品、智能制造共性赋能技术和智能制造功能系统三大部分构成，如图 1.12 所示。其中，智能产品是智能制造的对象或载体，是智能制造价值创造的核心；智能制造的共性赋能技术包括数字化、网络化和智能化等信息技术；智能制造的功能系统包括智能设计、智能生产和智能服务三大主体功能。

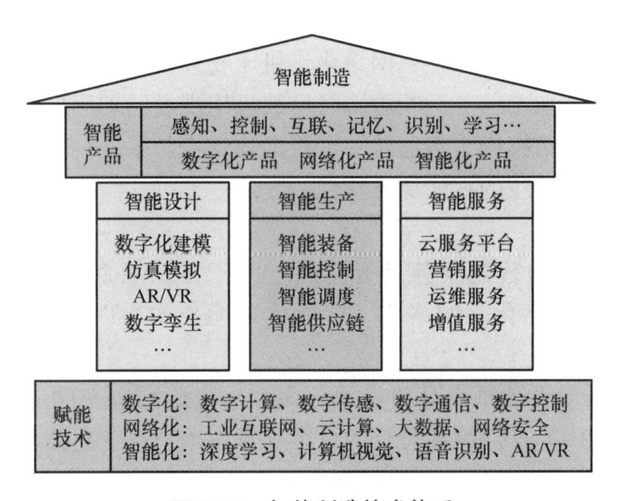

图 1.12　智能制造技术体系

1. 智能制造共性赋能技术

智能制造是信息技术与制造业深度融合的产物。可以认为，数字化、网络化、智能化等信息技术是智能制造的共性赋能技术。

（1）数字化技术 数字化技术是智能制造的核心赋能技术，包括数字计算、数字传感、数字通信、数字控制等。数字化技术实现了对整个物理信息的数字化描述，以感知、通信、计算、控制等全过程的数字化，使原先完全依赖人的活动能够部分由计算机或信息系统来完成，如CAD/CAM系统的数字化设计、ERP/MES/PLM系统的数字化管理、CNC/DNC/FCS系统的数字化控制等，从而带领制造业进入了数字化时代。

（2）网络化技术 网络化作用在数字化技术基础上，通过物理连接能力的全面提升，将一个个数字化系统连接到一起，极大拓宽了物理系统的连接范围和信息系统的集成深度。网络化技术包括工业互联网、云计算、大数据等新一代信息技术，通过新一代信息技术与制造技术的深度融合，将实现企业产品的设计、生产和运营的网络化，形成协同设计、协同制造、供应链协同等新型生产组织，以更加快捷、高质、低成本的方法和手段去获取所需资源并提供相应的产品与服务。

（3）智能化技术 智能化技术即为新一代人工智能技术，包括以机器学习、深度学习的大数据计算智能，以及以计算机视觉、语音识别、AR/VR技术的跨媒体智能等。智能化技术在数字化描述和万物互联网络化基础上，全面发挥数据和知识的价值，最终逐步形成由人、信息系统和物理系统有机组成的综合智能系统（HCPS）。

2. 智能产品

智能产品是智能制造的实施对象和主要载体。智能制造的智能设计、智能生产和智能服务三大功能系统，只有作用实施于具体的产品对象，才能体现其效率、质量、成本及市场响应敏捷性等智能特征。

智能产品自身应具有感知、推理、决策、控制、互联等基本智能，才能够更好方便用户，提高自身使用价值、经济价值和社会价值。

智能制造的数字化网络化智能化共性赋能技术，可为智能产品赋予更多、更强的智能与功能，可给智能产品带来无限的创新空间。以机床产品为例，数字化为机床产品赋予了数字化控制功能，可实现自动化数控加工；网络化将机床物理实体与企业信息化管理软件系统相连接，可直接向机床分派加工任务，并可实时反馈机床现场的加工信息，使管理者能够实时协调控制生产作业过程，对机床装备还能够进行远程维护与服务；智能化可使机床具有自感知、自诊断、自调节、自适应的智能加工特性。

3. 智能制造功能系统

智能设计、智能生产和智能服务是智能制造的三大功能系统，三者各自以自身制造技术为主体，深度融合数字化、网络化、智能化赋能技术，以形成各自的发展目标和创新技术。

（1）智能设计 智能设计是产品信息的源头，是智能制造充满活力的创新活动。数字化、网络化和智能化技术是产品智能设计的重要支撑技术。数字化技术可使人们借助各类产品设计CAD软件工具，进行产品设计建模和模拟仿真，最终获取优化的产品设计数据模型；数字化网络化技术可实现企业内乃至全球范围内产品的协同设计，有利于减少设计的反复，有效提高设计效率与设计质量；数字化网络化智能化设计技术的发展催生了数字孪生等智能设计新技术，可使产品在设计过程中进行产品实际运行仿真，并在产品使用过程中使产品得到持续的改进与优化。

（2）智能生产　智能生产是智能制造的主要组成部分，是智能产品制造的物化过程。企业产品生产一般包含产品生产工艺准备、加工制造、装配检验等整个过程。智能生产有两条主线：一个是生产过程的自动化；另一个是生产管理的信息化。数字化为智能生产自动化过程提供了加工中心、柔性制造单元、柔性生产线等自动化加工物理装备，并为智能生产管理提供了制造执行系统（Manufacturing Execution System，MES）、企业资源计划（Enterprise Resource Planning，ERP）等信息化管理工具；网络化通过互联网和云平台将企业生产中的人、信息系统和物理系统连接为一体，能够更合理的利用和调配生产资源；新一代人工智能和信息技术将企业产品生产过程转变为“人工智能+互联网+数字化制造”的智能生产过程。

（3）智能服务　智能服务不仅为智能制造产品的市场营销和运维服务提供更好的支持，还肩负着制造业从“以产品为中心”向“以用户为中心”产业转型的重任，推动制造业以“规模化定制生产”“协同创新与共享制造”及“服务型制造”新产业模式进行根本性变革。

［案例 1.1］　法士特汽车变速器智能工厂

法士特公司是建于 1968 年的商用汽车变速器生产企业。在建厂初期，该公司产品生产方式主要以手工机械作业为主，生产能力有限，汽车变速器总成年生产能力仅为两三千台。20 世纪 80 年代该公司经历了一系列技术改造，产品生产逐步过渡为数控加工生产方式，到 90 年代公司的变速器产能越过了万台套大关。

进入 21 世纪，公司先后引进了精益生产管理、企业资源计划（ERP）和产品生命周期管理（Product Lifecycle Management，PLM）系统，建立了信息管理企业网络，使公司能够实时准确地掌握企业经营生产中的采购、物流、制造、销售、财务等信息，实现了企业信息的集成管理；在各厂区上线了仓库管理系统（Warehouse Management System，WMS），与供应商之间上线了供应商关系管理（Supplier Relationship Management，SRM）系统，实现了采购过程及供应商的有效管理。近年来，还在厂区试行了 5G 网络应用，实时采集并监控生产车间的环境参数、生产过程数据及质量检测等数据，进一步完善了企业信息化建设。

通过上述先进技术的引进和企业信息化改造，法士特公司基本完成了企业的数字化、网络化建设，提升了公司对产品生产过程的管控能力，实现了企业生产过程的精细化管理，促进了企业产品生产过程的可追溯性和透明化，提升了企业产品生产的合格率和节能降耗水平，保障了产品加工质量和品质。2019 年，整个公司的汽车变速器总成产销量超过 100 万台，成为国内外 150 多家主机厂上千种车型定点配套产品，国内市场占有率超过 70%。

2020 年，法士特公司瞄准欧美一流公司，研制了下一代战略性竞争产品，并开始投建年产 20 万台的 S 系列变速器智能工厂。历经一年多时间的加速建设，其一期工程建设完成，各项技术指标均达到国际先进水平，并于 2021 年入选为国家工信部“智能制造试点示范工厂”。

图 1.13 所示为法士特智能工厂信息系统架构，上、下共由五层组成，分别为企业层、执行层、采集层、控制层和设备层。

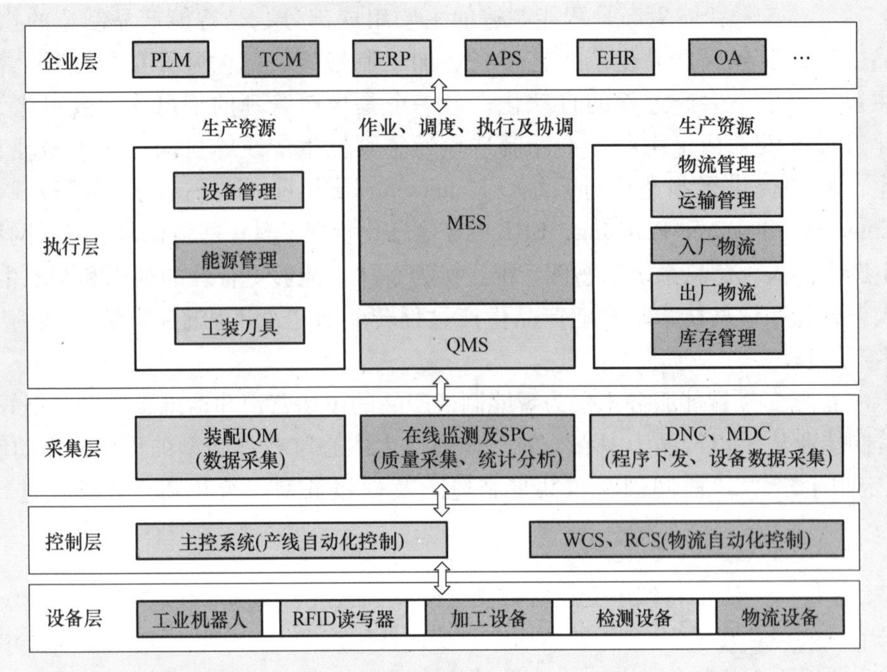

图 1.13　法士特智能工厂信息系统架构

（1）企业层　该层为面向企业的经营管理信息层，包括企业资源计划（ERP）系统、高级计划与排程（Advanced Planning and Scheduling，APS）系统、产品生命周期管理（PLM）系统、人力资源管理（Electronic Human Resource，EHR）系统、结构化工艺设计（Teamcenter Manufacturing，TCM）系统等。ERP 系统根据市场与客户订单信息，制定企业经营计划和生产计划；将该计划中的变速器订单发送给 APS 系统进行计划排程，生成车间的生产任务；并将生产计划发送给 TCM 系统进行产品的工艺设计，生成产品制造物料清单（Manufacturing Bill of Material，MBOM）和工艺路线；然后将产品生产控制计划下达给下一层执行系统。

（2）执行层　该层为面向车间的生产管理信息层，包括制造执行系统（MES）和质量管理系统（Quality Management System，QMS）等。MES 执行任务时，一方面通过数据采集模块，获取设备实时运行参数、产品质量参数及人员和物料等现场状态信息，并将所采集的信息及时反馈至上层系统，以便上层系统对生产现场的实时监控及必要时对生产计划的调整；另一方面将上层下达的生产任务进行分解，用于对现场设备的控制。

（3）采集层　该层任务：一方面负责接收来自上层的控制程序；另一方面采集生产现场状态信息和产品质量信息，以提供生产现场智能化质量管理数据。

（4）控制层　该层主要负责对车间产线、物流及仓储系统的控制与调节。产线控制系统能够自动采集生产过程的加工数据和设备信息，并结合各产品的工艺特点和质量指标，对生产过程进行在线监测、分析与管理；物流及仓储控制系统通过车间和工厂的信息化集成系统，对采购和物流等供应链进行实时跟踪，实时掌握各种物流信息，以保证车间生产的持续性优化。图 1.14 所示为法士特壳体产线控制系统的功能，包含数据采集、数据分析、刀具管理、物料管理、生产管理及人员管理等功能。

（5）设备层　该层是企业进行生产活动的物质基础，包括工业机器人、数控加工设备、检测设备、物流设备以及各类传感器、射频识别（Radio Frequency Identification，RFID）装置等执行和感知软硬件设备。

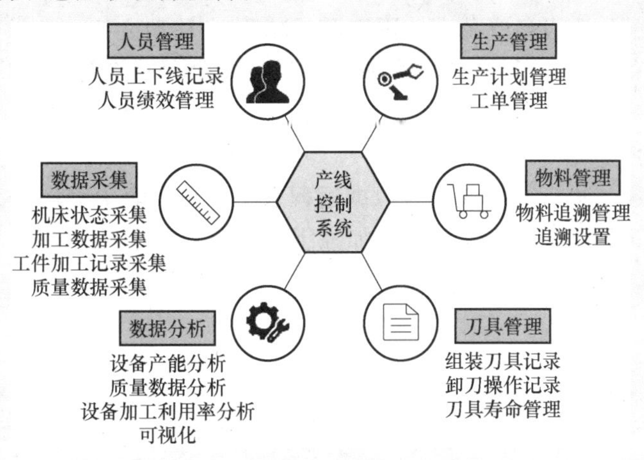

图 1.14　法士特壳体产线控制系统功能

法士特针对自身企业信息系统特点，构建了数字化网络化工厂云平台。其平台架构如图 1.15 所示，主要包括物理设备层、IaaS（Infrastructure as a Service，基础设施即服务）层、PaaS（Platform as a Service，平台即服务）层和 SaaS（Software as a Service，软件即服务）层。其中，物理设备层是工业大数据的汇聚入口，主要为各地工厂提供连接与边缘计算服务；IaaS 层是对整个云平台进行有效支撑，部署有各类云基础设施，为企业构建了各类资源池，包括研发、生产、供应链等各种计算、存储、服务的网络资源；PaaS 层是为操作系统扩展所构建的开发与分发平台，为各工厂提供海量工业数据的管理

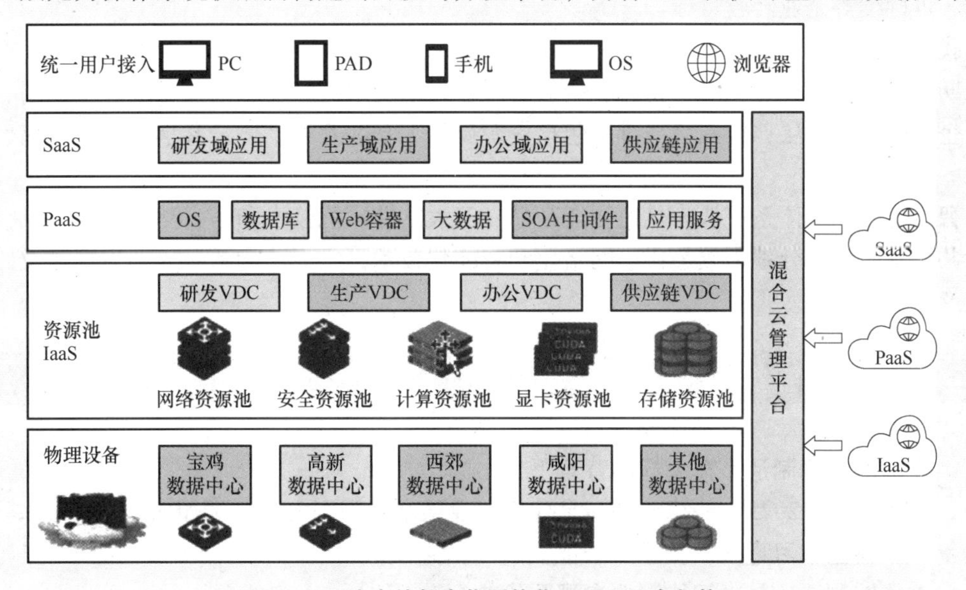

图 1.15　法士特数字化网络化工厂云平台架构

和分析服务，并能够积累沉淀不同领域的技术、知识和经验等资源；SaaS 层对用户提供各种软件服务，以满足各类用户应用的平台接入。

法士特在两个主要厂区建立有主数据中心，在其他各厂区建立了多个边缘数据中心。在各地数据中心的物理设备支持下，用户可通过 PC、移动设备、工业互联设备等统一接入云端进行资源的获取，为公司计算资源、存储资源和网络资源提供有效空间和能源保障。

公司通过该数字化网络化工厂云平台，可使不同工厂的数控装备、物流系统及信息管理系统互联互通，进行网络通信、数据远程采集、程序集中管理、大数据分析、可视化展现、智能决策等云空间操作，大大加强了企业信息流通和管理，实现资源信息的共享和安全。

本章小结

智能制造是基于新一代信息技术与先进制造技术深度融合，贯穿于设计、生产、管理、服务等制造活动的各个环节，具有自感知、自学习、自决策、自执行、自适应等功能的一种新型制造模式。

智能制造的发展可归纳为三个基本范式：数字化制造为第一代智能制造；数字化网络化制造为第二代智能制造；数字化网络化智能化制造为新一代智能制造。

智能制造的基本要素：①系统构成，是由智能机器和人类专家共同组成的人机一体化系统；②本质特征，是新一代信息技术与先进制造技术的融合；③基本功能，具有感知、分析、决策、执行与反馈等；④应用价值，优化配置制造资源，以实现敏捷、优质、高效、低成本、可持续等企业经营目标。

我国的智能制造系统架构由产品生命周期、系统层级和智能特征三个维度构成：产品生命周期维度包括设计、生产、物流、销售、服务；系统层级维度包括设备层、单元层、车间层、企业层、协同层；智能特征维度包括资源要素、互联互通、融合共享、系统集成、新兴业态。

智能制造技术体系可认为是由智能产品、三大共性赋能技术和三大功能系统构成，其中三大共性赋能技术分别为数字化、网络化和智能化技术，三大功能系统分别为智能设计、智能生产和智能服务。

思考题

1. 当前的智能制造是在怎样的背景下提出的？
2. 《中国制造 2025》的战略目标是什么？我国制造强国宏大目标如何分步实施？
3. 根据自己学习理解，叙述“智能制造”的定义。
4. 与传统制造比较，智能制造有哪些优势？
5. 简述人工智能的发展演进过程。

6. 智能制造三个基本范式是什么？各有哪些特征表现？
7. 什么是 HCPS？解释 HCPS 各部分组成及其在智能制造中的功能作用？
8. 简述智能制造发展演进过程。
9. 我国智能制造系统架构由哪些维度构成？各维度又如何进一步分解？
10. 分解智能制造技术体系，主要由哪几部分组成？各部分又包含哪些具体技术？

第2章 智能制造赋能技术

重点内容：

本章重点讲述智能制造的赋能技术，包括：数字化感知、数字化通信、数字化控制等各类数字化技术，信息物理系统（CPS）、云计算、大数据、工业互联网等新一代信息化技术，机器学习、人工神经网络与深度学习及计算机视觉等新一代人工智能技术。

智能制造是信息技术与制造业深度融合的产物。数字化、网络化和智能化等信息技术被认为是智能制造的共性赋能技术。其中，数字化技术用于对物理世界的数字化描述，以感知、通信、计算和控制为特征，包括数字计算、数字感知、数字通信、数字控制等；网络化技术是在数字化技术基础上，通过拓宽物理连接范围和加深信息集成深度，以工业互联网、云计算、大数据等新一代信息技术与制造技术的深度融合，实现企业产品设计、生产、运营等网络化连接，以更加快捷、高质、低成本优势提供相应的产品与服务；智能化技术是在数字化描述和万物互联基础上，通过机器学习、深度学习及图像识别分类等新一代人工智能技术，进行精准建模、自主学习及人机混合智能，全面发挥数据和知识的价值，带领制造业进入智能制造的新时代。

2.1 ■ 数字化技术

数字化就是将许多复杂多变的信息转变为可以量度的数字或数据，再将这些数字或数据转变为二进制代码，由计算机进行转换处理的过程。数字化技术的实质，就是将各类图、文、声、像等信息描述成为模拟量，经模/数（A/D）转换处理使其转变为智能机器所能识别的二进制数字量，并进行存储、传播、计算、处理及还原等技术的总称。数字化技术的出现使人们从根本上提高了对信息处理和利用的能力，通过二进制数字可使人们更客观精确地描述物理世界，更高效地进行数据的计算、处理和传输。人们借助于各类现代数字化系统可有效识别、处理、传输、分析和决策来自现实世界的各种信息，实现感知、通信、决策、控制等全流程闭环的数字化应用，深刻改变人类与物理世界的交互方式。

下面将从数字化感知、数字化通信、数字化控制及非数值型数据的数字化等方面介绍数字化技术的具体应用。

2.1.1　数字化感知

生产现场实时信息的感知检测是生产自动化乃至智能化的最基本控制环节，通过实时现场信息的检测，可保证对生产过程进行正常合理的调节与控制，日常最常见的感知工具有各类传感器及不同类型的自动识别装置。

1. 传感器

传感器是将力、温度、位移、速度、液位等物理量转变为电信号的一种信息转换器。例如，将电阻应变式传感器粘贴在被测物体表面，利用传感器自身电阻丝的应变便可将被测物体所承载的力或力矩变化转换为传感器的电阻量变化，如图 2.1 所示。

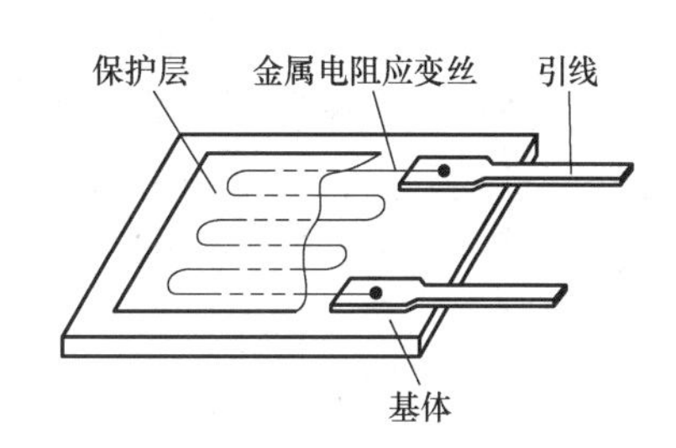

图 2.1　电阻应变式传感器

现代传感检测系统一般包含传感转换、信息处理和微处理器三个基本组成部分，如图 2.2 所示。其中，传感转换是感知被测对象的状态变化信息并将其按一定模式将之转换为电信号，其过程由敏感元件和转换元件来完成；信号处理的作用是将检测所得到的电信号进行放大、滤波及 A/D 转换处理，将电信号的模拟量转换为数字量；微处理器则负责对获得的数字量信号进行分析、计算及存储等处理。这种带有微处理器的感知检测系统，也被认为是一种智能型的检测系统。

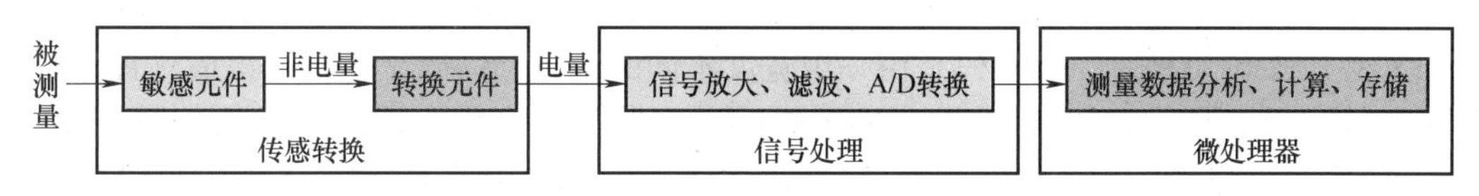

图 2.2　现代传感检测系统的组成

根据不同对象的检测需要，可选择不同类型的传感器，见表 2.1。

表 2.1 常用物理量检测的传感器

工作原理	类型	应用范围								
		几何量（位移角度）	速度、加速度	扭矩	力	质量	转速	振动	计数	探伤
电阻式	电位器式、应变式、压阻式、湿敏式等	√		√	√	√	√	√		
电容式	可调极距式、变换介质式等	√	√	√	√	√	√	√		
电感式	自感式、差动变压器式等	√	√	√	√	√	√	√		
电磁式	感应同步器式、涡流式等	√	√	√		√	√	√	√	√
光电式	光电管式、光敏电阻式等	√	√	√		√	√	√	√	
压电式	压电石英式、压电陶瓷式等		√	√	√	√		√		
半导体式	PN 结式、磁敏式、力敏式、霍尔变换式等	√	√	√	√	√	√	√		
射线式	X、α、β、γ 等	√								√

由于传感器自身性能及外部环境因素干扰等影响，传感器所接收的数据往往具有不确定性。为了提高传感器信息检测精度和质量，可采用多传感器的信息融合技术，即将来自多源的传感器信息或数据，依据一定的融合模式及算法进行关联、分析和综合处理，从而提高信息检测的精确度和可靠性。目前，市场上已推出集成化的多元阵列传感器产品，应用一块传感器芯片便可检测多个物理参数，通过信息融合处理技术可显著提高感知检测系统的冗余度和容错率，以保证智能系统决策的快速性和准确率。

2. 自动识别技术

传感器通常是用于动态时变信号的感知检测。对于一些静态不变物品信息的检测，可应用条码识别、射频识别（RFID）、磁卡识别、图像识别等技术进行识别感知。目前，在企业生产系统中最常用的识别技术为条码识别和 RFID。

（1）条码识别技术　条码识别系统通常由条码标签、条码阅读器和计算机组成，条码识别是一种快速、准确、可靠的数据自动采集技术。条码识别有一维条码识别和二维条码识别之分。

1）一维条码识别。一维条码是由一组宽度不同的线条和间隔平行排列组成（图 2.3a），条码中的线条和间隔是根据规定的标准模式进行排列，通过宽度不同的线条和间隔排列次序以表示不同的数字或字母，可通过光学扫描器根据黑色线条和白色间隔对光线的不同反射来对条码所包含的信息进行识别阅读。

一维条码所携带的信息量有限，如一维商品条码仅能容纳 13 位阿拉伯数字，更多的信息只能依赖商品数据库的支持。由于一维条码具有成本低、速度快、准确率高等特点，在商业、仓储、邮政、图书管理及生产过程控制等领域得到广泛的应用。

2）二维条码识别。二维条码是因一维条码信息容量有限，无法满足应用需求而产生的。二维条码能够在横向和纵向两个方向同时表达信息，可将一维条码后台数据库信息包含其中，可以通过二维条码的阅读直接得到相应的信息。此外，二维条码还具有较强的错误修正、防伪及数据安全等特点，现已被广泛应用于商业、国防、公共安全、交通运输、医疗保健、工业、金融等众多领域。

二维条码又分为行排式和矩阵式两类编码形式。

行排式二维条码（又称为堆积式二维码），其编码原理建立在一维条码基础之上，按需要堆积成两行或多行形式，在编码设计和阅读方式上继承了一维条码的特点，其阅读设备与条码印刷与一维条码技术兼容。

矩阵式二维条码（又称为棋盘码）（图 2.3b），是通过黑白像素在一个矩形空间内的不同分布进行编码的，在相应矩阵元素位置上用点（方点或圆点）表示二进制“1”，空白位置表示二进制“0”，用这种点阵列的不同组合来表达所蕴含的不同信息。矩阵式二维条码是建立在组合编码原理和计算机图像处理基础上的一种新型自动识别技术。

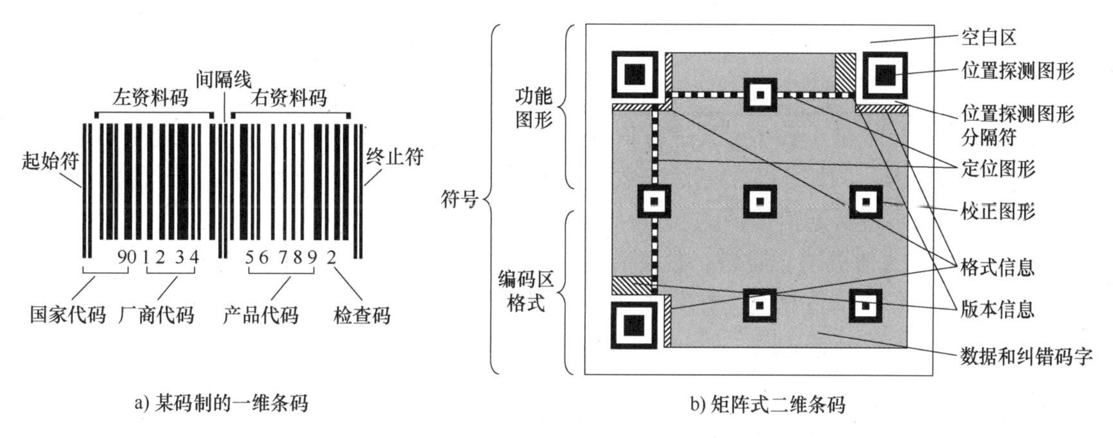

图 2.3　条形码信息组成结构

（2）RFID 技术　射频识别（RFID）是利用射频信号通过电磁场的空间耦合实现非接触的双向数据传递，从而达到目标识别和数据采集交换的目的。通常，RFID 系统由电子标签、天线和读写器三部分组成，如图 2.4 所示。

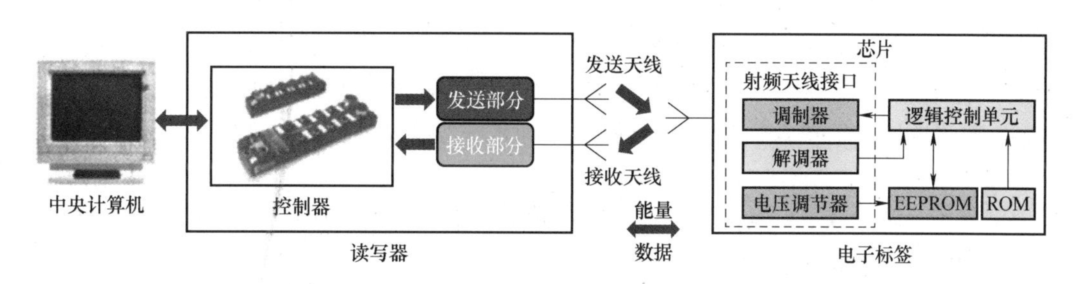

图 2.4　RFID 识别系统的构成

1）电子标签。电子标签由收发天线接口、逻辑控制电路及存储器组成。收发天线接收来自读写器的信号；逻辑控制电路对该信号进行译码，并应接收信号要求进行信号的回发；存储器用于存放所需识别的物品数据。

2）天线。天线的作用是在电子标签和读写器之间进行射频信号的传递，包括读写器发出的命令信息及电子标签存储的数据信息。

3）读写器。读写器是负责读取或写入电子标签数据信息的设备，以不接触方式读取并识别电子标签中所保存的电子数据，从而达到对对象物的自动感知识别目的。读写器与中央计算机相连，可对所读取的电子标签信息进行处理。

RFID 系统工作时，读写器通过天线发送射频信号，从而在其附近形成一个电磁场，电磁场区域的大小取决于其发射功率、工作频率和天线尺寸。当电子标签进入读写器电磁场有效作用距离时，便可接收读写器的射频脉冲；该射频脉冲经调制解调器处理后，传送至逻辑控制单元；逻辑控制单元接收指令后，立即将电子标签所存储的相关数据对外进行转送；读写器接收来自电子标签的返回信息，经解码及错误校验后，便将其发送至中央计算机以供识别判断和决策处理。

RFID 技术具有快捷、方便、廉价等特点，可识别高速运动物体，可同时识别多个标签，目前在企业生产系统中得到越来越多的应用。

2.1.2 数字化通信

数字化通信技术是以数字形式进行信息的传输，或以数字形式对载波信号进行调制后进行传输通信的技术。例如，数字电话和数字电视即为将原有的模拟音频和模拟图像信息经数字化调制处理后再进行通信传播的。

（1）数字化通信原理 通常，数字化通信系统模型如图 2.5 所示，在信息发送端包含有信源、信源编码、信道编码、数字调制等信号转换环节；在信息接收端则有数字解调、信道译码、信源译码等反向过程。

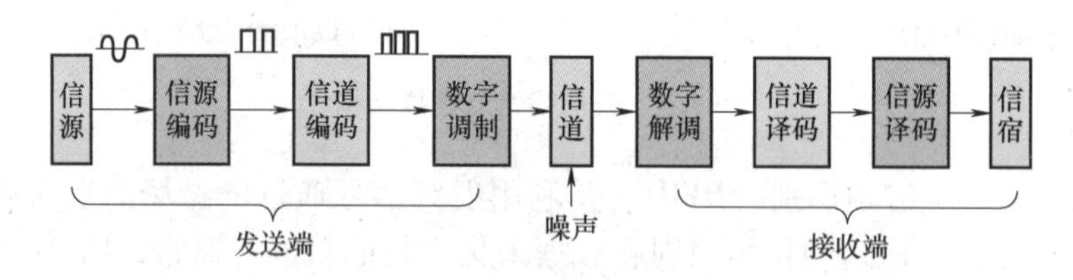

图 2.5 数字化通信系统模型

1）信源。信源即由原始信息变换为电信号。

2）信源编码。信源编码即将模拟信号转换为数字信号的过程（A/D）。

3）信道编码。信道编码即在信息码元中加入一些冗余纠错码，以提高数字通信的可靠性。

4）数字调制。数字调制即调制数字基带频谱，以适合信号在信道中传输，提高信号传输效率和距离。

5）信道。信道即为传输媒介，有电缆、光纤等有线信道及无线信道。

6）噪声。噪声即通信系统中各种设备及信道中所存在的固有干扰。

7）信宿。信宿是相对于信源而言的，是信息动态通信一个周期的最终环节，其功能是接收信息并对自身有用的信息加以利用，直接或间接地为某一目的服务。

在信息的发送端，首先将来自信源的模拟信号进行信源编码，使之转换为数字信号；然后经信道编码器使之成为具有纠错能力并适合信道传输的数字信号；最后由数字调制器将该数字信号调制成为适合所使用信道的信号进行发送。

在信息接收端，按照相反的信息转换处理过程将所接收的信号送到信宿。

（2）数字化通信特点　与模拟通信比较，数字化通信具有以下特点：

1）抗干扰能力强。数字通信是采用二进制数字进行通信的，所传输信号的幅度是离散的，信号接收端仅需判别两种不同状态即可，干扰噪声往往不足以影响信号判断的正确性；而模拟通信所传输的信号幅度是连续变化的，即使很小的噪声也难以消除。

2）差错可控。数字信号若在传输过程中出现差错，可通过纠错编码技术加以控制，传输可靠性高。

3）保密安全性好。与模拟信号相比，数字信号易于加密和解密，提高了安全保密性。

4）系统较复杂，频带利用率不高。在数字通信中，要求接收端与发送端严格同步，其通信系统一般比较复杂。此外，数字通信所占用的频带宽度是模拟通信的十余倍，存在频带利用率不高的缺陷，不过随着光纤传输媒介的应用及超大规模集成电路的发展，此缺陷已被大大弱化，目前数字通信已占据信息通信方式的主导地位。

（3）数字化通信相关技术　数字通信技术内容繁多，这里仅简要介绍光纤通信技术和移动通信技术。

1）光纤通信技术。常用的传统通信媒介有双绞线和同轴电缆等。由于光纤电缆具有一系列优越特征，目前在通信领域光纤通信得到越来越多的应用，尤其是宽带信息的通信传输。

光纤通信是以光波作为信息载体，以光纤作为传输媒介，通过光电转换实现信息传输的一种通信方式。如图 2. 6 所示，光纤通信系统主要由光发送机、光接收机、光缆传输线路、光中继器及各种光器件构成。光发送机最基本的功能是将需要传输的电信号调制在光波上，并将其注入光纤线路；光中继器的作用是补偿光信号在光纤传输时所受到的衰减，对波形失真的脉冲进行整形；光接收机的主要作用是将光纤传输而来的光信号经过光检测器转换为电信号，并通过放大增益控制电路以保证电信号的稳定输出。

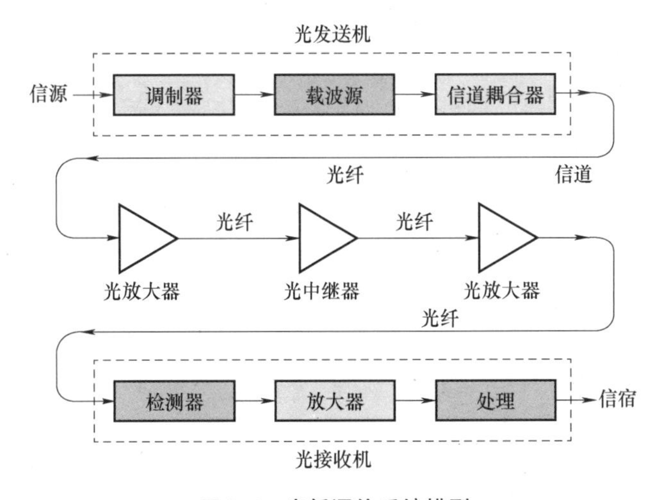

图 2. 6　光纤通信系统模型

与双绞线和同轴电缆比较，光纤通信具有以下特点：①通信容量大，传输距离远，其潜在带宽可达20THz，损耗极低，无中继的传输距离可达上百公里；②不受各种电磁干扰，无辐射，保密性能好；③材料来源丰富，尺寸小、重量轻，便于铺设和运输；④光缆适应性强，寿命长；⑤存在光缆质地脆、弯曲半径不能过大等不足。

由于光纤通信技术具有上述特点，在较多领域得到广泛的应用，包括市话、长途干线通信、城镇有线电视网、全球通信网、各国公共电信网、军事国防等领域。在工厂企业，光纤通信可用于产品生产现场的监视与调度及供应链的交通监视与控制等。

目前，光纤通信技术仍在向着超大容量、超长距离、超高速率及分组化、智能化方向发展。

2）移动通信技术。移动通信是指通信对象在移动状态下的通信方式，属于一种无线通信技术，是计算机与移动互联网技术发展的结果。移动通信技术突破了时间和空间的限制，使数字通信成为更加机动灵活、迅速可靠的通信手段，能够传送语音、文本、图像和多媒体等数字信息。

与固定通信比较，移动通信所面临的通信环境复杂得多，具有以下特点：①移动性，通信对象是在移动状态下进行通信，且与移动通信基站无固定联系；②信息传播产生的多普勒效应，电磁波在运动状态下传播往往会产生反射、折射、绕射等多普勒效应；③噪声干扰严重，包括城市环境噪声、工业噪声、移动用户间的互调干扰等；④系统网络结构复杂，移动通信除了自身是一个复杂多用户通信系统，还要与市话、卫星通信、数据网系统等互连，整个网络结构复杂。

然而，由于移动通信具有灵活性、方便性等特点，其发展相当迅速。至今，移动通信历经了四代的技术发展，目前已进入第五代（5G）发展阶段。

表2.2列出了移动通信所经历的1G~5G的发展演进历程及特征。

表2.2 移动通信发展演进历程及特征

移动系统名称	商用年份（国际/国内）	系统功能	业务特征	关键技术
1G	1984年/1987年	模拟通信技术，频谱利用率及系统容量低，扩展困难	语音业务	模拟蜂窝
2C	1989年/1994年	提供低速数据业务，各国无统一标准，无法实现全球漫游	语音及短消息	TDMA
3G	2002年/2009年	通用性高，可全球漫游，成本低，优质的服务质量和良好的安全性能	移动多媒体业务	TDMA、CDMA
4G	2009年/2013年	宽带数据移动通信，速度快、频谱宽、质量好、效率高	移动互联网	OFDMA、MIMO
5G	2018年/2019年	高数据速率、低延迟，大系统容量和大规模设备连接	智能化应用	天线阵列高频段传输

1G是以模拟技术为基础的蜂窝无线电话系统，只能承载语音通信业务，存在频谱利用率低、设备体积大、通信费用高、保密性差等不足。

2G采用的是时分多址技术（Time Division Multiple Access，TDMA），可提供数字语音和低速数据通信业务，但各国之间无统一标准，无法实现全球漫游。

3G采用了时分多址（TDMA）和码分多址（Code Division Multiple Access，CDMA）技术。支持高速数据传输，传输速率一般在几百kb/s以上，能够同时传送声音和数据信息，可提供丰富多彩的移动多媒体业务。

4G是以正交频分多址（Orthogonal Frequency Division Multiple Access，OFDMA）和多输入多输出（Multiple-Input Multiple-Output，MIMO）技术为核心的宽带数据移动互联网通信，4G协议标准由国际电信联盟无线电通信组制定，具有速度快、频谱宽、高质量、高效率、通信灵活、兼容性好等特点，下载速度可达100Mb/s，大大满足了用户对无线移动服务的要求。

5G是最新一代移动通信技术，其特点是广覆盖、大连接、低时延、高可靠性。与4G比较，5G数据传输速率最高可达10Gb/s，可以满足高清视频、虚拟现实等大数据量的传输。网络时延低于1ms，满足自动驾驶、工业控制等实时应用，具有超大网络容量，可提供千亿设备的连接能力。5G网络不仅为手机及家庭网络提供信息服务，还大大推动了移动通信技术与传统行业进行深度融合，为传统行业进行赋能，促进传统行业的转型升级和高质量发展。

2.1.3　数字化控制

1. 自动化控制技术的发展回顾

自动化控制技术始于17世纪的工业革命，其发展历程如下：

（1）气动控制系统（Pneumatic Control System，PCS） 在蒸汽机问世的同时，离心式调速器也被发明出来，它能够在负载或蒸汽量供给发生变化时自动调节进气阀的开度，从而控制蒸汽机的转速。PCS是基于5~13psi气动信号的控制，由压力控制阀、流量控制阀及气动逻辑元件等控制元器件组成，有控制成本低廉、设计容易等特点，但系统控制功能简单有限。

（2）模拟量控制系统（Modulating Control System，MCS） MCS是基于4~20mA电流模拟信号的控制，通常由控制器、执行器、被控对象和测量装置等环节组成，如图2.7所示。控制器接收外部的模拟控制指令，经处理放大后由执行器驱动被控对象进行工作，测量装置检测被控对象的现场状态信息，并将检测信号反馈到系统输入端以构成一个闭环的控制系统。

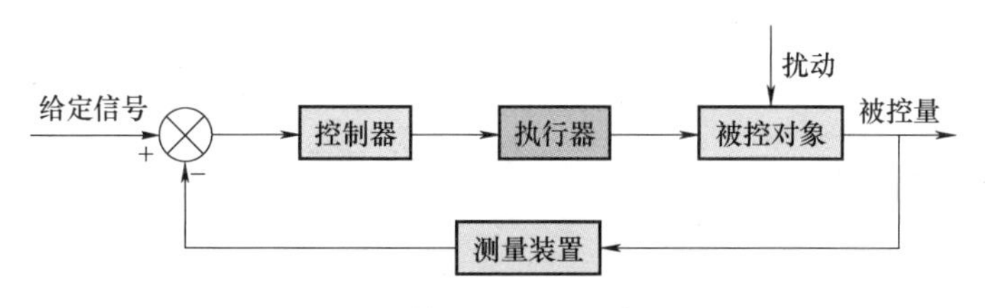

图2.7　模拟量控制系统组成

（3）数字控制或计算机控制系统（Computer Control System，CCS） 20世纪70年代数字计算机开始应用于控制领域，计算机数控（Computer Numerical Control，CNC）系统问世，将人们带入了数字化控制新时代，大大提高了控制精度和控制的灵活性。

（4）分布式控制系统（Distributed Control System，DCS） 随着计算机可靠性的提高及微处理器的普遍使用，可将原由中央计算机集中控制的功能分散到连线中的各台计算机及智能仪器仪表来共同承担控制任务，从而派生出分布式数字控制系统。与集中控制系统比较，DCS 容错能力得到大大的提高，不会因中央计算机的故障而导致整个系统功能丧失。

（5）现场总线控制系统（Fieldbus Control System，FCS） 通常，DCS 通信网络只能连接到现场控制站，而现场控制站与不同现场执行器及检测仪表之间的通信仍是采用的一对一传输的 4~20mA 模拟信号。这种传统现场通信系统的组成结构成本高、效率低、维护困难，且无法实现对现场设备的工作状态进行全面监控和深层次管理。FCS 采用全数字、双向多节点的总线式分支结构，可将现场各控制单元由一条总线进行连接，大大提高了生产系统底层控制的数据传输效率以及控制系统的可靠性和可维护性。

2. 机床数控系统

当前，最广泛应用的数字化控制装备是数控机床。数控机床是由计算机数字控制的高效自动化机械加工装备，能够将加工设备及其刀具的位移、工艺参数（主轴转速、切削速度等）、辅助功能（刀具更换、切削液通断）等以数字形式进行编码，经数控系统的逻辑运算与处理，发出各种控制指令，自动完成所要求的加工任务。不同零件的加工或加工作业的变更，仅需改变控制程序。

机床数控系统是数控机床的核心，担负着整个数控机床的加工控制任务。机床数控系统是由数控装置（CNC）、可编程逻辑控制器（Programmable Logical Controller，PLC）、主轴伺服驱动单元、进给伺服驱动单元、人机交互（Human-Machine Interaction，HMI）及检测反馈装置等部件构成，如图 2.8 所示。数控装置为数控系统的大脑，是以数字指令控制机床的加工运动，通常具有多轴联动控制、运动插补、主轴转速及进给速度调节、误差补偿、故障诊断、程序编辑及信息通信等功能；PLC 负责数控加工进程的开关逻辑量的控制；伺服驱动单元是 CNC 装置和机床本体的连接环节，是数控装置的执行部件。

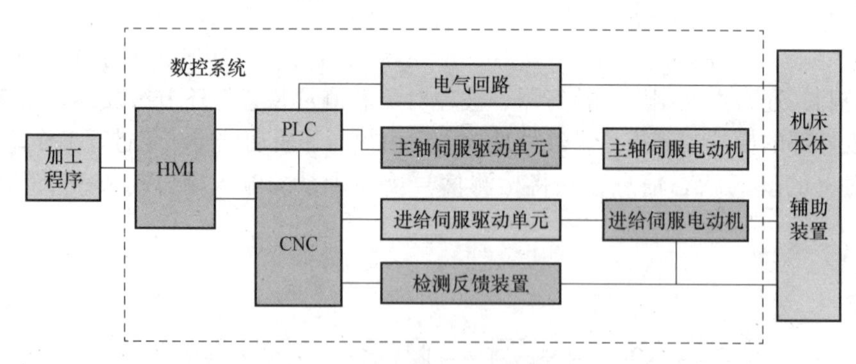

图 2.8 机床数控系统构成

3. 数字化制造装备

由于数字化控制系统具有多功能、高性能、高柔性等特点，故数控机床及数字化制造装备得到快速的发展和广泛的应用，大大满足了中小批量产品生产的自动化需求，驱使着制造业进入了柔性化制造的新时代。

（1）数控机床　数控机床种类繁多，包括：数控车床、数控铣床、数控磨床等金属切削类数控机床；数控折弯机、数控弯管机、数控压力机等金属成形类数控机床；数控线切割、数控电火花、数控激光加工机床等数控特种加工机床。各类数控机床均由数控系统自动控制，极大地提高了机械加工精度和生产效率，通过变更控制程序，即可满足不同对象的生产加工要求。

（2）数控柔性生产线　数控柔性生产线包括柔性制造单元（Flexble Manufacturing Cell，FMC）、柔性制造系统（Flexible Manufacturing System，FMS）、柔性加工自动线（Flexible Machining Line，FML）等。这类制造装备是由若干加工单元、物料储运单元和控制单元组成的，可混流加工不同的零件，具有较高的柔性化和自动化程度。

（3）数字化物料自动储运装备　数字化物料自动储运装备包括工业机器人（Industrial Robot）、自动导引车（Automated Guided Vehicle，AGV）、自动化仓库等。这类数字化装备担负着生产车间的物料输送和成品、半成品及原材料的存储功能。

目前，企业生产现场通过多种形式的数字化控制技术控制数字化制造装备。例如，对于单台数控机床，一般都是采用的计算机数控（CNC）系统；对于类似生产线的一个个制造单元的联线控制往往采用的是 DCS 或 FCS，也有 DCS 与 FCS 混合形式的控制系统。

2.1.4　非数值型数据的数字化

人们生产生活中所涉及的大量数据，除了少数数值型数据之外，大多为图、文、声、像等非数值型数据。这类非数值型数据不能直接被数字计算机所识别及应用处理，只有将其数字化后才能赋予其有价值的应用。这里仅以图像为例，简要介绍非数值型数据的数字化处理技术。

图像数字化处理是将一幅幅连续变化的黑白或彩色图像用离散的数据进行表示。图 2.9 所示为黑白模拟图像的数字化处理过程，即将模拟图像分割成一个个称为像素的小区域，每个像素的亮度或灰度值用一个整数数值进行表示的过程。

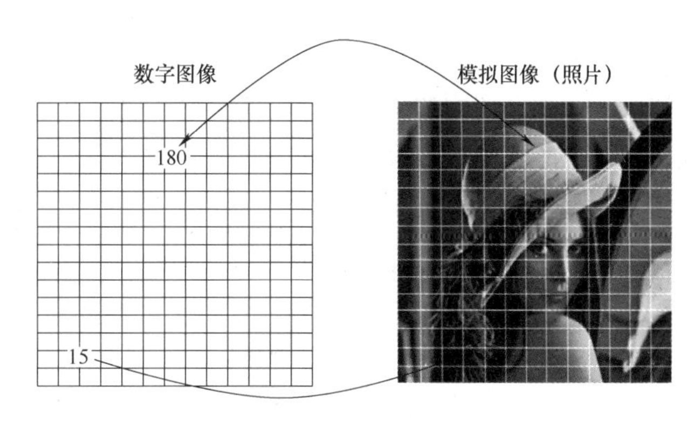

图 2.9　黑白模拟图像的数字化处理

通常，图像数字化处理过程一般包含采样和量化两个基本步骤。

（1）采样　若对一幅二维图像进行采样，可采用水平和垂直方向的等距网格将其分割为一个个称为像素的矩形网状结构，如果采样分辨率为 640×480，那么该图像便可由 640×480＝307200 个像素来表示，如图 2.10 所示。

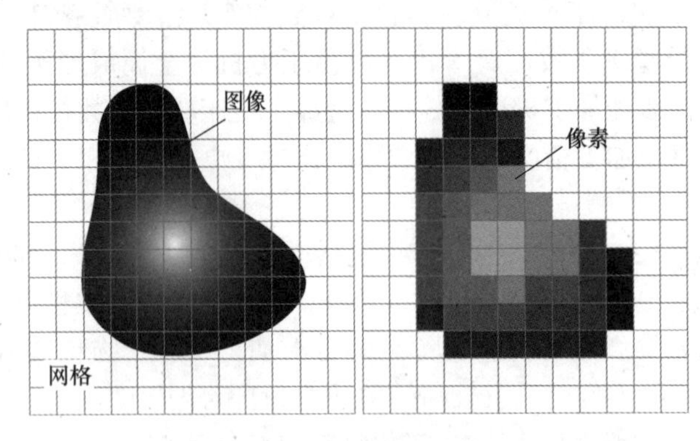

图 2.10　图像采样

采样的实质就是确定要用多少个像素点来描述一幅图像。采样的像素点越多，或分辨率越高，所表示的图像质量越好，得到的数字图像越逼真，但所要求的存储量也越大。一般来说，原图像的画面越复杂，色彩越丰富，则采样间隔应越小。若要从采样的数字样本中精确地复原图像，则应遵从奈奎斯特（Nyquist）信号采样定理，即图像采样频率必须大于或等于源图像最高频率分量的两倍。这里所指的采样频率是指一秒内采样的次数，它反映采样点之间的间隔大小。

（2）量化　量化是指要用多大的数值来表示图像采样之后的每一个像素点。量化的结果是在整幅图像的每一个像素点都有一个具体数值，以表示该像素的颜色（或浓淡度）。

例如，若以 4 位二进制数值存储每一像素点的颜色，该图像只能有 $2^4=16$ 种颜色；若采用 8 位二进制，则该图像能够拥有 $2^8=256$ 种颜色；若采用 16 位二进制，则该图像有 $2^{16}=65536$ 种颜色。为此，像素点颜色量化的位数也是图像数字化处理中一个重要参数。量化位数越大，图像可允许拥有的颜色越多，可产生更为细致的图像效果，同时也将占用更大的存储空间。

经过上述的采样和量化过程，原有的一幅模拟图像便可用数字图像来表示：在空间上由有限个离散分布的像素点组成，其颜色或灰度是由不同取值的数字表示。只要采样点阵列数足够多，量化位数足够大，该数字图像的质量与原始模拟图像相比也毫不逊色。当然，实际图像数字化处理过程要复杂得多，涉及对比度、噪声处理、边缘增强、变换处理和伪彩色处理等较多环节。

[案例 2.1]　汇专刀具全生命周期的数据管理

汇专公司是一家金属切削刀具专业生产企业，是苹果、奔驰等公司的刀具供应商，其产品包括超硬精密刀具、超声波刀具、螺纹刀具等。

金属切削刀具是一种磨耗品，使用寿命短，需频繁重复修磨使用。公司传统刀具管理模式存在刀具修磨不及时等问题，从而导致刀具加工质量控制性差及资源要素效率低等问题。汇专公司针对所存在的问题，决定开发一套覆盖客户的刀具全生命周期管理系统。

（1）刀具全生命周期管理模式　刀具全生命周期管理是一种对其自身及其使用过程的健康状态进行全面的管理系统，需要从可靠性、质量、安全、成本、效益、环境、制度及与合作伙伴的协同等角度，系统评价刀具生命周期的各个环节，包括产品研发设计、采购、制造、实时监测、在线诊断、磨损预测、回收修复、成本控制及客户协同等方面。

在建立刀具全生命周期管理系统过程中，公司开发了刀具管理数据库系统，在分析刀具磨损与各种影响因素关系的基础上，建立了不同条件下的刀具寿命预测模型，最后搭建完成覆盖整个客户的汇专刀具全生命周期管理系统。

图 2.11a 所示为该系统的逻辑框架，图 2.11b 所示为在该系统支持下的公司生产管理流程。由图 2.11 可知，该系统包含数据采集层、服务器管理层及客户端应用层三层系统结构，通过 B/S 网络模式实现对刀具全生命周期的数据管理，包括刀具的采购管理、库存管理、借用管理、在线诊断、寿命预测及修磨计划管理等。

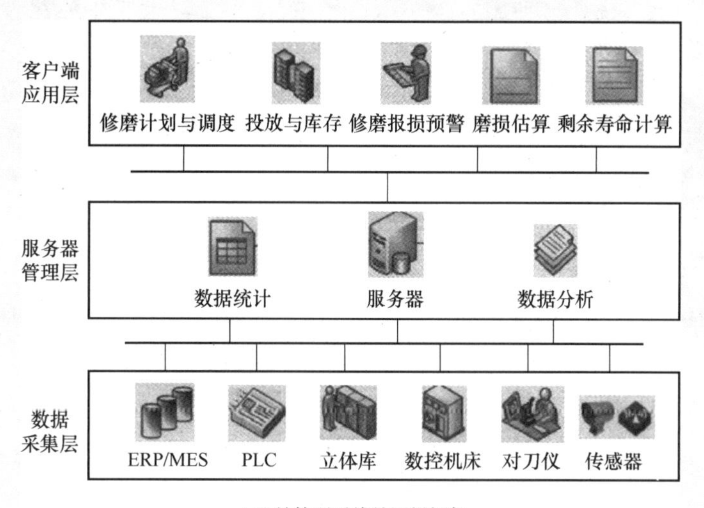

a) 刀具管理系统的逻辑框架

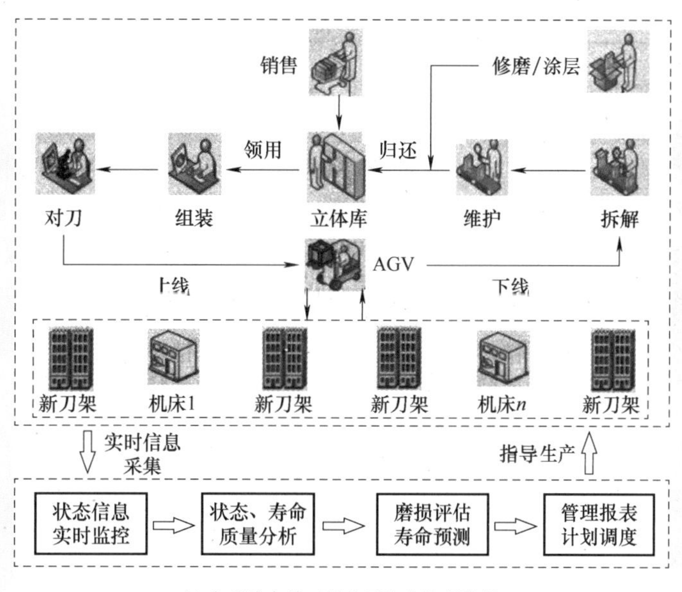

b) 在系统支持下的公司生产管理流程

图 2.11　**刀具全生命周期管理系统**

（2）刀具磨损评估及剩余寿命预测 影响刀具寿命的因素较多，包括刀具材料、刀具结构、几何角度、切削用量等。通过对各个影响因素分别进行刀具磨损试验，以及对刀具工作实时切削参数、刀具实际磨损数据的采集，将其试验数据及实测数据进行函数拟合，便可得到不同条件下的刀具磨损模型函数。这些函数可作为刀具寿命模型，以供刀具磨损分析或刀具寿命预测使用。

图 2. 12a 所示为吃刀量（y 轴）及加工件数（x 轴）与刀具磨损量（z 轴）的关系图，可看出在某切深参数下刀具磨损最少；图 2. 12b 所示为工件表面粗糙度及工作温度与刀具磨损量的关系图。

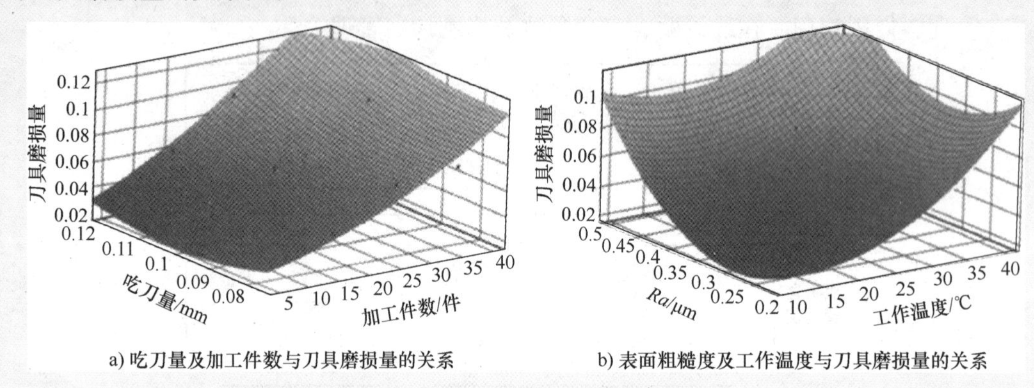

a) 吃刀量及加工件数与刀具磨损量的关系　　b) 表面粗糙度及工作温度与刀具磨损量的关系

图 2. 12　刀具磨损模型函数图

在汇专刀具全生命周期管理系统中，刀具磨损评估及刀具剩余寿命计算模块结构如图 2. 13 所示，包含以下四个组成部分：

1）由样本参数拟合所生成的刀具寿命预测方程。

2）由样本参数经 BP 神经网络智能训练所生成的刀具寿命模型库。

3）由切削历史记录相关联的规则库。

4）由修磨记录所建立的案例库。

应用上述系统进行磨损评估及刀具剩余寿命计算时，将实时采集的刀具切削条件和状态参数，经刀具寿命预测方程、BP 神经网络智能预测模型，以及由切削历史记录相关联的规则库几个方面的融合运算，便可得到较为准确的当前磨损量的评估值，并推算刀具的剩余寿命，其相对误差能够控制在 5%以内。

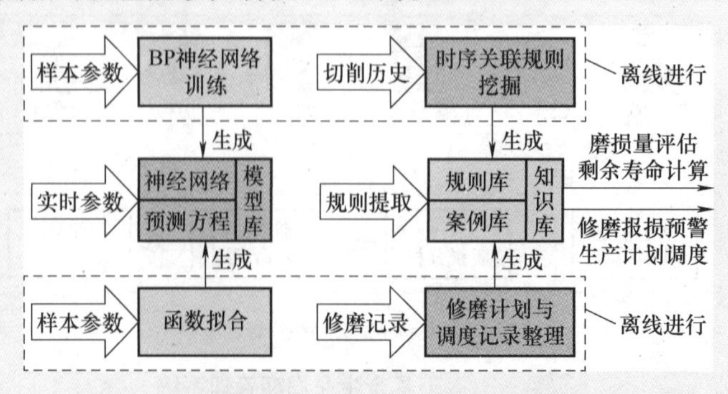

图 2. 13　刀具磨损评估及刀具剩余寿命计算模块结构简图

(3) 刀具数据管理系统的应用　在刀具管理系统运行时，每把个体刀具从新刀使用起，便采集记录每一次使用时的切削参数和工作时间。每当刀具参与一次切削加工，便根据系统的刀具寿命预测模型，计算出该刀具在本次切削条件下的最大许可切削时间，为刀具修磨报损提供事前的预警。结合与切削历史记录相关联的规则库及与修磨记录相关联的案例库，便可给出刀具的修磨计划和调度方案。

汇专公司通过刀具全生命周期管理系统，可管理每一把在运行或库存中的刀具，可预测刀具的磨损量以及剩余寿命，合理制订修磨计划，大大提高了生产均衡率和设备的综合效率。对于磨损量已达极限或崩刃损坏的刀具及时进行回收、维护或修磨涂层处理，保证客户生产不中断，极大地提高了对客户的服务水平和服务能力。

2.2 ■网络化技术

网络化技术是在数字化技术基础上，应用先进的网络和通信技术，将一个个独立的数字化系统连接到一起，极大地拓宽了网络的连接范围和信息的集成深度。网络化技术通过万物互联，使数字化信息以前所未有的方式在企业内部及不同企业之间充分的流动，使各类资源要素通过网络化方式进行高效组织，无论是企业还是个人，都可以更加快捷、高质量、低成本地获取所需的资源并提供相应的产品和服务，深刻改变了制造业资源的组织和配置模式。

网络化技术在自身快速发展与普及应用的同时，也衍生了与其相关的信息物理系统、云计算、大数据、工业互联网等新一代信息技术，本节将分别对这类新一代信息技术进行简要介绍。

2.2.1　信息物理系统

1. CPS的内涵

信息物理系统（CPS）的概念最早于2006年由美国国家科学基金会（National Science Foundation，NSF）提出，并于2007年美国总统科学技术顾问委员会进一步推出了以CPS为首的八种关键信息技术。CPS概念一经提出，便引起了国际社会的广泛关注，各工业国家也纷纷对CPS开展了深入研究，无论是德国的“工业4.0”、美国的“工业互联网”还是我国的“中国制造2025”都将CPS作为各自的核心支撑技术。由于CPS所涉及的技术领域广，不同研究者的研究方向及认知角度的不同，CPS至今尚未有统一的定义。

美国NSF对CPS定义：CPS是通过嵌入式的计算核心实现感知、控制和集成的工程系统，在该系统中计算被嵌入每一个相互连通的物理组件甚至物料中，其功能是由计算和物理过程交互实现的。

德国国家科学与工程院对CPS的定义：CPS是指使用传感器直接获取物理数据及执行器作用于物理过程的嵌入式系统，使用来自各地的数据和服务通过数字网络将物流、在线服务、协调与管理过程连接，其开放的技术系统使整个系统的功能和服务远远超出了当前的嵌入式系统。

中国科学院对CPS的定义：CPS是在环境感知的基础上，深度融合了计算、通信和控制能力的可控、可信、可拓展的网络化物理设备系统，通过计算进程和物理进程相互影响的反馈循环，实现深度融合和实时交互，来增加或扩展新的功能，以安全、可靠、高效和实时的方式检测或者控制一个物理实体。

综合上述不同定义，本书认为：CPS 是集感知、通信、计算、决策及控制技术于一体，基于数据与模型，驱动信息空间与物理实体相互映射、交互协同的网络化物理设备系统。

2. CPS 的原理与特征

图 2.14 所示为 CPS 闭环技术体系架构。在 CPS 中，物理世界的实体通过对自身环境的感知，并对感知信息进行相应处理后，由通信网络发送到信息世界；在信息世界中，相关虚拟组件在获取物理世界感知信息后，并针对物理实体的实际需求，自动调整内部关联的数据或模型，通过人机界面将驱动执行器的控制指令传送到物理世界的相关设备单元；物理实体接收到控制指令后，通过各个实体单元间的自主协调，由执行器来执行系统所要求的操作。上述 CPS 系统的闭环运行过程，直观体现了 CPS 的物理世界与信息世界（Cyber-Physical）之间交互融合的互联思想。

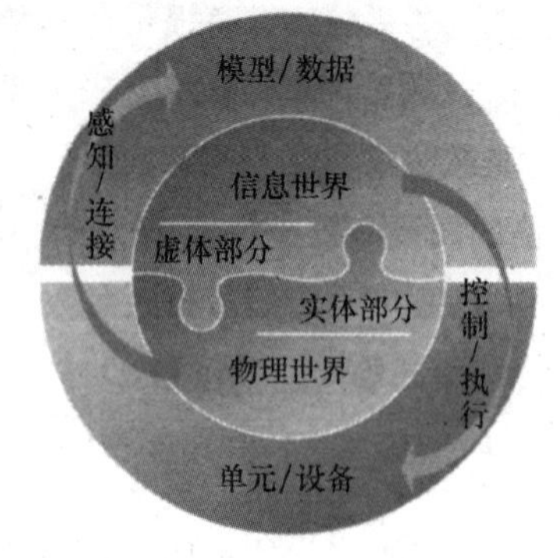

图 2.14 **CPS 闭环技术体系架构**

CPS 作为支撑信息化和工业化深度融合的综合技术体系，为物理世界与信息世界的连接构建了一条信息通道，具有实时性、分布性、高可靠、强安全和自治性等特征，具体表现为：

（1）内嵌计算能力　内嵌计算能力是 CPS 的普遍特征。被植入物理产品或生产设备的嵌入式系统是实现 CPS 功能的载体，尤其在 CPS 终端海量数据共存的情况下，仅靠网络传输和云平台的集中解算是难以支撑的。依据 CPS 内嵌的计算能力，可实现实时分析、计算、决策和控制等系统进程，使系统具有基于内嵌计算的自治能力。

（2）以数据和模型为驱动　CPS 以实现物理世界与信息世界的融合为目标：一方面，通过传感器、标识解析、采集板卡等感知单元获取物理世界的实体数据，以构建信息世界中的数字化模型，并驱动相应的计算及虚拟仿真进程；另一方面，通过信息世界的数据模型进行仿真解算与分析决策，以形成最终的控制指令下传至物理世界，以控制物理实体部件和执行单元，驱动相应的系统运行。为此，数据与模型成为 CPS 实现二元融合的核心驱动。

（3）感知与控制交互闭环　感知与控制的交互闭环是 CPS 技术的核心特色之一，也是区别于传统传感网络和自动化设备的重要表现。如图 2.14 所示，“感知/连接”是打通物理世界到信息世界的数据上行通道；“控制/执行”为下行通道，是将信息世界的决策控制指令下行反馈至物理世界，进而实现“感”与“控”的上行与下行交互闭环。

（4）严格的目标与时空约束　从控制角度来看，CPS 是典型的连续量（物理）与离散量（数字）混合的计算机控制系统，有严格的控制目标与较强的时空约束。尤其是当 CPS 的规模扩大，所包含的各类设备异构性越强时，CPS 对时间序列的要求会越高。

3. CPS 的关键技术

从总体上说，CPS 包含有感知、通信、计算与控制等关键技术。

（1）无线传感网络　CPS 作用对象的数据来自传感器，可根据 CPS 任务需要选择不同的传感器类型，在所需要的区域内部署大量微型传感器节点，通过无线通信方式以组成无线传感网络，有效支撑了CPS自主感知能力的实现。

（2）物联网　近年来物联网技术得到快速的发展，通过物-物相连为CPS功能的实现提供了一个网络通信环境。

（3）边缘计算　边缘计算是指在靠近物或数据源头的网络边缘侧进行数据计算处理的方法或模式，其应用程序可就近提供最近端的服务，以产生更快的网络服务响应。云计算（见2.2.2节）所强化的是中心化概念，通过云平台或云中心为分散的用户提供计算服务。“边缘”一词正是对应于“中心”而言的，让计算更靠近边缘末端，以降低对云中心及可能有延迟的通信网络的依赖。边缘计算强化了CPS嵌入式计算能力，通过边缘计算可使终端设备能够对部分任务通过嵌入式计算快速进行初步解算与预决策，而不是上传至云平台后等待控制与执行的指令，以满足CPS严格的目标与时空约束要求。

（4）工业控制系统　目前现有的工业控制系统包括数据采集与监控系统（Supervisory Control and Data Acquisition，SCADA）、分布式控制系统（DCS）及可编程逻辑控制器（PLC）等。工业控制系统是支撑CPS实现物理进程的控制与执行的主要使能技术，但CPS所要求的工业控制是有别于现有的工业控制的。现有的工业控制基本属于封闭式系统，网络内的各个独立子系统或设备难以通过开放式总线或互联网进行互联，其通信的能力比较弱。而CPS则是驱动信息空间和物理实体的一个深度融合系统，要求系统的通信能力与系统计算和控制能力具有同等重要的地位。CPS所要求的控制系统不仅在网络规模上超过现有的工控网络，还应具有对网络设备远程感知与控制的能力。

4. CPS的使能作用

CPS的核心能力是解决物理世界与信息世界的二元深度融合问题。CPS将现实的物理世界映射为虚拟的数字模型，通过对模型的分析、计算和决策后，将其结果反馈给物理世界，以优化物理世界的运行效率，降低运行成本。具体来说，CPS具有以下基本使能：

（1）资源数据的采集、整合与共享　CPS将大量物理世界的实体数据和环境信息通过不同渠道进行感知采集，并将之传输于信息世界进行计算处理，其数据量巨大，来源形式多样，CPS需要将这些数据信息进行有效的整合和分类，以便提供给不同系统目标的应用与共享。

（2）多维度的综合仿真　CPS通过不同来源的感知数据，构建服务对象的结构、动力、热传导等综合集成仿真平台，可进行多维度的系统仿真，以更全面、真实地适合实际生产或产品使用工况，满足物理世界的实体作业进程与虚拟世界的信息处理进程的协调性和一致性要求。

（3）对物理系统感知与反馈的闭环控制　CPS通过在物理系统中所嵌入的计算与通信内核，在感知获得系统实际状态数据和环境信息后，在信息层通过对虚拟数字模型的仿真，并将仿真优化结果以控制指令形式下传至物理层相关组件，从而构成一个“感知-反馈”的闭环控制系统。

（4）资源的协同优化　CPS系统的异构性和自治性要求，决定了CPS采用分布式协同优化控制模式，在靠近物理设备侧的本地控制器，能够快速低延时地获取现场信息进行实时控制，并依据CPS自身强大的互联互通的通信功能，可实现区域间乃至整个系统资源的协同优化控制。

2.2.2 云计算

1. 云计算的概念

随着信息技术的快速发展，分布式计算、网格计算、集群计算等不同计算模式相继被提出，这些计算模式与虚拟化技术的结合，孕育出了云计算概念。

云计算（Cloud Computing）是一种通过网络统一组织和灵活调用各种信息与通信资源，实现大规模计算的信息处理方式。云计算也是一种网格计算，可以在很短时间内完成对数以万计的数据进行计算处理，从而形成强大的网络服务。

云计算为人们提供了一种便捷的可通过网络接入、可控管的共享资源池，该资源池包括存储、计算、网络等硬件和软件资源，可以最小的代价获得最为快捷的服务。

云计算并不是一种全新的网络技术，而是一种全新的网络应用概念。它是以互联网为中心，在网站上提供快速且安全的云计算与数据存储服务，让每一个使用互联网的人都可以使用网络上的庞大计算资源和数据中心。

为此，可认为：云计算是一种将硬件基础设施及软件系统等资源通过互联网所建立的虚拟化网络平台，以按需使用、按量计费的方式，为用户提供动态高性价比的计算、存储和网络服务等的信息技术。

2. 云计算的基本特征

与传统网络计算模式相比较，云计算具有以下基本特征：

（1）硬件资源及其应用的虚拟化 云计算突破了时间、空间的界限，将硬件资源及其资源的应用虚拟化，通过虚拟云平台为用户提供所需的服务。

（2）按需配置资源 不同用户对计算资源的需求不尽相同，云计算平台能够根据用户的需求，快速配备计算能力与资源。

（3）灵活的资源访问 用户可在任意时间和地点，通过网络获取所需要的计算资源。由于云平台的网络存储、操作系统及软硬件开发资源等都是以虚拟化要素统一放在虚拟资源池内，故云计算具有较强的兼容性，不仅可兼容配置不同厂商的资源，还能获得更高性能的计算。

（4）弹性使用资源 云平台支持用户申请扩容和释放资源，当用户需求增加时可扩展所需资源，当用户需求减少时可释放已持有的资源，从而实现资源的最优化使用。

（5）效用计算 云平台提供可计量的服务，用户仅需为所使用的资源付费，可降低用户信息服务的成本，使用户可以像水、电一样使用云平台上的计算和存储的资源。

3. 云计算的体系架构

云计算的体系架构如图 2.15 所示，分为物理资源层、虚拟资源层、管理控制层和应用服务层。

（1）物理资源层 处于最底层的物理资源层，是由各种软/硬件资源构成，包括计算、存储、网络等各种资源，具体包括服务器集群、存储设备、网络设备、数据库和软件等。

（2）虚拟资源层 通过虚拟化技术对云计算的物理资源进行封装，构建成为云计算资源池，可为上层的应用和服务提供支撑。虚拟资源层作为实际物理资源的集成，可以更有效地对资源进行管理与分配。

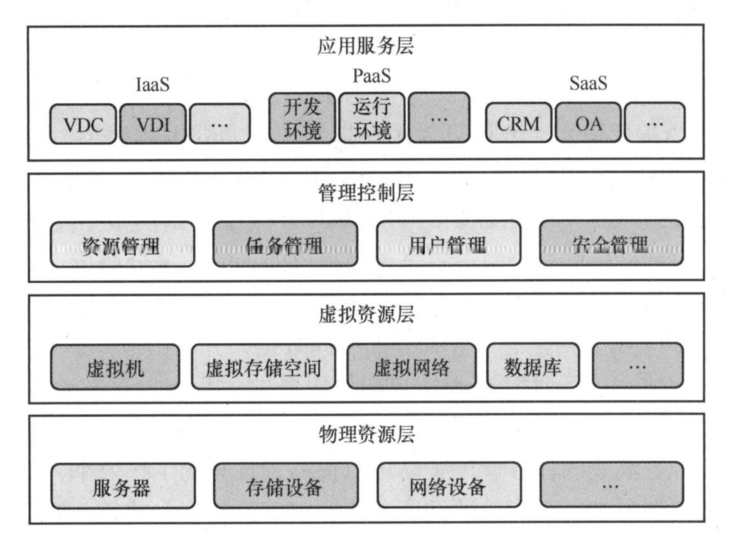

图 2.15　云计算的体系架构

（3）管理控制层　为了使整个云计算系统有序地为用户服务，需要对云计算资源、任务、用户和安全等进行管理与控制。

（4）应用服务层　位于顶层的应用服务层是为用户提供不同形式的云服务，包括 IaaS、PaaS 和 SaaS。

IaaS（Infrastructure as a Service，基础设施即服务）为用户提供服务器、存储器、网络等虚拟化的硬件资源，用户可在虚拟资源上部署自身所需的数据库和应用程序，用户可动态申请使用或释放资源，并根据资源的使用量进行缴费。

PaaS（Platform as a Service，平台即服务）为用户提供操作系统、编程环境、数据库及 Web 服务器等不同应用平台，用户可在其平台环境下从事开发、部署以及其他的应用，而不必关心底层的服务器、网络及其他基础设施，可专注于自身的开发应用。

SaaS（Software as a Service，软件即服务）为用户提供各类功能软件服务的模块，如 ERP、MES、CRM 等，用户仅需要通过 Web 浏览器、移动应用等客户终端便可方便轻松地访问各类服务。

4. 云计算的关键技术

（1）虚拟化技术　虚拟化是云计算底层架构的重要基石。通过虚拟化技术，可将一台物理主机虚拟出若干台虚拟机，或将多个物理资源整合成为一个虚拟资源。虚拟化可以在一台物理主机上同时运行多台逻辑计算机，每台逻辑计算机都有其独立的 CPU、内存和硬盘等信息资源，可以分别运行不同的操作系统，应用程序也可以在相互独立的空间运行而互不影响。对于用户来说，虚拟化技术实现了软件与硬件的分离，用户不需要再考虑具体的硬件配置。虚拟化技术是从逻辑角度而不是物理角度对资源进行配置的，这样便可将有限的物理资源根据不同需求进行灵活的规划，以达到对物理资源最大化利用的目的。

（2）分布式数据存储技术　分布式数据存储技术是云计算一项重要支撑技术，即将数据分散存储在多台独立的设备上。传统的网络存储系统，采用集中的存储服务器以存放数据，为此存储服务器不仅是系统性能提高的瓶颈，也限制了系统可靠性和安全性的提高，难以满足日益庞大的数据存储的需要。分布式数据存储采用可扩展的系统结构，应用多台存储服务器共同分担存储的负荷，应用位置服务器定位存储信息，大大提高了系统的可靠性、可用性和存取效率。

（3）分布式并行编程模型 云计算为用户提供了分布式编程模型，使用户能够更轻松地享受云计算带来的服务，用户能应用该编程模型通过简单的编程以实现特定的应用目的。最典型的云计算分布式编程模型是谷歌的 MapReduce 模型，该模型主要用于大规模数据集的分布式并行处理。MapReduce 模型主要思想是将待处理的任务分解成 Map（映射）和 Reduce（化简）两个函数（或任务），其中 Map 函数将大数据集分块调度到计算节点，进行分布式计算处理；Reduce 函数则汇总计算处理的中间数据，并输出最终结果。

（4）分布式任务调度 云计算在为用户提供服务的过程中，存在着任务与资源之间的调度管理问题，即云计算需要同时处理大量的计算任务，并为不同用户提交的各种任务快速分配所需的计算资源。高效的任务调度策略可以提高云计算的工作效率，保证云计算的服务质量。而分布式任务调度是一种高效的调度策略，由于云计算中的任务调度属于一种非确定性问题，通常采用遗传算法、蚁群算法、神经网络等启发式算法应用在任务调度策略中。

（5）监控管理技术 资源监控是必不可少的云平台资源管理任务，不仅包括对计算、存储、网络等物理资源的监控，还包括对虚拟化资源的监控。目前，云计算系统主要采用集中和分布式两种监控管理架构，其监控管理任务包括用户权限、服务器及相关设备运行状态、应用系统进程及计算资源使用等，以保证在第一时间内觉察到可能发生的服务宕机事故，最大限度减少服务的失效损失。

2.2.3 大数据

1. 大数据的概念

什么是大数据？大数据可认为是数据量超出常规数据工具获取、存储、管理和分析能力的数据集，是蕴含海量信息的数据集合。大数据所包含的数据丰富度远超过普通数据集，这促使了一批新兴数据处理与分析方法的出现，可使越来越多的新知识从大数据的金矿中被挖掘出来，以改变人们原有的生活、研究和经济模式。

大数据是网络信息时代的一个重要特征，现代制造业的大数据兴起也受到了下述因素的引发：

1）在制造系统大量数据中，所蕴藏的信息与价值未能得到充分的挖掘和利用。

2）传感、检测及通信技术的发展与进步，使实时数据的获取成本已不再如先前那样昂贵。

3）新一代信息技术使实时数据运算处理能力得到大幅提升。

4）传统分析处理手段已无法满足现代制造系统协同管理与优化的需求。

为此，随着科学技术的进步和现实的社会需求，驱使着人们进入了大数据时代。目前，国际社会对大数据还未有一个统一的定义。

全球管理咨询公司麦肯锡对大数据的定义：大数据是一种规模大到在获取、存储、管理、分析方面大大超出了传统数据库软件工具能力范围的数据集合，具有海量的数据规模、快速的数据流转、多样的数据类型和低密度的价值特征。

全球 IT 咨询公司 Gartner 认为：大数据是需要新处理模式才能具有更强的决策力、洞察发现力和流程优化能力的海量、高增长率和多样化的信息资产。

综上所述，可认为：大数据是规模庞大、类型复杂、信息全面的数据集合，难以应用常规的软硬件工具在有效时间范围内进行采集、存储、分析和处理，通过对大数据的研究处理可获得高价值的信息资产，有助于洞察事件的真相，预测事件发展的趋势。

2. 大数据的特征

大数据具有以下鲜明的“4V”特征：

（1）Volume（海量）　表示大数据的规模特征，体量巨大，尤其是非结构化数据呈超大规模的快速增长，大量的数据信息在互联网和云计算系统中创建、存储和处理，数据总量和实时性等需求将远远超越传统 IT 基础设施的承载能力。

（2）Variety（多样）　大数据的数据类型多种多样，包括办公文档、图片、图像、音频、视频、传感器数据、位置信息等结构化和非结构化的数据，其中非结构化数据越来越多。非结构化数据在产生价值的大数据中占有较大比例，这对数据处理能力和处理方法提出了更高的要求。

（3）Velocity（快速）　大数据的产生与采集异常频繁、迅速，这对大数据处理和实时性响应的要求也越来越高，要求对大数据的计算、处理及通信等过程具有低延时性。

（4）Value（低价值密度）　大数据有巨大的潜在价值，而在数据集中的每个数据个体往往价值很低，或者有价值的少量数据常常被混杂在大量的无价值数据之中，低价值密度的大数据常常会给人们带来高价值的回报。但大数据并不代表一定会产生数据的价值，这是由于大数据所蕴含的价值普遍存在“3B”问题，即“Below surface”（隐秘性）、“Broken”（碎片化）和“Bad quality”（低质性）。如何将大数据中所隐秘的、碎片化和低值化的数据“金矿”挖掘出来，如何快速提取有价值的数据？这就需要对大数据进行价值挖掘处理，这也是目前大数据时代亟待解决的难题。

大数据的处理不仅在体量上表现一个“大”，主要还表现一个“全”。常规的数据处理，一般是针对部分样本数据的处理，而大数据是对全部数据的处理，从而可避免由于样本取样的局限或取值分布的不合理而导致处理结果的偏差。任何数据的噪声都是客观存在的，而大数据系统能容忍噪声数据和错误数据的存在，这也保障了大数据分析处理结果的客观性和公平性。

表 2.3 列出了大数据与传统数据的特征比较。

表 2.3　大数据与传统数据的特征比较

特征	大数据	传统数据
数据规模	常以 GB，甚至是 TB、PB 为基本处理单位	以 MB 为基本处理单位
数据类型	种类繁多，包括结构化、半结构化和非结构化数据	数据类型少，且以结构化数据为主
数据模式	难以预先确定模式，待数据出现后才有模式的概念，且模式随着数据量的增长也在不断演化	模式固定，在已有模式基础上产生数据
数据对象	数据作为一种资源来辅助解决诸多领域问题	数据仅作为处理对象
处理工具	需要多种不同处理工具才能应对	一种或少数几种处理工具即可
处理范围	对全局数据进行分析处理，允许噪声数据存在	处理样本数据，不允许噪声数据存在

3. 大数据处理技术体系

大数据处理技术正在改变着当前计算机传统数据处理模式。大数据处理技术能够处理几乎所有类型的海量数据，包括文档、图像、电子邮件、音频、视频及其他形态的数据。根据大数据处理的生命周期，其技术体系包括数据采集与预处理、数据存储与管理、计算模式与系统、数据分析与挖掘及数据隐私与安全等各个方面，如图 2.16 所示。

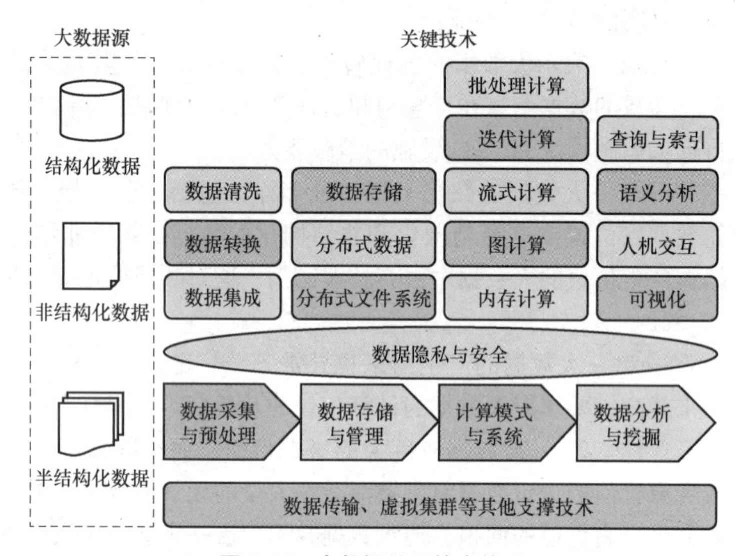

图 2.16 大数据处理技术体系

（1）数据采集与预处理 数据采集是指从传感器、智能设备、社交网络、互联网平台等现代信息传递中收集获取数据。由于原始数据体量巨大、类型繁多，而且某些记录难免存在遗失和错记，收集到的数据可能不够干净整洁，这就需要对原始数据进行预处理。数据的预处理是在数据挖掘分析前所进行的一系列必要清洗、去噪、去重等过程，以达到去伪存真的目的。通过对原始数据进行清洗、集成、转换等一系列预处理操作，填补遗漏、消除重复，将数据转换成分类统一、适合挖掘的形式，以提高数据处理的质量。

（2）数据存储与管理 大数据体量巨大，非结构化数据的存储需求比例较大。以适当的方式组织和管理这类数据，不仅使得大规模的数据存储成为可能，也利于后续的访问和部署。此外，大数据存储与其应用密切相关，需要为其应用提供高效的数据访问接口。传统的数据存储架构，往往存在 I/O 接口瓶颈及文件系统扩展性差等问题。目前，大数据存储普遍采用了分布式存储架构，使得计算与存储节点合一，消除了 I/O 接口瓶颈。此外，也有采用分布式文件系统结构、分布式缓存及基于大规模并行处理的分布式数据库等存储模式，以应对大数据存储与管理的挑战。

（3）计算模式与系统 大数据分析处理要消耗大量的计算资源，这对分析计算速度及计算成本都提出了更高的要求，并行计算是应对大计算量数值处理所采取的普遍做法。目前，广泛应用的大数据计算框架是由谷歌公司发布的分布式并行计算 MapReduce 架构模型，以及阿帕奇（Apache）基金会发布的 Hadoop 模型。MapReduce 模型既是并行计算架构模型，也是并行程序设计模型，由廉价而通用的普通服务器构成，通过添加服务器节点便可线性扩展系统的处理能力，在成本及可扩展性上具有巨大的优势。此外，MapReduce 模型还可满足“先存储后处理”离线批量计算要求。然而，MapReduce 模型也存在时延较大的缺陷，难以满足机器学习、迭代处理、流处理等实时计算的任务要求。为此，业界在 MapReduce 模型基础上，提出了多种并行计算架构路线，针对端到端的实时计算框架，可在一个时间窗口上对数据流进行在线实时分析。

（4）数据分析与挖掘　据统计，在人类所掌握的全部数据中仅有1%的数值型数据得到各行业的分析利用。目前，所开展的大数据应用也仅局限于结构化数据和网页、日志（Log）等半结构化数据的简单分析，大量语音、图片、视频等非结构化数据仍然处于沉睡状态，尚未得到有效的利用。为此，大数据分析与挖掘新技术亟待研究与开发。

所谓数据挖掘（Data Mining），是通过对大量数据的分析而获得新知识的过程。针对不同数据分析的目的，以及数据集的基本特征差异，数据挖掘所采用的具体方法也不尽相同。常用的数据挖掘方法有聚类分析、分类回归分析、时序分析、机器学习、专家系统、神经网络和人工智能等技术。

近年来，人们针对非结构化数据分析与挖掘技术的研究和开发，推出了一些具有较大应用价值的大数据分析与挖掘软件工具，例如支持非结构化数据存储的 NoSQL 数据库、分布式并行计算的 MapReduce 和 Hadoop 软件平台，以及种类繁多的数据可视化应用软件等，这些软件工具的推出大大加速了大数据技术的发展进程。

（5）数据隐私与安全　隐私与安全问题是当前大数据发展所面临的关键问题之一。在互联网上，人们的一言一行都被掌握在互联网商家手中，包括购物习惯、好友联络、阅读习惯、检索习惯等，即使是无害的数据，在被大量收集后，也会暴露个人的隐私。在大数据环境下，人们所面临的安全威胁不仅限于个人隐私泄露，大数据在存储、处理、传输等过程中都将面临安全风险，与其他数据安全问题相比更为棘手，因此更应对数据安全和隐私保护问题加以重视。然而，在面对大数据安全问题挑战的同时，大数据也为信息安全领域带来了新的发展契机，基于大数据信息安全的相关技术反过来也可以用于一般网络安全和隐私保护。

2.2.4　工业互联网

1. 工业互联网的概念

（1）工业互联网的定义　工业互联网是第四次工业革命的基础设施，通过人、机、物的全面互联互通，以构建一个新型的工业生产体系。

中国工业互联网研究院对工业互联网的定义：工业互联网是新一代信息技术与制造业深度融合的产物，是实现工业经济数字化、网络化、智能化发展的重要基础设施。通过对人、机、物的全面互联，构建起全要素、全产业链、全价值链全面连接的新型工业生产制造服务体系。

工业互联网的核心在于“工业”和“互联网”。“工业”是基本对象，“互联网”是工具手段。工业互联网综合利用物联网、信息通信、云计算、大数据等互联网相关技术，推动各类工业资源与能力的接入，以支撑新型工业制造模式与产业生态。

（2）工业互联网的特征　根据上述工业互联网的定义，工业互联网呈现出以下典型特征：

1）万物互联。工业互联网通过工业现场总线、工业以太网、工业无线网络和异构网络集成等技术，连接工业生产系统和工业产品各要素，实现工厂内各类装备、控制系统和信息系统的互联互通，以及物料、产品与人之间的无缝集成。网络通信技术为万物互联提供了基础保障，支撑工业数据的采集交换、集成处理、建模分析和反馈执行，是实现从单台机器、产线、车间到工厂的工业全系统互联互通的重要基础工具。

2）数据挖掘。工业互联网时代的企业竞争力已经不再表现在单纯的设备与技术。数据已成为企业的新型生产要素，决定着制造资源的优化配置和使用效率，引领生产方式和产业模式的变革。通过传感器采集的设备数据，经过挖掘处理与反馈，可对原有设备进行更好的控制和管理，甚至创造出新的生产模式或商业模式。为此，企业不仅要从原有的运营效率中挖掘潜力，更应在工业互联网企业运营模式下，对工业大数据进行挖掘和运用，站在数据分析和整合的更高层面去创造新的商业模式。企业数据资产的重要程度丝毫不亚于原有设备和技术资产，其作用和意义更具有战略性，以数据资产和大数据为基础的企业业务活动会成为每一个工业互联网企业的核心。

3）通用基础设施。工业互联网可以作为新型工业的“操作系统”，支撑跨行业、跨领域的数字化应用。就像 PC 时代的微软 Windows 操作系统、移动网络时代的谷歌 Android 操作系统一样，工业互联网通过海量数据、工业智能与复杂工业场景的结合进行价值的创造，从而成为支撑新一轮工业革命的重要基础设施。例如，海尔互联网平台 COSMOPlat 已突破其核心的家电制造及其相关服务，现已覆盖包括建陶、房车、农业在内的 15 个行业生态，有力推动了这类行业的企业用户转型升级。

4）服务增值。服务增值是指企业通过在产品上添加某类智能模块，实现产品数据的采集，并利用联网功能及大数据挖掘分析，为用户提供多样化的智能服务，可有效延伸企业产品的价值链，扩展企业的利润空间。由工业互联网所构建的服务体系，可驱动企业由以传统产品为中心的经营方式向以服务为中心的经营方式转变，智能化服务将成为企业新的业务核心，以摆脱对资源、能源等要素投入的依赖，扩展产品的增值服务，实现服务效应的最大化。

5）业态更新。工业互联网不仅作为一种技术和基础设施，更是一个时代的特征，“互联网+”已成为当前时代的大潮。工业互联网各种因素的综合作用，使制造业生态更新成为必然。工业互联网技术能够破除资源的“数字藩篱”，可促进共享经济的新生态逐渐形成。对于制造企业而言，以生产服务、科技服务等为典型的服务化制造将成为生态更新的重要方向。

（3）工业互联网与公众互联网的区别 为了更好地认识工业互联网，表 2.4 列出了工业互联网与公众互联网的性能比较。

表 2.4 工业互联网与公众互联网的性能比较

条目	工业互联网	公众互联网
连接对象	包括人、机、物，种类与数量多，场景复杂，对网络实时性、可靠性、安全性要求高	主要是普通消费者，尽力而为的服务，对网络性能要求不高
推进模式	多目标系统，推进模式复杂，操作难度大，要求有较好的工作基础	单目标系统，推进模式简单，易于成功

（续）

条目	工业互联网	公众互联网
信息兼容	与用户共同决定运营规则，须与用户现有信息系统兼容	互联网企业单方面决定运营规则，不存在信息兼容性问题
服务时效	无限责任的连续服务，连带责任重大	阶段性的时间服务，责任有限
软件定位	不仅提供门户平台，还需融入专业产品的管理，软件定位难度大	仅提供一个门户平台，不需要考虑不同用户的定制要求

1）连接对象。公众互联网的连接对象主要是人，通过电脑、手机等数码产品与普通消费者连接，其特点表现为“尽力而为”的服务，相对而言对网络性能要求不高。工业互联网连接的对象包括人、机、物及各类不同系统，连接的种类繁多，工作场景复杂，对网络性能有较高的实时性、可靠性和安全性要求。

2）推进模式。公众互联网可使人们生活得到更多的便利，但对现有商品的质量却无法改变，属于单目标系统，推进模式简单，易于成功。工业互联网则要求在产品全生命周期提供品质优良、使用方便、安全环保的优质服务，是一个多目标系统，推进模式复杂，开发操作难度大，要求有较好的数字化网络化前期工作基础。

3）信息兼容。公众互联网将产品或服务直接提供给人们使用，不存在所谓的信息兼容问题。工业互联网融合了众多信息系统和技术，需要在企业现有的信息化基础上实施，自然存在各种信息系统及软硬件兼容性等问题。此外，公众互联网的运行规则只是由互联网企业单方面决定的，而工业互联网运行准则或规则需要由互联网企业和用户共同制定。

4）服务时效。公众互联网属于一种离散时间的服务，如快递配送，仅为阶段性的时间服务，且责任有限。工业互联网为连续时间的服务机制，如工业互联网的“设备云”需提供24小时不间断服务，服务商的责任体现在分分秒秒之中，属于无限责任的连续服务，若没有解决好安全问题，则将会引发严重的社会问题。

5）软件定位。在公众互联网中，软件仅是一种工具，是为用户或商品提供的一个门户平台，不需要根据用户要求进行定制。在工业互联网中，软件不仅是工具也是商品。例如，对于工业锅炉或机床类企业，工业互联网不仅需要为这类企业定制一个个门户平台，还需要为企业产品及管理问题配置不同的软件系统，其软件定位难度较大。

2. 工业互联网的结构体系

工业互联网总体结构包含网络、平台、安全、技术四大体系，如图2.17所示。其中，网络体系是基础，平台体系是中枢，安全体系是保障，技术体系是支撑。

（1）网络体系　网络是工业互联网发挥作用的基础，由网络互联、数据互通和标识解析三部分组成。

1）网络互联。网络互联指实现企业资源各要素间数据传输的基础设施，包括企业外网和内网，企业外网是连接企业各地机构、上下游企业及终端客户。企业内网是连接企业内的人员、机器、材料、环境和系统，包括现场总线、工业以太网等有线网，以及5G、WiFi等无线网多种连接形式。

2）数据互通。数据互通指通过对数据进行标准化描述和统一建模，实现各网络节点间所传输的信息相互理解，这涉及数据传输、数据语义语法等不同技术层面。

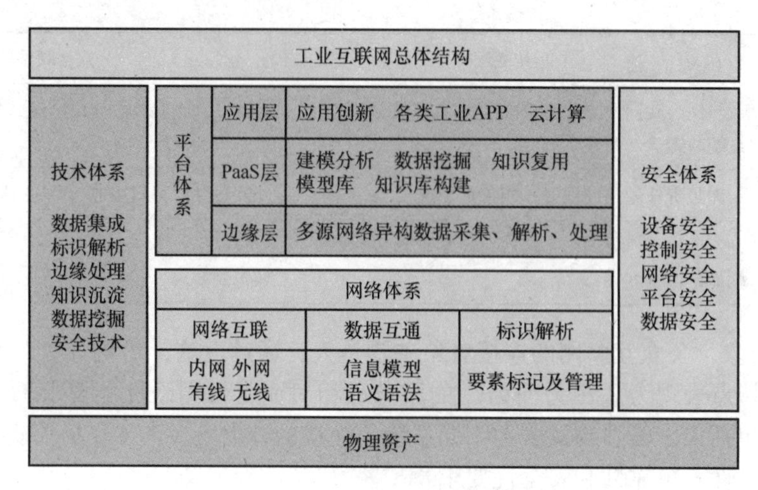

图 2.17 工业互联网总体结构

3）标识解析。标识解析用于实现资源要素的标记、管理和定位，由标识编码和标识解析系统组成，通过为物料、机器、产品等物理资源和工序、软件、模型、数据等虚拟资源分配标识编码，实现物理实体和虚拟对象的逻辑定位和信息查询，支撑跨企业、跨地区、跨行业的数据共享共用。

（2）平台体系 平台体系相当于工业互联网的“操作系统”，是制造业数字化、网络化、智能化的中枢与载体，包括边缘层、PaaS 层和应用层三个层级，其作用为：

1）数据汇聚。由网络层面所采集的多源、异构、海量数据传输到工业互联网平台，为数据的深度分析和应用提供基础。

2）建模分析。提供大数据、人工智能分析的算法模型，结合数字孪生、工业智能等技术，对海量数据进行挖掘分析，实现数据驱动的智能应用。

3）知识复用。将工业经验知识转化为平台上的模型库和知识库，以供二次开发和重复调用。

4）应用创新。面向设计研发、设备管理、企业运营、资源调度等场景提供各类工业APP 及云层化软件，以帮助企业提质增效。

（3）安全体系 工业互联网安全体系涉及设备、控制、网络、平台、数据等多方面的安全问题，其核心任务就是通过监测预警、应急响应、检测评估、功能测试等手段确保工业互联网健康有序发展。

（4）技术体系 工业互联网需要解决多类工业设备接入、多源数据集成、海量数据处理、工业数据建模、工业应用创新、工业知识挖掘积累等一系列问题，涉及众多关键技术，如数据集成、标识解析、边缘处理、知识沉淀、数据挖掘、安全技术等。

3. 工业互联网的功能架构

功能架构是工业互联网体系架构的核心，用于揭示工业互联网系统中基本要素、功能模块、交互流转的关系与作用范围。工业互联网的功能体系主要包含感知控制、数字模型、决策优化三个基本层次，以构成一个由自下而上的信息流和自上而下的决策流组成的工业数字化应用的优化闭环，如图 2.18 所示。

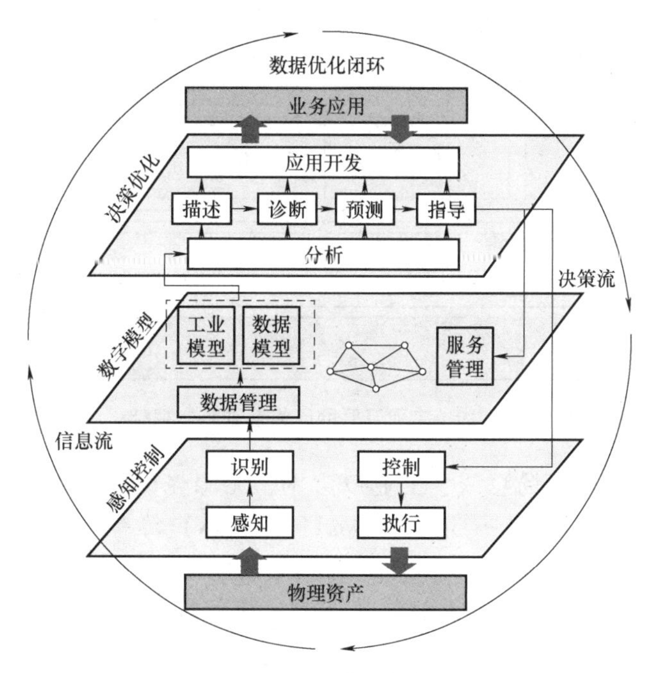

图 2.18　**工业互联网的功能架构**

（1）感知控制层　该层是构建工业数字化底层的输入/输出应用接口，包含物理系统的信息感知与识别，以及对物理系统的控制与执行功能。

（2）数字模型层　该层是强化对资产数据的虚拟映射与组织管理，并提供支撑工业数字化应用的基础资源及关键工具，包含数据集成与管理、数据模型和工业模型的构建、信息相互交换等功能。

（3）决策优化层　该层侧重于数据的挖掘分析及其价值的转化，以形成工业数字化应用的核心功能，包括对资产数据的分析、描述、诊断、预测、指导及应用开发等功能。

由上述工业互联网功能架构可知，工业互联网的信息流是从数据感知出发的，通过数据的集成和建模分析，将物理空间中的资产和状态信息向上传递到虚拟空间，为决策优化提供依据。工业互联网的决策流，则将虚拟空间的决策优化后所形成的指令信息，向下反馈到控制与执行环节，用于改进和提升物理空间中的资产功能和性能。在工业互联网信息流与决策流的双向共同作用下，可使底层资产与上层业务实现紧密连接，以数据分析决策为核心，形成面向不同工业场景的智能化生产、网络化协同、规模化定制和服务化延伸等智能应用解决方案。

4. 工业互联网的基础技术

工业互联网的基础技术包括网络、数据、平台、安全等各类技术，这里仅简要介绍工业互联网的网络互联、标识解析体系、工业互联网平台以及边缘计算等基础技术。

（1）网络互联　工业互联网的总体目标是促进系统间的网络互联和数据互通。通过有线和无线的连接方式，将工业互联网体系中的人、机、物以及上下游企业和终端用户进行连接，实现端到端的数据传输。根据网络协议，工业互联网网络互联可分为接入层、网络层和传输层三个层次，如图 2.19 所示。

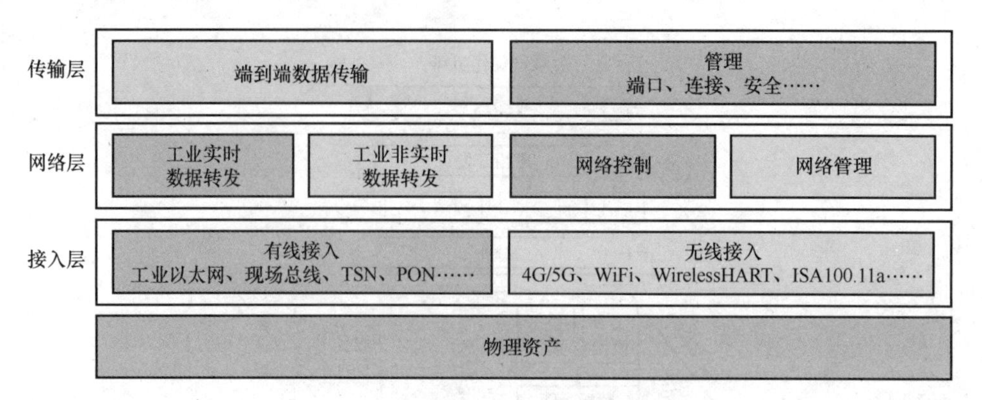

图 2.19 **工业互联网网络互联基本框架**

1）接入层，可通过现场总线、工业以太网、无源光网络（Passive Optical Network，PON）、时间敏感网络（Time-Sensitive Networking，TSN）等有线连接方式，以及移动通信（4G/5G）、无线网络（WiFi）、开放式无线通信标准（WirelessHART）、工业级无线传感网络标准（ISA100.11a）等无线连接方式，将各种物理资产要素接入工厂的内网和外网。

2）网络层，实现工业实时数据和非实时数据的转发，以及网络控制与管理等功能。工业实时数据转发主要传输生产控制过程中有实时性要求的控制信息和需要实时处理的采集信息；非实时数据转发主要是指无时延同步要求的采集数据和管理数据的传输；网络控制是指路径选择、路由协议互通、访问控制列表（Access Control List，ACL）配置、服务质量（Quality of Service，QoS）配置等功能；网络管理包括层次化的服务质量管理、拓扑管理、接入管理、资源管理等功能。

3）传输层，担负着端到端的数据传输和网络管理等功能，即基于传输控制协议（Transmission Control Protocol，TCP）、用户数据报协议（User Datagram Protocol，UDP）等实现各网络设备、端口与系统间的数据传输，管理各端口连接及网络安全等。

（2）标识解析体系 工业互联网标识解析体系是工业互联网的重要组成部分，是连接物理世界和数字世界的翻译器，可为每一个物理世界的实体在数字世界提供唯一的对应标识。

工业互联网标识解析体系的核心组成，包括标识编码和标识解析两个组成部分。其中，标识编码是识别机器和产品等物理资源及虚拟资源的身份符号；标识解析是根据目标对象的标识编码以查询其网络位置及其相关信息的系统装置，是实现全球供应链系统及产品全生命周期管理和智能化服务的前提和基础，其功能作用类似于公众互联网的域名系统（Domain Name System，DNS）。

目前，工业互联网标识解析体系通常采用条形码、二维码、射频识别（RFID）等方式对各类物品赋予唯一的身份，通过建立统一的标识体系可将工业生产中的机器设备和物料等一切生产要素连接起来，实现企业信息的纵向、横向和端到端的集成。在纵向方面，可以打通产品、机器、车间、工厂之间的信息联系，将底层的标识数据集成到企业上层的信息系统中，实现数据的连接和共享；在横向方面，可以连接企业自身的上下游企业，应用标识解析体系按需查询各类物料信息；在端到端集成方面，可以打通产品的设计、制造、物流和使用服务等各个端点的信息，实现真正意义上的产品全生命周期的管理。

工业互联网标识解析体系可分为标识编码层、标识采集层、标识解析层和信息共享层，其功能框架如图2.20所示。其中，标识编码层包含编码结构的定义、编码及管理规则的制定等功能；标识采集层具有定义标识编码的载体、标识编码存储的形式、标识数据采集和处理手段等功能；标识解析层主要包括标识的注册、标识的解析和数据管理等内容；信息共享层主要定义组织单元内部及组织单元间的信息传递及交互机制，包括数据字典、语义库、异构识别、管理分析工具和搜索引擎等功能模块。

通常，工业互联网标识解析体系是由国家相关机构制定的，在标识编码的规划、分配、注册、解析等方面制定统一的技术标准和管理规范，以提供安全高效的国家顶级标识解析服务，并分配、管理国家级以下的各类标识解析服务节点。

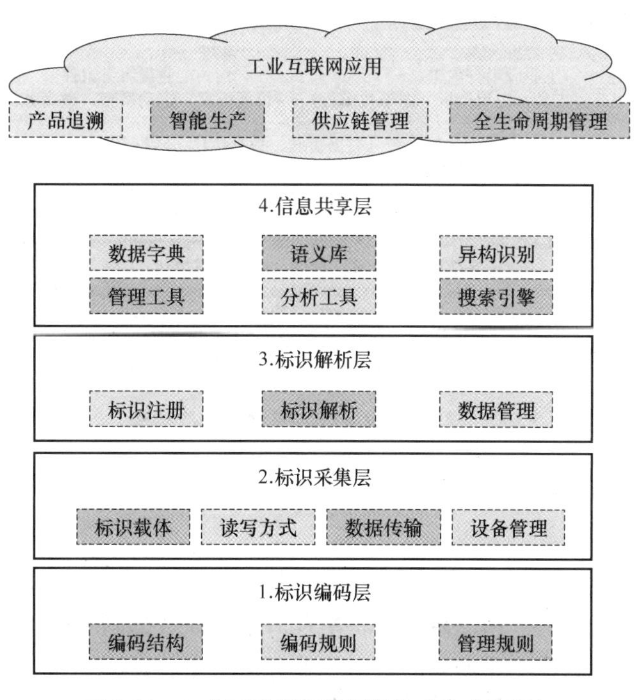

图2.20　工业互联网标识解析体系的功能框架

（3）工业互联网平台　工业互联网平台是工业互联网的核心要素，通常是在工业云平台上构建，并叠加制造能力开放、知识经验复用及第三方开发者集聚等功能，大幅提升了工业知识的产生、传播和利用的效率。工业互联网平台是新型工业体系的“操作系统”，向下可对接海量工业装备、仪器及产品，向上可支撑工业智能化应用的快速开发与部署，发挥着类似于微软Windows操作系统、谷歌Android操作系统的重要作用。工业互联网平台是资源集聚共享的有效载体，可将工业信息流、资金流、人才创意、制造工具和制造能力等在云端汇聚，将数据科学、工业科学、管理科学、信息科学、计算机科学在云端融合，推动资源、知识的集聚共享，形成社会化的协同生产方式和组织模式。

借助工业互联网平台，企业的市场竞争力可得到大大的提升，表现在：基于平台的信息化应用部署，可帮助企业解决提质、降本、增效等问题；基于平台的大数据深度学习能力，可解决企业产品和服务的增值问题；基于平台的协同资源调配和模式创新，可解决跨领域资源灵活配置和协同作业等问题。

工业互联网平台的建设目标，是建设以状态感知→实时分析→科学决策→精准执行的闭环智能，以满足智能化生产、网络化协同、个性化定制、服务化延伸等企业的需求，实现工业资源精准高效配置，达到优化生产流程、提升决策和管理效率、提高产品和服务质量、降低经营成本等目的。

我国工业互联网产业联盟在《工业互联网平台白皮书（2017）》中提出了工业互联网平台的组成架构，如图 2.21 所示。

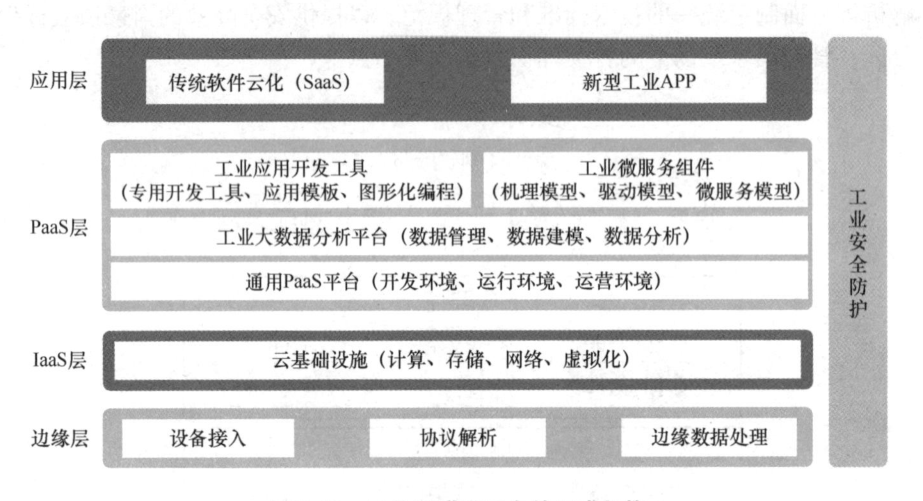

图 2.21　工业互联网平台的组成架构

工业互联网平台通常包含边缘层、IaaS 层、PaaS 层和应用层，以及贯穿各个层级的工业安全防护。

1）边缘层是工业互联网平台构建数据的基础，负责对海量设备进行连接和管理，实现多维度、深层次的数据采集，利用协议解析实现海量工业数据的互联互通互操作，借助边缘数据分析和处理能力，满足工业场景的低时延业务需求。

2）IaaS 层为工业互联网平台提供运行环境的基础支撑，通过虚拟化技术将计算、存储和网络等资源建立平台的虚拟池，为用户提供按需、灵活和弹性化服务。

3）PaaS 层又称为平台层，提供工业数据的管理和分析服务，构建工业微服务组件库及应用开发环境，快速开发定制化的工业 APP，打造一个开放、可扩展的工业操作系统。

4）应用层是工业互联网平台的关键，以工业 SaaS 及新型工业 APP 形式为用户提供面向不同行业、不同场景、不同环境、不同领域的一系列创新性业务应用和服务，实现价值的挖掘和提升。

5）安全层为产品全生命周期提供安全防护体系，为工业互联网平台的构建提供安全保障。

（4）工业互联网边缘计算　边缘计算是在网络的边缘执行计算的一种分布式计算模式，使计算发生在更靠近数据的位置，以减少网络操作和服务的延时，产生更快的网络响应，满足行业在实时业务、应用智能、安全与隐私保护等方面的基本需求。

边缘计算被视为工业互联网的关键基石之一，是连接虚拟空间与物理空间的纽带，它将网络、计算、存储、应用和智能等资源汇聚到网络边缘侧，旨在提高服务响应的速度，解决工业生产中所面临的高延时、现场协议互通等现实问题。

面向工业互联网的边缘计算系统介于云端和现场设备端之间，一方面是负责各类现场设备的接入，另一方面是实现与云端的交互对接。边缘计算系统通常由边缘控制器、边缘网关和边缘云三部分组成，如图 2.22 所示。其中，边缘控制器负责连接各种现场设备，进行协议适配与转换，统一接入边缘计算网络；边缘网关功能包括边缘计算、过程控制、运动控制、现场数据采集、工业协议解析和机器视觉等；边缘云是部署在边缘侧的单个或多个分布式协同的服务器，以提供弹性扩展的计算、网络和存储服务。

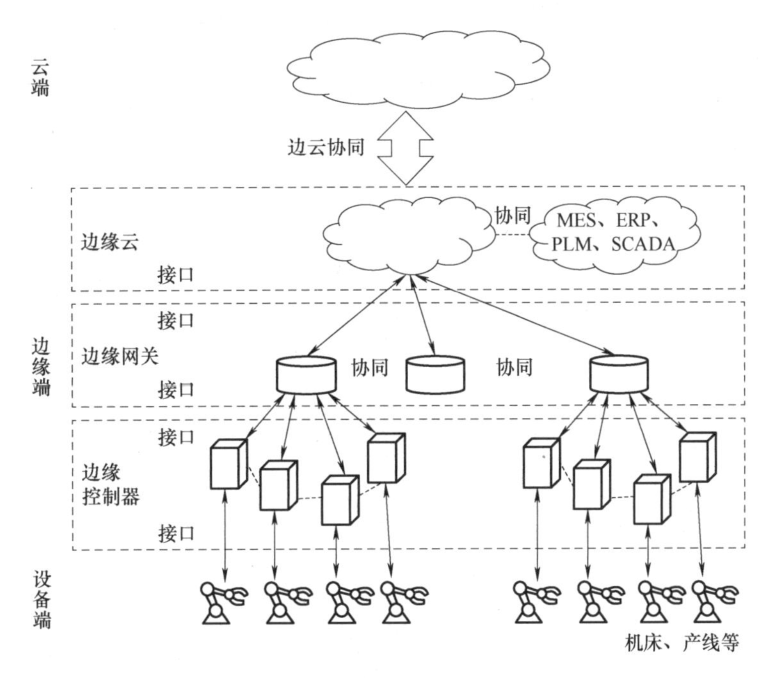

图 2.22　工业互联网边缘计算的系统框架

[案例 2.2]　阿里云计算平台

当今云计算平台世界排名第三、亚太排名第一的阿里云，前身即为阿里巴巴集团在 2008 年自主研发的超大规模分布式计算操作系统“飞天”。目前，阿里云在国内外多个地区部署有云数据中心，可将遍布全球的百万级服务器连成一台超级计算机，为全球 200 多个国家和地区的创新创业企业、政府、机构等提供服务。

图 2.23 所示为阿里云“飞天”计算操作系统的架构，其底层是遍布全球的几十个云数据中心和数百个因特网接入点（Point of Presence，PoP）。“飞天”内核跑在每个数据中心内，负责统一管理数据中心内的通用服务器集群，调度集群的计算和资源的存储，支撑分布式应用的部署和执行，并自动进行故障恢复和数据冗余。“盘古”和“伏羲”是“飞天”的两个最为核心的服务，前者为存储管理服务，后者为资源调度服务。“飞天”

“天基”服务则负责“飞天”各个子系统的部署、升级、扩容及故障迁移等自动化运维服务。

阿里云计算平台包含计算、存储、数据库、网络等不同的服务模块。

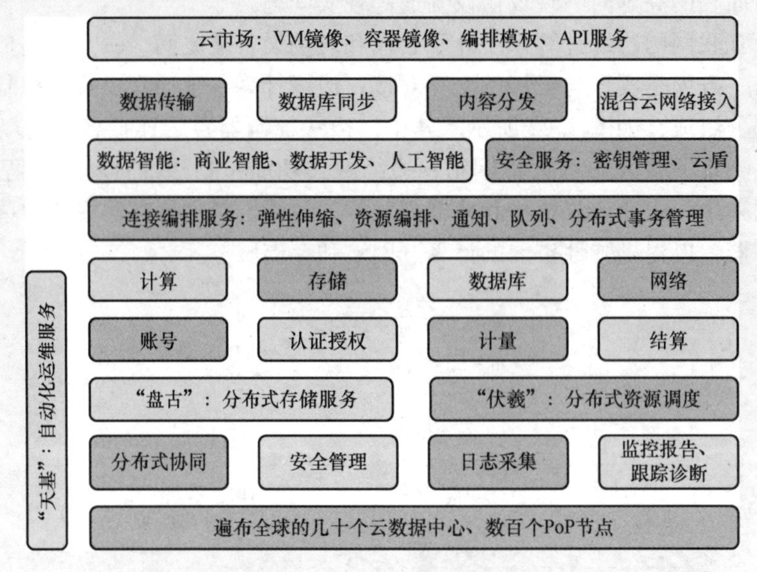

图 2.23　阿里云“飞天”计算操作系统的架构

1）计算。阿里云所提供的 laaS 级云计算服务，用户可像使用水、电、天然气等公共资源一样，具有便捷高效、即开即用、弹性伸缩的特点，能实现百万级别服务器的平稳调度，为全球用户解决 IT 基础设施的性能优化、资源扩容和自动化运维等难题。此外，阿里云还为用户提供性能卓越、稳定可靠、弹性扩展的高性能计算服务，采用并行计算方式解决大规模科学、工程和商业问题，已在科研机构、石油勘探、金融市场、气象预报、生物制药、基因测序、图像处理等行业得到了广泛的应用。

2）存储。阿里云的存储服务包括对象存储、块存储、网络存储、文件存储、云存储网关、表格存储等，对各类存储资源提供低成本、高可靠、高可用的存储服务，涵盖数据备份、归档、容灾等场景。

3）数据库。阿里云提供有云原生关系型数据库 PolarDB、云原生分布式数据库 PolarDB-X、云数据库 RDS MySQL、云原生数据仓库 AnalyticDB 等多种类型的数据库服务，包括数据库自治服务、数据传输服务、数据管理、数据库备份等。

4）网络。阿里云提供的网络服务包括跨运营商、跨地域全网覆盖的网络加速服务、专有网络服务、高速通道服务等。

目前，阿里云已成为国内最重要的云计算平台，除为阿里巴巴集团旗下的蚂蚁金服、淘宝和天猫提供数据存储、处理和安全防御外，还为中国石化、国税总局、海关总署、国家天文台、中国联通、徐工集团、杭州城市大脑、12306 网站、CCTV5 等提供各类计算与管理服务，其用户遍布互联网、数字化政府、工业、电商、金融、教育、科学计算等多个领域。

［案例 2.3］　海尔工业互联网平台 COSMOPlat

COSMOPlat 是海尔于 2016 年打造的一款拥有自主知识产权的工业互联网平台。该平台采用并联协同的互联模式，实现了用户、企业、资源三者间互联互通与零距离的交互连接，强调用户全流程参与体验，实现大规模定制与共创共赢，包括参与产品交互设计、采购、制造、物流和迭代升级等环节，形成开放共赢的有机业务生态。

海尔工业互联网平台 COSMOPlat 由资源层、平台层、应用层和模式层组成，如图 2.24 所示。在资源层，COSMOPlat 以开放模式对全球资源（软件资源、服务资源、业务资源、硬件资源等）进行聚集整合，以打造成为平台的资源库；在平台层，支持不同行业工业应用的快速开发、部署、运行和集成，实现工业技术的软件化，各类资源的分布式调度和最优匹配；在应用层，通过各种模式的软化和云化，为企业提供具体互联工厂的应用服务，形成全流程的应用解决方案；在模式层，依托互联工厂应用服务，实现不同模式的复制和资源共享，通过跨行业的复制，赋能中小企业，助力中小企业提质增效和转型升级。

COSMOPlat 在通用 PaaS 平台方面，提供了容器管理功能，支持多种开发环境及语言，在工业微服务能力及能力组件等方面优势显著。目前有 2000 多个工业机理模型和直观可视工艺参数优化算法，能够为化工、环保、水务、火电、热力等不同行业和领域的客户提供灵活配置的针对性解决方案，可实现面向行业的深度服务。

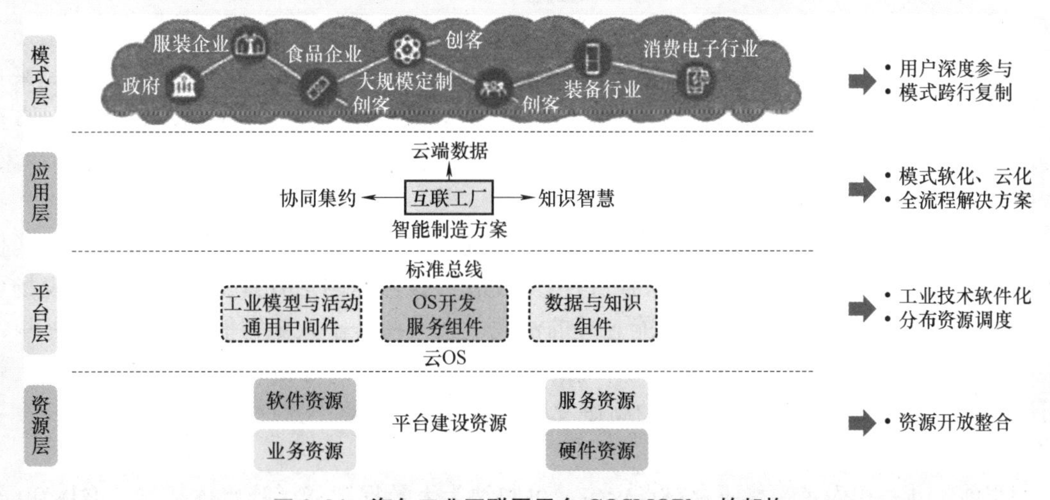

图 2.24　**海尔工业互联网平台 COSMOPlat 的架构**

在 SaaS 方面，目前有一千多种工业 APP，涵盖技术创新、生产制造、市场营销、研发设计、供应链、仓储物流、用户服务、企业管理等业务流程。

在安全方面，具有自主研发的海尔海安盾平台，为自己提供安全保障的同时也可作为解决方案提供给中小企业使用。同时，提供基于区块链的数据服务，提升数据安全保障。

目前，海尔 COSMOPlat 已成为全球规模最大的大规模定制生态平台之一，已孕育出机械、化工、房车、建陶等 15 类行业生态子平台，截至 2020 年 9 月已在全球 25 个工业园、122 个制造中心及 17 家互联工厂样板中落地实践，先后主导和参与了 35 项国家标准、5 项国际标准的制定工作。

2.3 ▪ 智能化技术

智能化技术即为新一代人工智能技术。人工智能的概念提出于20世纪50年代，由于受先前基础技术及工程化技术等因素的影响，其发展较为缓慢。直至近几年，由于人工智能技术基础算法的突破、计算能力的提高，以及以互联网为代表的新一代信息技术的快速发展和广泛应用，导致人工智能技术实现战略性突破，从而迎来了“新一代人工智能”时代。

2.3.1 新一代人工智能概述

1. 新一代人工智能发展三要素

新一代人工智能技术的发展得益于新的算法、大数据及运算力的提高，这三方面被称为新一代人工智能发展三要素。

（1）新算法 优秀的算法是新一代人工智能快速发展的基础，例如近年来流行的深度学习算法就是人工智能领域最大的技术突破之一。以人脸识别为例，在深度学习应用到人脸识别之前，其识别成功率不到93%，低于人眼识别率（95%），随着深度学习算法的应用，人脸识别的成功率提升到97%，目前已接近99%。

（2）大数据 随着互联网的发展和广泛应用，大数据得到高速的发展与积累，它为人工智能的训练学习过程奠定了良好的基础。例如，人机博弈的Alpha Go，其核心数据是来自互联网的3000多万例棋谱，这些棋谱数据的积累得益于十多年互联网技术的发展，直至2016年基于深度学习算法的Alpha Go终于取得了突破性进展，离开这些棋谱大数据的积累，智能机器人战胜人类顶尖棋手是不可能实现的。

（3）运算力 运算力是人工智能技术得以高速发展的必备条件。目前，大量高性能优越硬件的使用，如GPU（图形处理器）、NPU（嵌入式神经网络处理器）、FPGA（现场可编程门阵列）及各种AI-PU专用智能芯片的涌现，大大提升了人工智能的运算力，使得20年前由计算机CPU一个月才能算出的结果，如今同样的计算问题由计算机GPU芯片一天就可以算出结果，这为人工智能技术的高速发展提供了强大的算力支撑。

2. 新一代人工智能的研究热点

当前，新一代人工智能研究热点较多，可归纳为大数据智能、跨媒体智能、群体智能、混合增强智能等几个方面。

（1）大数据智能 大数据智能是指通过人工智能手段对大数据进行深入分析，挖掘其所隐含的模式与规律，以提供有价值的决策知识。传统人工智能方法往往是基于小样本数据，即其算法仅针对定量的小数据样本进行建模与分析，过大的数据量反而会导致建模效果的下降。随着互联网、传感网、大数据的交叉融合与快速发展，人工智能系统的计算能力和数据处理能力得到了大幅提升，加之机器学习算法的快速演进，大数据价值可以得以展现，大数据智能也便有了快速发展的动力来源。

近年来，大数据智能技术的研究与应用在我国受到了广泛关注，以深度学习为代表的机器学习算法成为大数据智能的核心技术，相关产品的研发和行业应用不断取得了新的成就。

（2）跨媒体智能 大脑通过视觉、听觉、语言等感知通道获得对外部世界的统一感知，这是人类智能的源头。随着多媒体和网络技术的迅猛发展，除了结构化数据之外，如图像、视频、文本等海量非结构化数据也在快速增长。跨媒体智能通过视听感知、机器学习和语言计算等理论和方法，对外部世界所蕴含的复杂结构进行高效表达和理解，以实现智能感知、智能识别、智能分析、智能检索与推理等智能活动。

我国在跨媒体智能领域具有较好的发展基础，在计算机视觉、语音识别，以及基于视觉和语音的特征识别等方面取得了明显的进步，并在无人驾驶、智能搜索等领域得到了成功的应用。然而，跨媒体智能面临着语义鸿沟和异构鸿沟等问题，需要通过知识驱动的跨媒体来协同推理，通过不同的感知算法去挖掘其潜在的模式与规律，以降低跨媒体认知决策的非确定性。

（3）群体智能　群体智能是由一组自由个体遵循简单行为准则，通过个体间的局部通信及个体与环境间的交互作用而表现出来的集体自组织的智能行为。例如，大雁在飞行时自动排成“人”字形，蝙蝠在洞穴中可以快速飞行却互不碰撞等。这类群体智能在面对开放环境复杂系统任务时，将远远超越任意单一个体的智能。

新一代人工智能在由工业互联网万物互联深层技术的驱动下，其研究对象已不再是单纯模仿人类单个个体的智能，而是基于由网络互联起来的众多机器与人所构成的群体行为的群体智能，例如智能制造时的机器人协同作业、众多无人机的群体控制等。然而，现阶段关于群体智能研究的理论、技术和平台等方面还处于初级阶段，世界各国均在积极进行群体智能技术方向的探索与突破。

（4）混合增强智能　由于人类所面临的世界充满不确定性，任何智能程度的机器都无法完全取代人类，若将人的作用或人的认知模型引入人工智能系统，与智能机器形成混合的增强智能形态，这便是人工智能发展的一个可行而重要的成长模式。

然而，混合增强智能现在还处于早期研究探索阶段，人类大脑与计算机智能设备间的耦合研究才刚刚起步。随着人类对认知科学、信息科学及神经科学等领域的研究不断深入，人类智能和机器智能的差异性和互补性将不断凸显，通过人机交互、认知计算、平行控制与管理等关键技术的突破，将给人机混合智能的发展带来颠覆性的变革。

3. 我国人工智能技术的发展现状

总体上说，我国人工智能技术已步入了全球第一梯队。近几年来，我国人工智能技术产业发展迅速，在数据、芯片、算法及软件框架等领域均取得了较大的进展，主要表现在：

1）在数据应用技术领域具有极强的竞争优势。在数据量方面，我国网民规模居全球第一，拥有庞大的数据量及丰富的使用环境，计算机视觉、语音识别等应用技术的研究国际领先，计算机视觉的人脸识别率接近99%，科大讯飞等企业的语音识别准确率均在97%以上，阿里巴巴的语音技术被MIT Technology Review列为2019年十大技术突破之一。

2）基础算法研究质量稳中有升。我国人工智能论文总量截至2018年仅次于美国处于世界第二位，高水平论文产出量同样位居全球前列，与美国相差不远。但在原创性、重大理论突破方面，与美国仍有较大的差距。

3）芯片与软件框架方面较为薄弱，但在部分环节已取得领先性成果。芯片的类型可分为通用训练芯片、云端推理芯片、终端推理芯片三大类。在通用训练芯片方面，美国英伟达的GPU占据统治地位；云端推理芯片方面，群雄并起，我国阿里巴巴、华为、百度等企业纷纷展开布局；终端推理芯片方面，我国企业在智能手机、无人驾驶、计算机视觉、VR设备等领域有了长足的发展。

2017年我国国务院印发《新一代人工智能发展规划》，提出了面向2030年我国新一代人工智能发展的战略目标和重点任务，规划了三步走的战略部署：①到2020年，人工智能总体技术和应用与世界先进水平同步，人工智能产业成为新的重要经济增长点；②到2025年，人工智能基础理论实现重大突破，部分技术与应用达到世界领先水平；③到2030年，人工智能理论、技术与应用总体达到世界领先水平，成为世界主要人工智能创新中心。

2018年科技部依托百度、阿里巴巴、腾讯、科大讯飞、商汤集团分别构建了自动驾驶、城市大脑、医疗影像、智能语音、智能视觉五个国家级新一代人工智能开放创新平台。

2019年科技部又公布了新一批共10家企业承接的国家级人工智能创新平台，涵盖图像感知、视觉计算、视频感知、营销智能、普惠金融、智能供应链、安全大脑、智慧教育和智能家居等人工智能重点细分领域。

一系列新一代人工智能平台的建设和部署，有效整合了我国技术资源和金融资源，着力提升技术创新研发实力和基础软硬件开放共享服务能力，促进人工智能技术成果的扩散与转化应用，使人工智能成为驱动实体经济建设和社会事业发展的新引擎。

下面仅对新一代人工智能中有关机器学习、人工神经网络与深度学习及计算机视觉几类具体技术进行简要介绍。

2.3.2 机器学习

机器学习是人工智能较为年轻的研究分支。近年来人工智能技术所取得的巨大成就，在很大程度上得益于机器学习理论和技术的进步。

机器学习至今还没有一个正式的定义，但普遍认为：机器学习是模拟人类的学习行为，通过计算的手段从数据中学习新的知识或技能，并应用已有的知识结构不断改善自身系统的性能。

机器学习是以数据建模为基础，在其学习过程中从庞大数据集中建立相应的知识模型，依据所得到的模型对新数据做出相应的识别和预测。基于机器学习的数据识别流程：首先对所提供的训练数据样本进行分析，抽取其特征属性，建立特征向量，应用相关的学习算法建立数据的分类识别模型；再用测试数据样本对已建立的模型进行测试验证，修正完善模型；最后便可应用所得到的数据模型对新的数据进行识别、预测及分类，如图2.25所示。

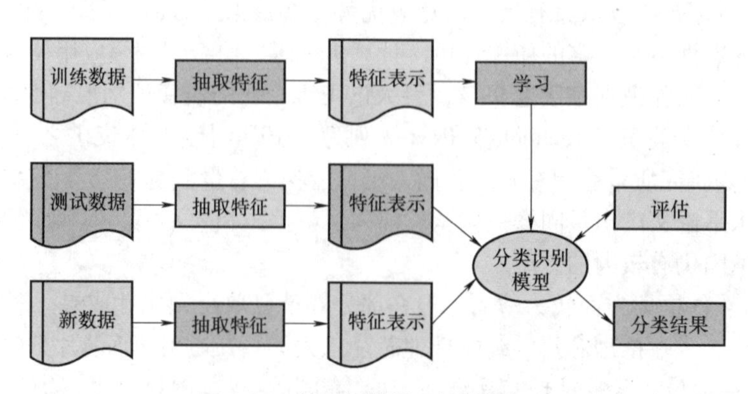

图2.25 基于机器学习的数据识别

根据所提供的数据样本有无标签，可将机器学习分为有监督学习、无监督学习、半监督学习三个类型。

1. 有监督学习

图 2.26 所示为一个鸢尾花数据样本集，其中每一行为一个数据样本，每个样本包含有 5 个参数，前 4 个参数分别为鸢尾花的花萼长度和宽度及花瓣的长度和宽度，最后一个字符串参数则为鸢尾花样本的类别标签（山鸢尾为 setosa、变色鸢尾为 versicolor……）。

...
4.6, 3.2, 1.4, 0.2, setosa
5.3, 3.7, 1.5, 0.2, setosa
5.0, 3.3, 1.4, 0.2, setosa
7.0, 3.2, 4.7, 1.4, versicolor
6.4, 3.2, 4.5, 1.5, versicolor
6.9, 3.1, 4.9, 1.5, versicolor
...

图 2.26　**鸢尾花数据样本集**

有监督学习是在所提供的数据样本中，每一个样本数据除了该样本特征数据之外，还给出了该样本的类别标签。有监督学习的目标任务，就是建立一个根据样本的特征数据准确映射为类别标签的识别模型。有监督学习是机器学习中最重要的一类学习方法，占据了目前机器学习算法的绝大比例。

在图 2.26 所示的鸢尾花数据样本集中，每一个数据都是样本的某个属性或特征，可将样本的全部属性构成为一个特征向量，如（4.6，3.2，1.4，0.2）。本例机器学习的目的，就是从这些数据样本集中建立一个能够识别不同鸢尾花类别的“模型”。通过该模型，只要给出一个鸢尾花特征向量，便可识别出它属于哪种类别的鸢尾花。

目前，有监督学习使用广泛，已研发有数以百计的各种学习算法，如 K 近邻算法、决策树算法、线性回归、逻辑回归、支持向量机算法等。下面以两种鸢尾花识别为例，简要介绍支持向量机（Support Vector Machine，SVM）监督学习的算法原理。

为了直观描述，选取山鸢尾（setosa）和变色鸢尾（versicolor）两种鸢尾花的花萼长度与宽度各 10 组数据，并将之在二维平面特征空间内用数据点表示，如图 2.27 所示。可见，在这两组鸢尾花数据样本集中，可用一条直线 c 将这两组数据点相互分开，直线 c 上部的数据点为“正样本”，下面的数据点为“负样本”。对于多维特征向量的数据样本，则 c 应为多维向量空间内的一个超平面。在图 2.27 中，距离超平面 c 最近的几个训练样本点称为“支持向量”，两个异类支持向量到超平面的距离之和称为“分类间隔”（Margin）。支持向量机（SVM）监督学习的目标任务，就是求取能够将不同属性的数据样本点相互分开的超平面。

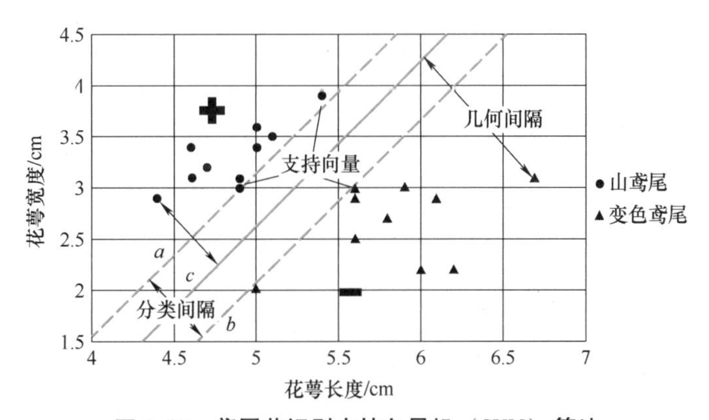

图 2.27　**鸢尾花识别支持向量机（SVM）算法**

一般而言，某数据样本点与超平面间的距离可作为其分类预测的置信度，其距离越远，则置信度越高。对于包含 n 个数据点的样本集，为了提高分类的置信度，自然希望选择具有最大化这个“分类间隔”距离的超平面。如何找到这个“最大间隔”（Max-Margin）的超平面，这就是支持向量机（SVM）监督学习的基本原理。

2. 无监督学习

无监督学习不需要数据样本中的标签，而是通过自身在学习过程中不断自我认知、自我归纳去寻找潜在的识别规则。与监督学习相比，无监督学习具有很多明显的优势，其中最重要的一点就是不再需要对大量数据样本进行费时费力的人工标注。

聚类是无监督学习最重要的一类算法。所谓聚类，就是根据数据样本集中的数据存在某种相似性或差异性而将之划分为不同的数据类别，而不必关心这些相似数据的本质是什么。

现仍以鸢尾花类型识别为例，若在图 2.27 所示的鸢尾花数据样本中没有给出其类别的标签，就很难找到不同类别分界的超平面。但若事先知道在这个数据样本集中仅包含两种类别的鸢尾花，便可根据这些数据点相互距离的远近关系，可将其划分为两个不同的数据聚类块，如图 2.28a 或图 2.28b 所示。

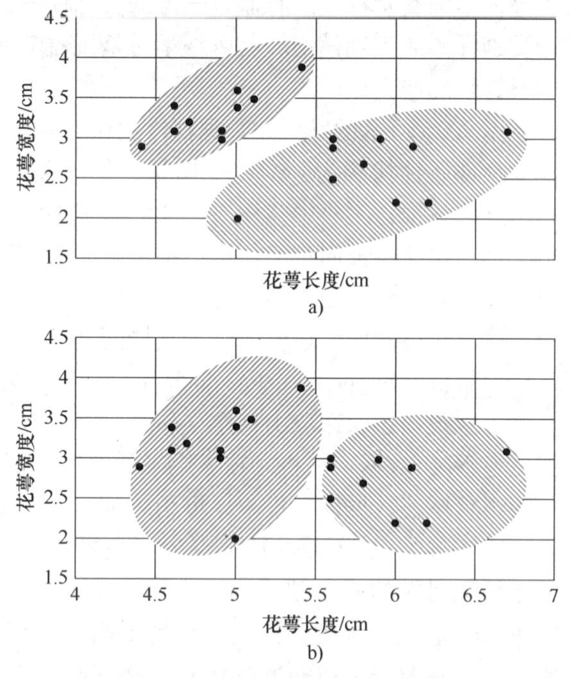

图 2.28 鸢尾花不同的数据聚类块

可见，聚类算法的任务目标是通过对无标签数据样本的学习来揭示数据样本间的内在性质与规律，以便将数据样本划分为若干互不相交的类别，使得属于同一类别的样本点较为相似。也就是说，聚类过程是使数据样本能够自动生成一个个相似的数据簇群，每个数据簇群所包含的语义概念则由使用者来把握和命名。

聚类分析也有不同的算法，其中 K 均值算法是一种最为广泛应用的聚类算法。在 K 均值算法中，k 为其中的一个参数，即为最终相似数据簇群的个数。K 均值算法即为所有聚类数据簇群的误差平方和 E 的最小化，即

$$\min E = \min \sum_{i=1}^{k} \sum_{X \in C_i} \| X - \mu_i \|^2$$

式中，k 为相似簇群的个数；μ_i 为簇群 C_i 的均值向量；X 为对应的样本特征向量。E 为所有簇群的误差平方和，同时也表示簇群内样本围绕均值向量的紧密程度，E 值越小表示簇群内样本相似度越高。

K 均值算法的计算过程：①首先随机选择簇群数 k 及各簇群的初始均值 μ_{i0}；②将样本逐个划分到距离最近均值 μ_i 所在的簇群，均值更新；③中间结果分析评价，若不满意，调整 k 值或初始均值 μ_{i0}，再次迭代。

K 均值算法简单高效，适合挖掘大规模数据集。然而，簇群数 k 及其初始均值的不同选择，往往会导致完全不同的学习结果，此外 K 均值算法所获得的结果可能是局部最优，而

不是全局最优。

3. 半监督学习

有监督学习是通过带有标签的训练样本进行预测模型的构建，其模型精度较高，但样本标签的获取需耗费大量的人力物力，代价昂贵；无监督学习是通过没有标签的样本进行学习，数据样本获取较为容易，但难以获得令人满意的结果。

半监督学习介于有监督学习与无监督学习之间，是先对有标签样本进行学习，并将学习的中间结果应用到无标签样本，大大降低了对有标签样本的需求量，许多的实际问题往往是大量不带标签样本中含有少量带标签的样本。

半监督学习是充分利用少量有标签样本和大量无标签样本来改善算法性能的，可以最大限度地发挥数据的价值，使机器学习模型从体量巨大、结构繁多的数据中挖掘出隐藏在数据背后的规律，也因此成为近年来机器学习领域比较活跃的研究方向。

半监督学习也有较多算法，其中基于图的半监督学习算法应用比较广泛。基于图的半监督学习算法是将数据样本间的关系映射为一个相似度图，其中黑色节点和灰色节点为带有标签的不同类别的数据样本点，白色节点为无标签样本点，在连接各个节点的边线上赋予相应的权重，以表示样本节点间的相似度。通常来说，权重越大其相似度越高，如图 2.29 所示。

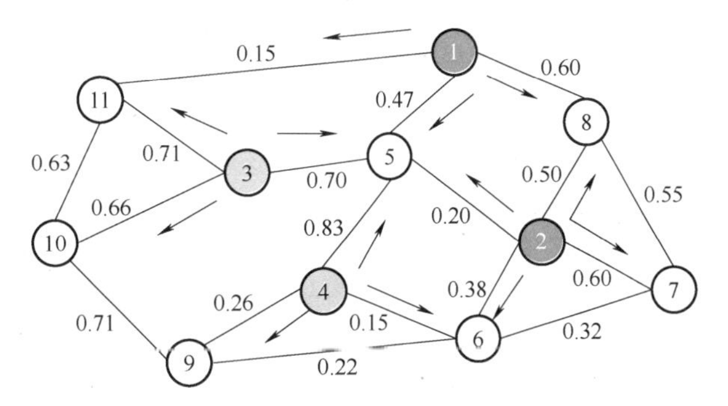

图 2.29　数据样本的相似度图

在基于图的半监督学习算法中，对于无标签样本的识别，是通过将有标签样本节点作为源头向无标签样本节点传播其标签的方法来实现的。图 2.29 所示的节点 1、2、3、4 为有标签的不同类别节点，根据节点间的相似度可将这些有标签节点向其相互连接的无标签节点传播其标签。在标签传播过程中，每个节点根据相邻节点的标签来更新自己，与该节点相似度越大，其标签就越容易传播。传播迭代过程结束，便可完成将相似的节点划分到同一类别之中。

基于图的半监督学习算法简单有效，符合人类对于数据样本相似度的直观认知，同时还可以针对实际问题来定义数据间的相似性，具有较强的灵活性。需要指出的是，基于图的半监督学习算法是以坚实的数学基础做保障的，通常可以得到闭式的最优解，因此具有广泛的适用范围。

2.3.3　人工神经网络与深度学习

人工神经网络是用大量简单的处理单元经广泛连接而组成的一种人工网络，是人工智能的一个重要工具，它为许多智能问题的研究提供了新的思路，特别是在深度学习方面，比传统机器学习能够取得更理想的结果，致使深度学习在计算机视觉、语音识别、自然语言理解等领域获得了巨大的成功。

1. 人工神经网络模型

人工神经网络是由一个个神经元作为基本单元所构建的分层网络，通常包含输入层、隐含层和输出层，如图 2.30 所示。输入层由若干输入单元组成，该层的每个神经单元仅从外部接收信息，相当于自变量，不进行任何的计算处理；输出层是最终输出网络计算处理的结果；隐含层介于输入层与输出层之间，用于输入层与输出层之间的数据处理变换。

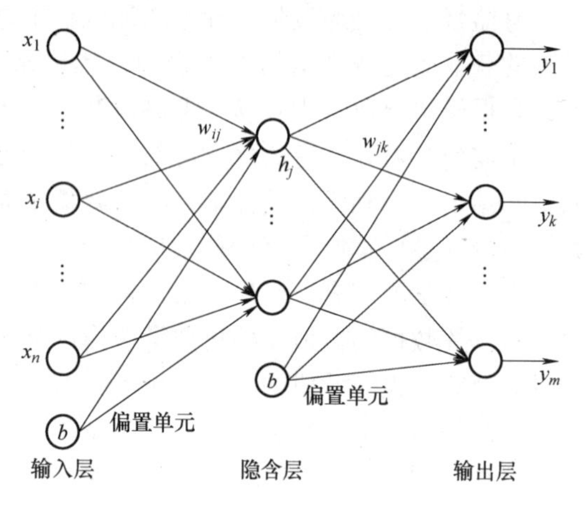

图 2.30　人工神经网络的结构模型

人工神经网络是一种运算模型，通常采用全连接方式将各神经元节点进行相互连接，每一层的每一个节点与且仅与下一层所有节点相连接。每两节点间的连线，附有该连线连接信号的权重。除了输入层之外，网络中每个神经元有特定功能的转换函数，称为激励函数。为此，人工神经网络模型可表示为

$$y_k = f\left(\sum_{i=1}^{m} \omega_{ki} x_i + b_k\right) \qquad (2.1)$$

式中，y_k 为某层第 k 个神经单元的输出；x_i 为单元 k 第 i 个输入单元的输入；ω_{ki} 为连接单元 k 与第 i 个输入单元的权重；b_k 为该单元的偏置值（或阈值）；f 为激励函数，人工神经网络常用的激励函数有阶跃函数、S 型函数、ReLU 函数、高斯函数等，见表 2.5。

表 2.5　人工神经网络常用的激励函数

名称	阶跃函数		S 型函数	ReLU 函数	高斯函数
公式	$f(x)=\begin{cases}1 & x>0\\0 & x\leqslant 0\end{cases}$	$f(x)=\begin{cases}1 & x>0\\-1 & x\leqslant 0\end{cases}$	$f(x)=\dfrac{1}{1+e^{-ax}}$	$f(x)=\begin{cases}0 & x<0\\x & x\geqslant 0\end{cases}$	$f(x)=e^{-\left(\frac{x}{\sigma}\right)^2}$
图像					

人工神经网络可分为前馈神经网络和反馈神经网络。前馈神经网络是一种单向多层结构，每一层包含若干个神经元，同一层的神经元之间没有互相连接，层间信息只沿一个方向传送，即仅与前一层的神经元相连，接收前一层的输出，并输出给下一层，直至输出层，整个网络中无反馈。反馈神经网络，其中存在一些神经元，它不仅接收前一层神经元的输出，还接收其他层（本层或后续层）神经元的输出，网络中存在信息的反馈回路。

人工神经网络又有浅层神经网络和深层神经网络之分。浅层神经网络通常带有一个或没有隐含层节点。深层神经网络通常含有两个以上隐含层的多层网络，通过更多的隐含层能够将输入数据转变为更高层次、更抽象的表达，从而使神经网络的学习、分类和预测更容易实现。

2. 深度学习的人工神经网络

深度学习是一种比较复杂的机器学习算法，是近年来机器学习技术发展的一个重要节点，在图像和语音识别等方面的学习效果远远超越先前的传统机器学习方法。

深度学习人工神经网络由较多的隐含层构成，其算法保持不变，依旧由左向右逐层推

进，当一层所有单元节点计算完成后再继续下一层的计算，如图 2.31 所示。在神经网络中，每一层运算都可以看作对上一层数据的特征变换，每一个节点都可作为对变换数据的一种线性划分，网络层次数的增加会更加深入地表示数据的特征，提供更强、更复杂的函数拟合。

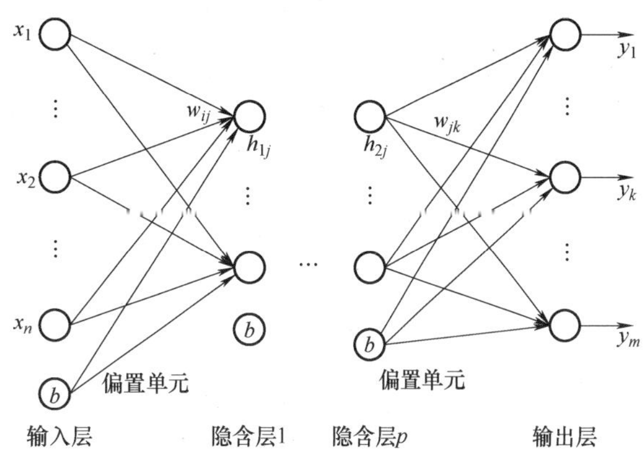

图 2.31　含多个隐含层的深度神经网络结构模型

深度学习是一种特征学习方法，通过逐层的特征变换将样本在原空间的特征表示变换到一个新的特征空间，将原始数据转变成更高层次、更加抽象的表达。通过构建更多隐含层的机器学习模型和海量的训练数据来学习更有用的特征，更能刻画数据所包含的丰富内在信息，以提升分类或预测的准确性。

深度学习至今已有多种学习框架，如卷积神经网络、深度置信网络和递归神经网络等，下面仅简要介绍卷积神经网络的运算及其结构原理。

3. 卷积神经网络

卷积神经网络（Convolutional Neural Network，CNN）是一种包含卷积计算的深度神经网络，是深度学习的一种重要框架，已广泛应用于计算机视觉、自然语言识别处理等领域。

（1）卷积运算　卷积运算是一种进行向量及矩阵运算的数学方法。卷积运算常用于图像的处理，可对图像进行滤波、缩放、特征抽取等操作。

一幅灰度图像可用一个像素矩阵表示，矩阵中每个像素的灰度取值范围为（0，255）。若是彩色图片，则可用 RGB 三个像素矩阵分别表示红、绿、蓝三种不同的颜色。一个像素矩阵称为一个通道，则灰度图像为单通道，彩色图像为三通道。当人类的眼睛看图像时，大脑会自动提取图像中的特征，以识别不同图像的类别。采用计算机进行图像处理时，可用卷积运算方法来提取数字图像中包含的不同特征。

图像的卷积运算是通过一个被称为“卷积核”矩阵对数字图像矩阵进行运算处理的过程。为运算简单起见，这里选择了一个 3×3 数字图像矩阵与一个 2×2 卷积核矩阵进行卷积运算，如图 2.32 所示，其运算结果为原图像的一个特征矩阵。

图 2.32　图像的卷积运算

上述图像卷积运算的过程如图 2.33 所示，用卷积核矩阵对所输入的数字图形矩阵从左到右、从上到下进行滑动，每次滑动 s 个像素，称为一个步幅，本例中 $s=1$。经卷积运算所求得的特征矩阵元素，是卷积核矩阵与输入矩阵相重合部分的内积，即两个矩阵重合部分相应矩阵元素的乘积之和。例如，本例特征矩阵的第一行第一列矩阵元素为 $1\times1+2\times2+3\times4+4\times5=37$，其他矩阵元素以此类推。

图像的卷积运算，实质上是对图像中所有像素点进行某种线性变换，以得到图像相应的

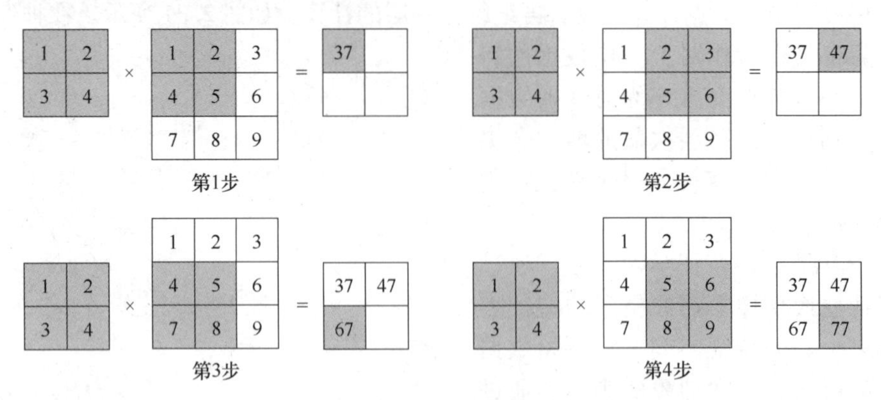

图 2.33　图像卷积运算过程

特征，其中起关键作用的是卷积核，也称为算子。例如，卷积核$\begin{pmatrix}1 & 0 & -1\\1 & 0 & -1\\1 & 0 & -1\end{pmatrix}$可计算输入矩阵中每 3×3 像素区域内的左、右像素值之差，从而得到输入图像的竖直边缘；卷积核$\begin{pmatrix}1 & 1 & 1\\0 & 0 & 0\\-1 & -1 & -1\end{pmatrix}$可计算输入矩阵中每 3×3 区域内的上、下像素值之差，得到输入图像的横向边缘。与此类似，可通过不同的卷积核对图像分辨率进行缩放、滤波等处理。此外，卷积运算对输入图形也起到了降维的作用。

（2）卷积神经网络的组成结构　卷积神经网络是一种深度卷积神经网络（Deep Convolution Neural Network，DCNN）结构。图 2.34 所示为经典的用于识别手写文字的深度卷积神经网络模型，它由一个输入层、两个卷积层、两个池化层、全连接网络层及输出层组成。

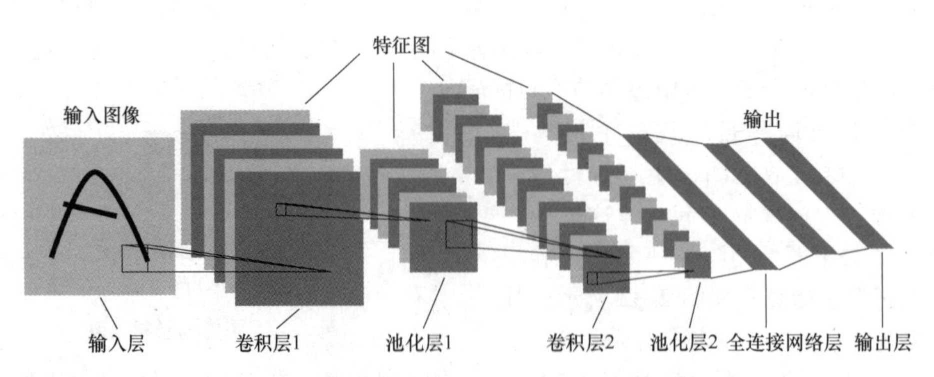

图 2.34　深度卷积神经网络（DCNN）的组成结构

1）输入层。输入层通常是一个矩阵，是由一幅图像像素组成的矩阵，每一个图像像素占用一个输入单元。

2）卷积层。卷积层为图像特征的提取层，通过卷积核对输入图像进行卷积运算以得到各种不同的图像特征。一幅图像的不同区域可采用不同的卷积核处理，以得到不同的处理结果，再将不同通道的处理结果进行组合，便得到相应图像的特征图，特征图为卷积层的最终输出。卷积层的输入可以为原始图像也可以为特征图。

3）池化层。池化层的主要作用是对特征图进行降维处理，并在一定程度上保持其特征尺度不变。池化层通常用于降低特征图的分辨率，以解决卷积计算量过大的问题。在卷积神经网络中，在卷积层之后往往会插入一个池化层，其池化处理也是采用卷积运算来实现的。

4）全连接网络层和输出层。所谓全连接网络，也是传统神经网络的一种连接方法，即在神经网络每一层的每一个节点与且仅与下一层所有节点相连接。经前面多层卷积处理和池化处理后，全连接神经网络对学习得到的图像特征图进行进一步的分类和预测处理。

2.3.4 计算机视觉

1. 计算机视觉的概念及其主要任务

计算机视觉是利用计算机模拟人眼的视觉功能，从图像或视频中获取、处理、分析和理解其中所包含的可用信息。从学术角度看，计算机视觉是从现实世界的图像或视频中提取有价值的特征和语义信息，经处理与转换使其可被其他系统理解、交互并加以应用的学科。计算机视觉的处理过程即为利用物理学、几何学、数理统计学等理论工具构建分析学习模型，从视觉数据信息中提炼图像特征信息的过程，用以创造出更高的应用价值。

计算机视觉是一个紧密贴近工程应用的技术领域，其主要任务是模拟人类的视觉，包括图像恢复、图像识别、图像检测、图像分割、动作分析、场景重建等任务。

（1）图像恢复　由于某种原因，所得到的图像可能质量不佳。若从这类图像中提取细节信息就更加困难，这就需要针对图像质量不佳的原因，通过图像恢复做出相应的处理，以提高图像质量。可通过深度学习的超分辨率技术来提高原始图像的分辨率，以获得更优秀的图像质量，来达到图像恢复的目的。

（2）图像识别　图像识别是确定图像中是否包含某类特定的对象、特征或活动。例如，交通违章抓拍的车辆图像的识别，航空航天遥感图像的分析，以及公共安全特殊人员图像的定位等。图像识别可用于目标检测和目标分割等计算机视觉任务。

1）目标检测。目标检测是通过分析待提取目标的特征，对该目标进行识别和定位。目标检测性能的好坏将直接影响后续的高级视觉任务的完成，如目标跟踪、动作识别和行为理解等。由于目标物体在实际场景中常有多种尺度和多种形态，同时也面临光照、遮挡、复杂背景等自然环境因素的影响，故目标检测具有一定的挑战性，包括如何提高目标定位的准确度和速度，如何减小由于目标尺度、形变，以及背景干扰对检测对象的影响等。

2）目标分割。目标分割是将图像中的每个像素分为不同的类别，以得到不同区域的分割图，如图2.35所示。目前，目标分割效果受到实际场景、目标大小、图像质量及相似物体等因素的影响较大。

（3）动作分析　动作分析包括估计视频图像中每个像素点处的运动速度、相机相对于物体的运动速度及物体与相机间的相对位置关系等。动作分析任务主要用于目标跟踪，通常是与目标检测、目标识别、显著性分析等众多计算机视觉任务结合在一起，通过动

图 2.35　图像目标的分割

作分析可识别出被摄物体的三维姿态与动作，如生产输送线上物体的运动状态等。目前，动作分析、目标跟踪算法还仅能针对某一特定场景下的任务而设计，还不具有很好的泛化性。

（4）场景重建　场景重建是指在已知场景或视频中的若干图像条件下，使计算机能够理解该场景并重构出其三维模型。简单的重建是建立场景的三维点集模型，复杂的重建是实现完整的三维表面模型。

2. 图像的基本特征

计算机视觉的首要任务是需要识别图像中所包含的一系列特征。图像的基本特征主要有颜色特征、纹理特征、形状特征及空间关系等特征。

（1）颜色特征　颜色特征是表示图像各区域颜色的属性，是基于图像每个像素点的全局特征。该特征具有提取原理简单、易于实现等优点，在计算机视觉中使用最为广泛。

颜色特征可用由 RGB（红 R、绿 G、蓝 B）、YUV（明亮度 Y、色度 U 和 V）和 HSV（色调 H、饱和度 S、明度 V）等不同的色彩空间进行表示。例如，RGB 色彩空间是由红、绿、蓝三原色构成，对于彩色图像，其每一个像素点的颜色可由红、绿、蓝三通道的不同数值进行混成表示，每个像素点各通道的颜色数值范围为（0，255），因此可表示约 1670 万（256×256×256）种不同的颜色。色彩空间 RGB、YUV、HSV 可以相互转换，可通过各个色彩空间的特征通道合成增加色彩信息的多样性，形成分辨力更好的特征描述。

基于上述的色彩空间，图像的颜色特征可以使用颜色直方图、颜色集、颜色矩等多种方法来表示，其中颜色直方图作为一种简单有效的基于统计特性的描述手段，在计算机视觉领域得到了广泛应用。

（2）纹理特征　纹理特征所表示的是物体表面的固有性质，可以理解为颜色或亮度在物体表面的变化，如斑马或老虎身上的条纹，其基元是按照一定规律分布而形成的纹理。

不同于以像素为计算单位的颜色特征，图形的纹理特征具有很强的区域特性，因而纹理分析方法需要在包含多个像素点的区域内进行统计分析。纹理分析是运用一定的图像处理技术来提取纹理的特征参数，进而对纹理进行定性或定量的描述。

局部二值模式（Local Binary Pattern，LBP）是一种常用来描述图像局部纹理特征的算子，其主要特点是具有旋转不变性和灰度不变性，可简单有效地提取图像的局部纹理特征。LBP 特征值计算方法：首先将图像灰度化，以局部区域如 3×3 像素窗口的中心像素点灰度值为阈值，将其与周围像素点的灰度值进行比较，大于阈值的则将其标记为 1，小于阈值的则标记为 0；然后对该区域窗口内标记为 1 像素点的权重求和，从而得到一个 8 位二进制数，该数值即为该中心像素点的 LBP 特征值，如图 2.36 所示。

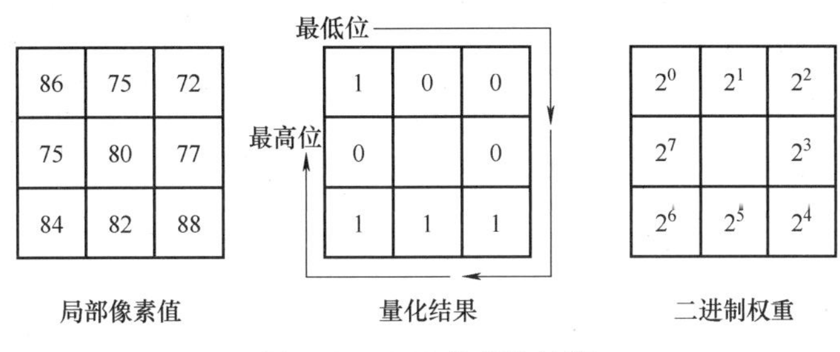

图 2.36　**LBP 特征值计算**

图 2.36 所示的 3×3 像素窗口中心像素点的 LBP 特征值为

LBP = 01110001（二进制）

$LBP = 2^6+2^5+2^4+2^0 = 64+32+16+1 = 113$（十进制）

LBP 特征值反映了某点的纹理特征，即通过与周围像素点的灰度值进行对比所得到的该点在图像窗口中的概率信息。LBP 算法在目标检测和人脸识别等领域中都有良好的应用效果。在实际应用中，通常将输入图像划分成若干个图像块，对每个图像块内的像素点提取 LBP 特征，再建立 LBP 特征的统计直方图，这样一个统计直方图就可以描述一个图像块，将所有统计直方图串联起来就得到了整个图像的 LBP 纹理特征向量。

（3）形状特征　形状特征所表示的是物体的轮廓性质或区域性质，是对物体边界敏感性度量的一种特征。通常，形状特征有轮廓特征与区域特征之分，图像的轮廓特征主要针对物体的外边界，而图像的区域特征则关系到物体整个形状区域。

在众多图像形状特征中，最具有代表性的是方向梯度直方图（Histogram of Oriented Gradient，HOG）特征。梯度是函数的一阶差分，包含有幅度和方向信息。HOG 特征是以统计图像中某个局部区域梯度方向直方图来形成特征的。HOG 特征的核心思想：在一幅图像中，局部目标的表象和形状能够借助梯度或边缘的方向密度分布进行描述，利用目标边缘处的梯度信息，统计梯度的分布状况，可以较好地描述图像的形状特征。

HOG 特征的具体实现方法：首先将图像灰度化，并在颜色空间进行归一化处理，以调节图像的对比度，抑制噪声干扰；计算图像中每个像素点的梯度，包括大小和方向，以捕获轮廓信息，进一步弱化光照干扰；把图像分割成若干个互不重叠、相同大小的子区域（如 6×6 像素的细胞单元）；统计并构造每个细胞单元的梯度直方图，即细胞单元内不同梯度的像素点个数；将临近的细胞单元组成一个块，一个块内所有细胞单元的特征数串联起来便得到该块的 HOG 特征向量；将图像内的所有块的 HOG 特征向量串联起来便为整个原始图像的 HOG 特征描述。

3. 基于深度模型的视觉方法

目前，最广泛应用的计算机视觉方法是应用深度卷积神经网络（DCNN）模型。Hinton 教授于 2012 年设计出深度卷积神经网络模型 AlexNet，大大降低了 ImageNet 大规模视觉识别的错误率，使人们见识到了深度学习的巨大威力，从而引爆了深度学习在视觉领域的应用热潮。此后，陆续推出的 GoogLeNet、VGG、ResNet、DenseNet 等模型基本上均为

DCNN 模型，只是在网络层数、卷积层结构、非线性激活函数、连接方法、Loss 函数等方面有了新的改进和发展。

DCNN 是通过逐层卷积和池化作用，从小局部特征提取开始，逐级将小局部特征合并为大局部特征，最终通过全连接网络形成全局特征。与传统视觉处理模型比较，DCNN 模型的权重参数不是人为设定的，而是通过神经网络的训练学习而来的，从而能够得到最终的优化权重参数，进而可获取一个个有价值的图像特征。下面仅简要介绍基于 DCNN 模型的图像分类与识别技术。

基于 DCNN 的图像分类与识别，首先需要做好两个基础工作：一个是选择或设计好一个 DCNN 模型，如现有的 AlexNet、VGG16、GoogLeNet、ResNet 等模型，或根据图像识别的计算量和任务要求自行设计一个 DCNN 结构；另一个是需要利用一个训练集对网络中的大量参数（主要是各网络节点的权重参数）进行优化，使之能够准确分类出训练集中不同类别的图像。

现以人脸识别为例，假设训练集中有 N 个不同类别的人（通常 N 越大越好，很多实用系统是采用数百万人的图像进行训练的），其中第 i 个人有 M_i 幅不同的人脸图像（通常 M_i 也是越大越好，一般大于 10 幅）。确定好训练集后，需要设计好 DCNN 结构，如图 2.37 所示。网络输入层为经过归一化处理的固定大小人脸图像，图像中的每个像素对应于输入层的一个网络节点。输入层的各个节点以卷积方式连接到网络的第一个隐含层，然后第一个隐含层再以卷积或池化方式连接到第二个隐含层，以此类推。目前 DCNN 模型往往包含有数十甚至数百个隐含层，其中大多数为卷积层、池化层或各类归一化层，在网络最后一般有少量的全连接层，最后一个隐含层的节点通常以全连接方法连接到输出层，输出层的节点数为训练集中不同类别的人脸数 N，每个节点对应一个 ID 值。

由图 2.37 可见，网络中存在大量的连接，每个连接都对应一个权重，这些权重在网络训练初始时通常是随机选取，然后应用反向传播 BP 算法以随机梯度下降等方法进行优化。其输出层一般采用 one-hot 编码模式，即当输入为第 i 个人的人脸图像时，输出层仅有第 i 个节点输出为 1，其余节点的输出均为 0。在网络训练之初，其网络的连接权值难以保证这样的期望输出，从而产生实际值与期望值的偏差，BP 算法就是通过回传该偏差以调整各层各节点连接的权重，以不断降低偏差直至达到期望要求为止。当训练集中所有人脸图像的输出接近期望输出时，DCNN 的训练过程即结束。

上述 DCNN 进行人脸识别的强大功能在于特征学习。完成分类识别训练过程的 DCNN，既可以直接分类识别训练集中 N 个人脸，也可以作为特征提取器使用。将 DCNN 网作特征提取器时，可将最后一个隐含层的输出作为输入人脸图像的特征，图 2.37 所示的最后一个隐含层的节点数为 D，即表示可输出人脸 D 个不同的特征，用于分类识别的 DCNN 其 D 值通常从数百到数千不等。如果训练集中人数 N 足够大且具备足够的多样性，则 DCNN 具有很好的泛化能力，即使一个并非来自训练集中的某个新人脸图像，该网络所提取的 D 维特征也可以非常好地区分为其他人，若给定任意两幅人脸图像，可通过计算它们的 D 维 DCNN 特征的相似度来实现人脸识别。

作为一种特征提取器，DCNN 优秀性能在于其通过隐含层以逐级抽象的方式从最初的低级语义（像素）到中级语义（如边角、部件等）再到高级语义（如属性、类别等）逐层累积合成取得，这种语义的提升不是人为设定的，而是模型自动学习而来。

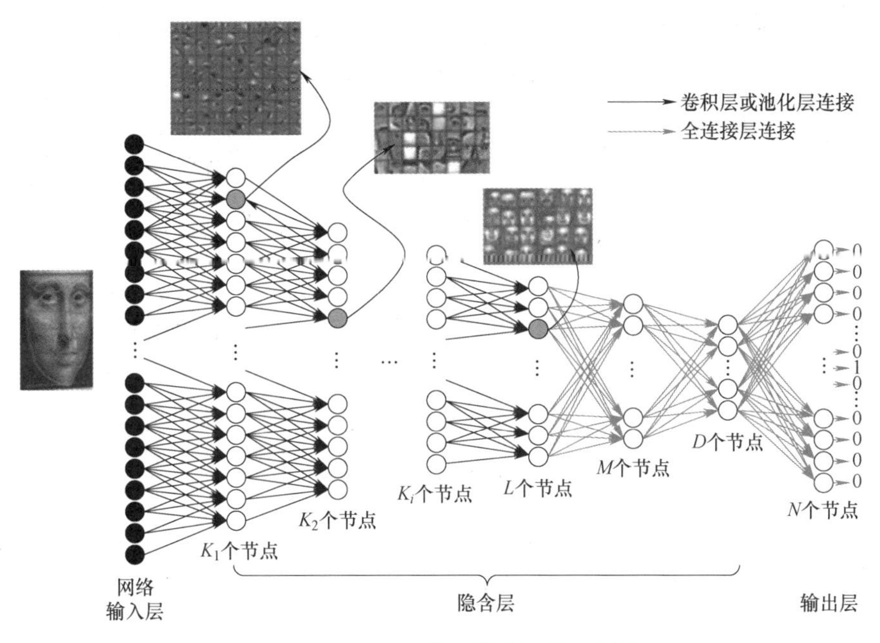

图 2.37　**DCNN 用于人脸识别示意图**

［案例 2.4］　人脸识别技术

人脸识别是计算机视觉的典型研究课题，可作为计算机视觉、模式识别、机器学习等学科领域的验证案例，并已在金融、交通、公共安全等行业投入了实际的应用。

人脸识别的本质是对两张照片中人脸相似度进行计算，一般的人脸识别系统通常需历经人脸检测、特征定位、面部子图预处理、特征提取、特征比对和决策六个步骤实现，如图 2.38 所示。

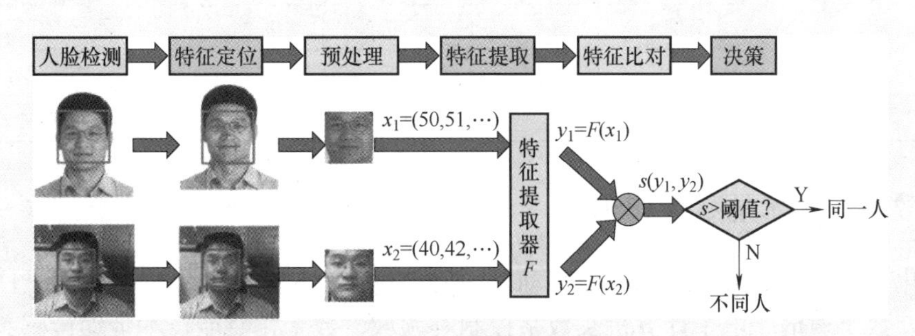

图 2.38　**人脸识别的典型流程**

步骤 1：人脸检测。从输入图像中判断是否有人脸？若有，则给出人脸的位置和大小（图 2.38 所示的矩形框）。人脸检测过程需要应用基于深度学习的目标检测技术。

步骤 2：特征定位。由人脸检测给出的矩形框图像内进一步找出眼睛中心、鼻尖和嘴角等关键特征点，以便进行后续的预处理操作。该过程可采用通用的目标检测技术以实现对眼睛、鼻子和嘴巴等目标的检测，也可以采用回归方法得到这些关键特征点的坐标位置。

步骤3：面部子图预处理。对人脸子图进行归一化处理，包括：将人脸关键点进行对齐处理，以消除人脸尺度、角度旋转等影响；对人脸子图进行光亮度处理，以消除光亮强弱、偏光等影响。

步骤4：特征提取。这是人脸识别的关键，其功能是通过深度学习从人脸子图中提取可以区分不同人脸的特征。

步骤5：特征比对。对两幅图像所提取的特征进行相似度计算，如欧氏距离的相似度、余弦距离的相似度等。

步骤6：决策。对计算得到的相似度进行阈值化处理，若超过所设定的阈值则为同一人，否则为不同人。

本例给出的是一对一的人脸判别，实际应用中的人脸识别还可能是一张照片与注册数据库中 N 个人的照片的比对，则需要对 N 个相似度进行排序，其相似度最大且超过设定阈值者即为输出的识别结果。

2.4 ■ 智能制造赋能技术的作用

信息是智能制造的主要载体，贯穿于智能制造的整个过程。数字化、网络化、智能化等赋能技术通过信息这个载体，对智能制造过程中的传感、通信、计算、控制等不同环节赋予了不同的作用，见表2.6。

表2.6 赋能技术在智能制造中的赋能作用

赋能环节	数字化技术	网络化技术	智能化技术
传感-信息获取	数字传感	网联传感	智能传感
通信-信息传输	数字通信	互联网、移动互联网、物联网	新一代通信技术
计算-信息处理	计算机	云计算、大数据	新一代计算技术
控制-信息应用	数字控制	网联控制	智能控制

2.4.1 数字化技术的赋能作用

数字化技术是以集成电路技术为驱动源而得到快速发展的。随着集成电路被广泛应用于数字传感、数字通信、电子计算机及数字控制等领域，数字化赋能技术带动传感、通信、计算和控制能力不断提升（见表2.6）。

例如，数字传感技术利用敏感元器件感知周边的环境信息，采集由声、光、热、电、磁等物理信号所表示的作用力、温度、尺寸、位置等各种所需要的信息，通过信息处理将物理世界的信息转换成可用的数字信号，实时跟踪需要监控的连接互动的物体或过程。数字通信技术通过对模拟信号进行数字编码和调制解调，大幅提升了信号传输性能和传输距离，提供高效可靠的信息通信。计算机技术则使机器的数值计算和处理分析能力超越了人类，提供更加高效便捷的信息处理和应用。数字控制技术则提供精准实时的决策信息进行控制，将数字信息转换成物理实体可以执行的指令，并且将控制效果反馈给决策环节，实现控制过程的不断优化，使控制的实时性、准确性显著提高，以使数据分析优化所形成的控制决策能够更有效地作用于物理世界。

数字化技术不仅赋能于智能制造过程，也是制造业转型升级的重要赋能工具和手段，它催生了基于数字化的各种不同工业的应用。例如，在产品设计领域，数字化技术成就了CAD/CAM技术的产生和发展，形成了包括建模、分析、优化、仿真等完整的数字化设计体系。在企业经营管理领域，数字化技术衍生出企业管理信息系统（Management Information System，MIS），形成了企业资源计划（ERP）、客户关系管理（CRM）、供应链管理（SCM）、产品生命周期管理（PLM）等完整的企业信息化管理体系。在生产制造领域，数字化促进了车间生产制造过程的数字化及生产管理的数字化，如：各种数控机床、加工中心等制造装备实现了车间数字化生产；制造执行系统（MES）实现了生产过程的数字化管理；现场总线控制系统（FCS）、分布式控制系统（DCS）及生产数据采集与监控系统（SCADA）等实现了数字化控制。数字化技术与制造业的深度融合，带来了企业生产效率、产品质量和生产资源的利用率大幅提升，为智能制造打下了坚实的基础。

综上所述，数字化技术的发展为人们提供了一个描述物理世界的方法和手段，世界万物的物理量（如文字、图像、声音等）皆可转化为世界万物的数字量，数字化技术打造了一个与物理世界平行的数字化信息世界，并将两者搭建成为一个信息物理系统（CPS）的基本框架。

2.4.2　网络化技术的赋能作用

网络化技术是在数字化技术的基础上，通过网络将一个个单独的信息系统连接到一起，将分布在各地不同类型的计算机系统、机器设备及物品连接起来，实现信息数据的交流共享、应用服务的线上提供、各类资源的网络化组织与优化配置。网络化技术的发展弥补了数字化技术在连接上的短板，打破了专用系统组成的信息孤岛，为智能制造技术的发展奠定了基础。

通过网络化技术的赋能，促使智能制造过程中传感、通信、计算、控制四大环节的作用功能得以全面提升（见表2.6）。具体而言，网联传感技术可实现数据的全方位感知，依托无线传感器可在更广范围内以自由方式进行系统的组织，大大提高了数据的感知范围。互联网、物联网和移动互联网等网络技术可将数据连接通信的范围从单一机器向人、设备和物品延伸，实现广泛的物-物互联。云计算技术依托大规模、分布式、虚拟化的海量数据计算处理能力，可根据业务的需求动态调配资源，实现按需提供计算服务；大数据技术在云计算的基础上实现海量数据全局化的分析处理。网联控制技术可推动本地应用走向网络互联应用，并在更大范围内实现协调优化控制，有利于组织相关的业务和服务。

自诞生以来，网络化技术快速而深刻地影响着整个世界，使互联网实现高度的社会普及。依托云计算基础设施，互联网可提供各种不同类型的服务，大数据技术从大企业逐渐向中小企业普及，甚至一些小型创业团队也可以承担使用数据可视化系统的管理费用，有力推动着新技术的研发和制造业的发展。

通过以工业互联网、云计算、大数据为代表的网络化技术与制造技术深度融合，将实现企业设计、生产、运营的网络化组织，带来协同设计、协同制造、供应链协同等一系列新型生产组织方式，同时也帮助企业更好地对接用户和监测产品运行状态，形成个性化定制、产品远程运维等一系列新型服务模式，深刻改变各行业的发展理念、生产工具与生产方式，带来社会生产力的又一次飞跃，推动了数字化网络化智能制造的快速发展。

2.4.3 智能化技术的赋能作用

智能化技术将数字化、网络化阶段所积累的大量数据信息进行充分挖掘并加以利用，全面发挥数据和知识的价值，逐步形成由人、信息系统及物理实体组成的综合智能系统。

智能化技术与各领域技术融合创新，推动着传感、通信、计算、控制四大环节向智能化演进（见表2.6）。智能传感：通过人工智能与传感技术的融合，可对周边环境进行更详细的数据收集和监控，针对融合后的数据进行预处理和分析，进一步提升了感知能力。智能通信：以5G/6G为代表的新一代通信技术，进一步促进了人工智能与通信技术的融合，基于网络连接的大量终端、业务、用户及网络运维等数据，进行自我学习与优化，提高网络规划、建设和维护的效率，增强智能组网及运作的灵活性，降低网络建设的成本。智能计算：机器学习、深度学习、大数据存储、大规模整体数据分析等新一代计算技术，使人工智能技术深度融入计算体系，实现与经济生产、社会治理、民生服务等领域的融合应用。智能控制：人工智能与传统控制技术的结合，可使制造设备系统、物流系统、生产控制系统等更能适应复杂多变的环境，在无人干预的情况下完全自主地驱动机器与系统实现日常的生产活动。

新一代人工智能能够基于数据和知识，自主学习并分析挖掘问题自身所隐含的规则或模式，能够自主提升系统性能，通过对多元化的数据组合分析，解决更为复杂的系统问题，实现从单一模式的智能走向人机混合复杂模式的智能的变革。

本章小结

数字化、网络化和智能化等信息技术被认为是智能制造的共性赋能技术。

数字化技术是以集成电路技术为驱动力而发展起来的信息化技术，将传统模拟量信息转换为二进制的数字量，进行信息的存储、传输、计算、处理及其还原，现广泛应用于数字传感、数字通信、计算机及数字控制等领域。

网络化技术将一个个独立的数字化信息系统连接到一起，拓宽了网络的连接范围和信息的集成深度，实现数据的交流共享和网络节点的互联互通。同时，网络化技术衍生了CPS、云计算、大数据、工业互联网等新一代信息技术。

CPS是集感知、通信、计算、决策及控制技术于一体，基于数据与模型，驱动信息空间与物理实体相互映射、交互协同的网络化物理设备系统。

云计算是一种将硬件基础设施和软件系统等资源通过互联网所建立的虚拟化网络平台，以按需使用、按量计费的方式，为用户提供动态的、高性价比的计算、存储和网络等服务的信息技术。

大数据是规模庞大、类型复杂、信息全面的数据集合，难以应用常规的软硬件工具在有效时间范围内进行采集、存储、分析和处理，通过对大数据的研究处理可获得高价值的信息资产，有助于洞察事件的真相、预测事件发展的趋势。

工业互联网以“工业”为基本对象，“互联网”为工具手段，综合利用物联网、信息通信、云计算、大数据等互联网相关技术，推动各类工业资源与能力的接入，以支撑新型工业制造模式与产业生态。

智能化技术借助于机器学习、深度学习等新一代人工智能技术，将数字化、网络化阶段所积累的大量数据信息进行充分挖掘并加以利用，全面发挥数据以及知识的价值，逐步形成由人、信息系统以及物理实体组成的综合智能系统。

思考题

1. 有哪些智能制造共性赋能技术？简述各类赋能技术的功能含义。
2. 常用的数字化感知有哪些技术工具？简述各自的功能原理。
3. 概述数字化通信原理，举例分析当前常用的数字化通信技术工具。
4. 参观现代制造型生产企业，了解当前常用的数字化制造装备及其控制系统。
5. 以某一具体数字化产品或生产装备为例，阐述 CPS 的内涵和技术特征。
6. 什么是云计算？分析云计算的基本特征和体系架构。
7. 什么是大数据？它与传统数据有何不同？
8. 什么是工业互联网？它与公众互联网有何不同？
9. 哪些因素导致了新一代人工智能的发展？
10. 什么是机器学习？有哪些机器学习类型？它们是如何对数据样本进行识别分类的？
11. 什么是人工神经网络？简述其结构模型。
12. 卷积运算是一种数学运算方式，简述图像卷积运算过程及其功能作用。
13. 人工智能的深度学习往往采用深度卷积神经网络（DCNN），简述 DCNN 的结构组成。
14. 分析计算机视觉的功能任务及图像的基本特征。
15. 分析采用 DCNN 模型进行人脸识别的过程。
16. 分析数字化、网络化、智能化赋能技术是如何对智能制造过程中传感、通信、计算、控制等环节进行赋能作用的。

第3章 智能产品

重点内容：

本章在概述智能产品定义、基本功能要素等概念的基础上，分别阐述数字化产品、网联化产品及智能化产品的功能特点与相关技术。

智能产品是智能制造的实施对象和主要载体，是在原有产品基础上与数字化、网络化、智能化赋能技术进行深度融合创新，使之具有自我感知、推理、决策、控制、互联等基本智能，更便于用户使用，提高自身的使用价值、经济价值和社会价值。

3.1 ■智能产品概述

3.1.1 智能产品定义

智能产品的概念较为广泛，至今还没有一个严格的定义。目前市场上冠以“智能”的产品比比皆是，从最初的智能手机，到现在的智能手表、智能家居、智能电视乃至智能汽车等。

什么是智能产品？有人认为，智能产品是具有一定自主性，自动化程度高，只受到较少的人工干预的产品；也有人说，智能产品是具有触觉、听觉、视觉功能，能够做出自我分析决策的产品。究竟什么是智能产品，对于它的定义众说纷纭。

智能产品的核心概念在于智能，不同领域对于智能的理解不尽相同。在制造领域，所谓智能主要表现为对客观事物的合理分析、判断，以及有目的地行动和有效处理周围环境事宜的综合能力。

中国工程院李培根院士在《智能制造概论》一书中对智能产品给出了如下定义：智能产品是通过数字和智能技术的应用而呈现某种智能属性（计算、感知、识别、存储、记忆、互联、呈现、仿真、学习、推理……）的产品。该定义意味着，一个智能产品应该具备下述的部分智能，即：对外部世界有感知能力，自身有记忆计算能力、学习自适应能力，以及行为决策和执行控制能力等。

符合上述定义的智能产品形式多样。例如，智能家居类的产品，有扫地机器人、智能空调、智能电动窗帘、智能家庭影院、安防系统和照明控制系统等，这类家居产品是利用现代计算机、网络通信、自动控制等技术与家庭生活有关的小家电有机地结合起来，通过综合管理，让家庭的生活更为舒适、安全和节能；智能办公类的智能产品，有智能考勤机、视频会议系统、智能打印机等，这类产品具有相互连接、数据在线的能力，可实现高效协同的数字化办公；无人驾驶的智能汽车、无人飞行器、无人游艇等，是集环境感知、规划决策、自主操作等诸多功能于一体的综合系统，集成运用了计算机技术、现代传感技术、信息融合与通信技术及自动控制等综合技术，是典型的高端智能产品。目前，各个领域都有各自不同类型的智能产品。

制造领域的智能产品是智能制造的实施对象和主要载体。制造过程的智能装备仅在作用实施于具体的产品对象时，才能体现其效率、质量、成本及市场响应敏捷性等智能特征。制造装备产品的智能化，不仅可以更加高效、节能、环保、安全地胜任智能制造过程的加工任务，还将大大推动制造业的新模式、新业态的产生和发展。

智能产品的类别繁多。从产品组成角度，可将智能产品视为由物理系统和信息系统两大部分组成的信息物理系统（CPS）；从产品技术角度，智能产品是由产品本体技术与数字化、网络化、智能化等赋能技术深度融合，不断提升自身的感知、认知、决策与控制能力的产品。

3.1.2 智能产品的基本功能要素

虽然智能产品的核心概念在于智能，但不同领域对于智能的理解不尽相同。对于智能制造领域，智能产品应具有信息的采集与传输、自我诊断与调节、数据分析与决策、自我控制与执行等基本能力。李培根院士在《智能制造概论》中将智能产品共性的基础功能归纳为感知、控制、互联、记忆、识别、学习六要素。中国机械工业仪器仪表综合技术经济研究所在“智能制造领域中智能产品的基本特征”项目中，提出了产品智能化的三个层次结构和八个基本功能特征，如图 3.1 所示。

本书将智能产品的基本功能整理归结为感知、自适应、互联互通、识别和学习五个基本功能要素。当然，不是要求所有智能产品均拥有全部的智能要素，而是根据实际需要具有其中部分要素即可。

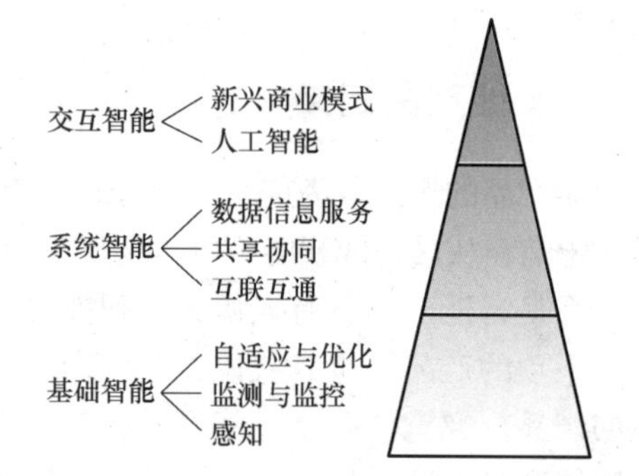

图 3.1　产品智能化的层次结构和基本功能特征

(1) 感知　感知智能即有视觉、听觉、触觉等感知的能力。感知智能是通过各种不同类型的传感器将物理世界的信号映射到信息世界，通过对感知数字信息的处理可进一步提升至可被认知的层次。有研究者认为，人工智能的发展主要分为三个层次，即运算智能、感知智能和认知智能。所谓运算智能，是指计算机快速计算和记忆存储的能力；感知智能，是指通过各种传感器获取信息的能力；认知智能，是指具有理解及推理决策的能力。其中，感知智能应为智能产品的最基本智能要素。

例如，移动机器人能够根据自身所携带的传感器对所处周边环境信息进行自动拾取，通过对有效环境特征信息的提取并加以处理和理解，以建立环境模型作为机器人自主定位和导航的基础。为此，通过对周边环境的有效感知，移动机器人便能很好地进行自主定位、环境探索、自主导航等基本操作。

通常，产品感知智能是为了完成对产品自身行为的控制及对自身状态的监测，或是为了获取产品实时状态参数以供外部大系统的相关分析之用，如产品质量分析、生产系统的实时现场调度等。许多现代制造装备，尤其是大型制造设备，需要适时的运维服务，其重要的基础便是对现场实时状态的感知，以获取自身工作参数、正在从事的工作任务及何时需要维护等信息，通过主动感知可使生产设备能以更加高效、经济、安全的方式保证生产过程持续进行。

(2) 自适应　自适应智能是指产品在工作条件或环境发生变化时具有自主适应及自我调节的功能，以达到最佳工作效率和最优工作性能的目的。

例如，智能太阳能光伏装置，可根据当前日光的有无及太阳所在角度方位，自主调节光伏电池面板的角度，使其表面始终与太阳光线保持垂直关系，以获取最佳的光电效应。再如，在 2019 年德国汉诺威工业展览会上，非夕（Flexiv）机器人公司展示了世界上第一部自适应机器人 Rizon，它可将对力的控制、计算机视觉与 AI 结合起来，具有前所未有的自适应性，为胜任较为复杂的工作任务奠定了重要基础。

目前，自适应控制已在工业产品上得到较多的应用。自适应控制是在采集控制对象的动态特性和工作环境参数的基础上，进行分析、判断，做出自主决策，自动调节系统的控制参数，使控制对象能够保持最佳的工作状态。例如，空调系统的环境温度自适应控制，可保证生产车间温度恒定，且保持在某一合适的温度范围内；再如，自适应数控系统通过感知由材质变化或刀具磨损等因素影响所导致的切削力变化，自动调节机床切削参数，以保证切削加工过程正常有序地持续进行。

(3) 互联互通　互联互通是指电信网络间的物理连接，以保证网络用户间的相互交流与通信。互联互通概念自身并不具有智能的内涵，但通过标准数据结构和开放数据接口可实现不同产品、产品与用户及与制造商之间的数据传送和功能集成，可扩展产品的智能功能。

当前，许多智能机械产品或装备通过自身安装的各种传感器及全球定位系统，可对设备所在的位置、实时工作参数、现场工作环境等信息进行收集，通过通信卫星网络及公众互联网将用户方的产品实时信息传送至制造商服务器，借此可对用户产品进行实时监控、远程调节与维护，可通过大数据智能对产品的工作状态进行优化和远程调控。

例如，世界著名工程机械制造商日本小松公司，将其产品与通信卫星及移动网络进行互联，通过内置的设备运行管理系统（KOMTRAX）可将施工现场的设备信息发送到客户端、代理商及公司的服务器，如图 3.2 所示。在客户端，可通过手机软件获取车辆位置、实时工况及寿命状况等信息；在代理商端，可查看客户车辆的使用现状，提供产品的使用体验，并为代理商的债权管理提供支持；在企业端，可监控车辆现场作业情况，把握用户的实际需要，实时掌握与分析来自世界各地的用户数据，优化产品的性能，预测市场需求，制订更为合理的生产计划和营销策略。

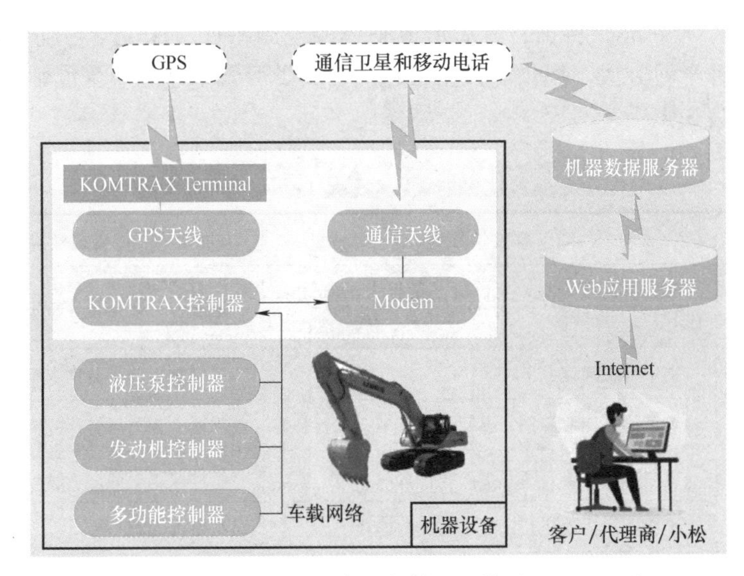

图 3.2 小松数字化设备运行管理系统（KOMTRAX）

（4）识别 识别的语义即为区分或分辨。产品的识别智能就是从数据集、图像、语音等大量信息中自动获取并识别其有价值的信息。

智能产品的识别技术应用较为广泛。本书 2.1.1 节介绍的条形码识别、射频识别（RFID）等技术已得到较为普遍的应用。条形码识别主要是通过粗细不同的黑白相间条纹解读出不同物品的信息；射频识别的核心是利用无线电磁波的发射和传送，通过电磁波信息来完成标签物的识别及物品数据的读取。

目前，比较热门的识别技术包括指纹识别、语音识别、人脸识别等。指纹识别技术原理是通过人体指纹以正确识别判断出指纹所属人的身份，该技术现已在门禁系统中得到普遍的应用；语音识别是基于被识别者自身发出的语音，正确识别出其语音的内容，或通过语音判断出说话人的身份；人脸识别是基于人脸特征进行深度学习，最终识别出人员的实际身份，其识别准确率现已接近 99%。

图像识别在工业生产中的应用也日渐增多，是利用计算机以模拟人类视觉的功能，对所采集的实物图像进行处理、计算，进而做出相应的识别判断。产品表面缺陷的检测是计算机视觉检测应用较多的领域，可用于检测电子部件的针脚偏移或安装错误等。例如，华星光电与腾讯合作，对电子面板的海量图片进行快速学习与训练，实现机器的自主质检，其检测识别分类的准确率可达 88.9%。随着计算机视觉技术的发展与进步，人工检测的精度将远逊于计算机视觉。

（5）学习 智能产品的学习智能（机器学习）是指应用计算机来模拟或实现人类学习的行为。机器学习是一种赋予系统从自身运行过程进行自我学习的能力，其学习过程就是通过数据特征提取及训练过程，能够对处理对象进行识别与分类。根据数据样本标签的有无，可将机器学习分为有监督学习、无监督学习、半监督学习等类型（见本书 2.3.2 节）。

深度学习是机器学习的一个重要子集。所谓深度学习，即利用深度神经网络来解决特征自动提取与表达的一种学习方法。深度学习的基本特征，是不需要进行人为的特征设计，通过深度网络逐层进行卷积计算、降维处理，逐步进行局部特征的提取及其汇聚，将“小局部”特征合并为“大局部”特征，最后形成整体的全局特征。深度学习功能是当前机器学习效果最佳的一种学习方法，提供的数据量越大，其学习效果越好。深度学习与传统机器学习的性能比较见表 3.1。

表 3.1 深度学习与传统机器学习的性能比较

类别	深度学习	传统机器学习
所需数据量	参数量在百万级以上，数据量越大学习效果越好	适合各种数据量，特别是小数据量
问题解决方法	集中解决问题	将问题拆分，分别求解，结果合并
特征工程	局部特征提取识别，逐层卷积汇聚全局特征	需要人为进行特征的描述与设计
硬件依赖性	依赖高端设备，需充足的硬件资源支持	硬件要求不高
可解释性	黑箱操作，无法获知问题解决的途径	结果可溯源
执行时间	训练时间长	训练时间短
应用场景	用于难以进行特征设计的场景，如文字识别、人脸识别、语义分析	易于人工特征设计的场景，如特征物体的检测分类

3.1.3 传统产品到智能产品的演变

一次次工业革命和技术进步，不断推动着社会的发展和产品的进化演变。从 18 世纪第一次工业革命发展至今，工业产品经历了机械化产品—电气化产品—数字化产品—网联化产品—智能化产品的进化演变过程。

（1）机械化产品 18 世纪中叶蒸汽机的发明，为机械工业的发展带来了一场动力革命，使机器由原来的人力、畜力、风力或水力驱动改变为由完全受控的蒸汽机所驱动。蒸汽机的强大动力导致了一系列机械装备的诞生，为机械产品的发展带来了颠覆性变化，从而催生了第一次工业革命。

（2）电气化产品 19 世纪电动机的问世，致使机械产品开始迈入由电动机和内燃机驱动的电气化阶段。与蒸汽机比较，由电力和燃油驱动的电动机和内燃机具有更强的优势：产品的体积更为灵巧轻便；制造、使用与控制更加灵活方便；更高的工作效率，其烟尘、气味、噪声污染均大为减轻。由于电动机和内燃机具有一系列优势，故机械产品全面快速地迈入了电气化时代，从而全面推进了第二次工业革命。

（3）数字化产品 在20世纪中叶，随着集成电路、数字传感、数字通信和数字控制等数字化技术的快速发展，以数字化为标志的信息技术推动了第三次工业革命，工业产品也随之开启了数字化时代。通过数字化技术的赋能，极大提高了产品的功能与性能，使产品拥有了信息感知、信息传输、信息处理和信息应用等能力，不仅进一步减轻了人们的体力劳动，还部分替代了人们的脑力劳动，更好地满足了人们的生产、生活的需要。与传统产品相比，数字化产品最为本质的变化是引入了数字化信息系统，可替代操作者去完成信息的感知、处理、判断、决策及控制等工作任务。

（4）网联化产品 20世纪末以来，随着互联网技术的快速发展和普及应用，数字化产品开始向网联化产品发展演进。网联化产品是数字化产品与网络化技术进行融合的创新产品，也可以认为是具有联网功能的数字化产品。在网联化产品中，其信息系统增加了互联互通的联网功能，从而提升了产品可持续升级、可定制服务、可远程运维等一系列新价值功能，可为用户的产品功能体验提供方便。

（5）智能化产品 智能化产品是在数字化和网联化产品的基础上融合了新一代人工智能技术而产生的创新性产品，是产品进化演变的必然发展方向。智能化产品的信息系统基于新一代人工智能技术，可实现知识的获取与应用，具有自主感知、自主学习、自主优化决策，以及自主控制与执行等功能，从而拥有真正意义上的“人工智能”。为此，智能化产品大大提高了处理不确定性、复杂性问题的能力，极大改善了产品工作任务完成的质量与效率，甚至可取代产品操作和使用人员的脑力劳动。

表3.2列出了产品进化演变历程及其性能特征。由表3.2可知，蒸汽机技术作为共性赋能技术使产品从人力、畜力及自然力时代跃入了机械化时代，从而推动了第一次工业革命；电动机、内燃机技术作为共性赋能技术使产品从机械化时代进入了电气化时代，推动了第二次工业革命；数字化和网络化技术作为共性赋能技术，给产品带来极其深刻的一场信息革命，驱使着产品由电气化时代全面跃升到数字化时代，推进了第三次工业革命；新一代人工智能技术将带来一场更为高级的信息革命，使产品由数字化时代迈入智能化时代，进而推动了第四次工业革命。

表3.2 产品进化演变历程及其性能特征

类别	机械化产品	电气化产品	数字化产品	网联化产品	智能化产品
共性赋能技术	蒸汽机技术	电动机技术	数字化技术	网络化技术	新一代人工智能技术
工业革命	第一次工业革命	第二次工业革命	第三次工业革命		第四次工业革命
驱动力	动力革命（传统产品）		信息革命（智能化产品）		
产品构成要素	人-物理系统（HPS）		人-信息-物理系统（HCPS）		
功能特征	极大解放了人的体力劳动，但功能固化、缺乏柔性，难以实现复杂的高等级功能		柔性自动化程度、工作效率、工作质量、稳定性得到提高，操作者体力劳动和部分脑力劳动得到解放		

在历次工业革命中，第一次和第二次工业革命分别是由蒸汽机和电动机作为产品的动力源而引发的，因此可称为动力革命；而第三次和第四次工业革命则是由于数字化、网络化、智能化等信息技术所引发的，可统称为信息革命。更进一步来说，可将由动力革命引发的机械化产品和电气化产品视为传统产品，而将由信息革命所引发的产品统称为智能化产品。

传统产品是由机械、电气、流体等纯物理要素构建的，极大地解放了人们的四肢与体力劳动，但其功能固化、缺乏柔性，不具有完成复杂任务的能力。此外，传统产品在完成自身任务时，往往需要操作者的深度参与，所完成任务的质量和效率往往取决于操作人员的技能和经验。因此可认为，传统产品是由产品自身和操作使用人员共同组成的“人-物理”系统（HPS），其中人起着主宰的作用，除了承担任务完成过程所必要的分析、决策、学习、认知等脑力劳动，还需要参与感知、操作、控制等体力劳动。

相对传统产品而言，数字化、网联化、智能化产品是在原有 HPS 基础之上，增添了一个信息（Cyber）系统，从而构成了“人-信息-物理”的复合系统（HCPS）。在 HCPS 中，产品的内涵发生了根本性的变化，尽管物理（P）系统仍然作为产品主体，产品的工作任务仍然是由物理系统来最终完成，但产品的功能与性能已不再由纯物理系统所决定，信息（C）系统中无形软件开始参与确定产品的功能与性能。信息系统的引入，极大地提升了信息的感知、传输、计算、分析与控制能力，可以直接接收数字指令形式的复杂工作任务。因此，产品各方面功能，包括柔性自动化程度、工作效率、工作质量、工作稳定性、解决复杂问题的能力等各方面均得以显著提高，产品操作者无论在体力劳动还是在脑力劳动方面都得到较大程度的解放。

3.1.4 产品创新的主要途径

产品创新有多种方法和途径，如产品的结构创新、功能创新、工艺创新、改进型创新、技术复合创新等。这些产品创新方法可归纳为两大类，即产品原理性创新和产品赋能性创新。

1. 产品原理性创新

产品原理性创新是通过对原有产品工作原理的改变而得到一种全新产品。原理性创新是一种极为重要的创新方法，千百年来人们持续通过产品原理性的变革不断创造出各种新的产品，以丰富、满足人们的生产生活的需要。尤其是近百年来，随着现代科技的发展，基于原理性创新的产品更如雨后春笋般不断涌现。例如，在人们日常生活的众多商品中，有应用微波能量作用原理制造出的微波炉，应用水流冲击原理制成的洗衣机，以及利用超声波所产生的具有上千大气压无数小气泡的“空化”冲击作用制造出的超声波清洗机等。

在制造领域，近年来也有众多原理性创新制造装备不断问世。例如，目前发展极为迅速的 3D 打印机，是一种较为典型的原理性创新制造装备。它通过分层“打印”增材制造技术，将材料由线成面，层层堆积成形，得到任意结构形状的三维实体。相对于传统的切削加工技术，3D 打印技术不需要进行机械加工及使用工模夹具，大大缩短了生产准备周期，其制造成本与产品复杂性及产品生产批量无关。再例如，利用高能束（包括激光束、电子束、离子束、水射流）高密度能量的聚焦作用而推出的激光切割机、等离子切割机等创新产品，目前这类高能束切割加工装备已成为制造业主流的制造装备。数控激光切割机是通过将激光束聚焦到金属材料表面，借助其高密度能量使材料瞬时熔化蒸发而实现材料的切割加工，如

图3.3所示。激光切割加工属于非接触加工，与传统机械冲压加工装备相比，没有明显的机械力，热影响区域小，没有工具损耗和机械加工变形，可以切割加工各种复杂形状的零件，不需要冲压模具，具有切割加工精度高、切割面光洁无毛刺等优点。

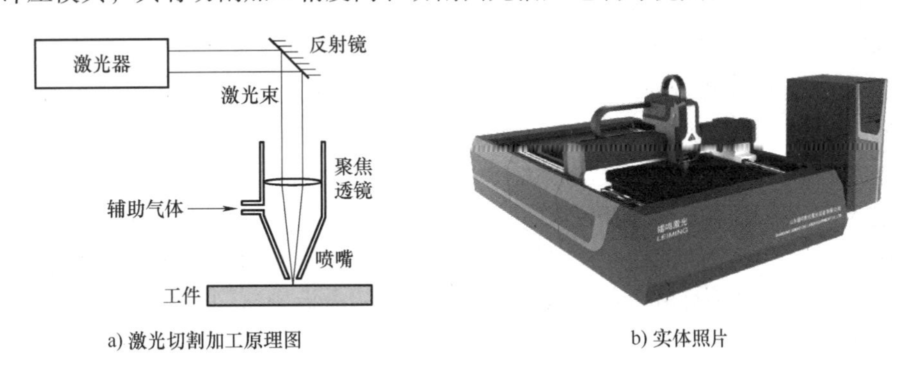

a) 激光切割加工原理图　　b) 实体照片

图3.3　数控激光切割机

2. 产品赋能性创新

产品赋能性创新是应用共性赋能技术对原产品进行赋能，可使原产品的功能和功效得到极大的提升。在传统产品的发展演进过程中，机械化产品和电气化产品的升级换代主要是应用蒸汽机技术和电动机技术等共性赋能技术对产品动力装置进行赋能而得到新一代创新产品。

数字化、网络化、智能化技术作为通用、普适、共性的赋能技术，适用于各行各业各类产品的升级换代。应用数字化、网络化、智能化技术与原有产品本体技术进行融合和系统集成，可以大大拓展原有产品的功能与性能。

数字化网联化产品是在传统产品架构基础上增加了数字化控制系统，有了这个数字化的"大脑"，可以对产品的运行作业过程进行自动管理与控制；智能化产品则在数字化网联化产品的控制系统基础上进一步智能化，换上一个更加聪明的"大脑"，致使产品内涵发生根本性变化，具有了自感知、自决策及自主控制等功能，极大提高了产品的功能特性。

数字化、网络化、智能化技术对传统产品的赋能作用，为传统产品增添了一个功能强大的信息系统，不仅使产品的功能和功效发生了质的变化，还极大提升了产品的设计、制造和服务水平，从根本上提高了产品的技术水平和市场竞争力。

[案例3.1]　门锁产品的发展与演变

门锁是平常之物，也是居家必备之品。作为居所与外界接触的第一道防护，门锁涉及千家万户人身和财产的安全。从古至今，门锁的功能结构也在不断地发展和演变。图3.4所示的不同门锁，反映了该产品的发展与演变进程。

(1) 三簧锁　早在东汉时期，三簧锁便在我国开始使用，它是利用两三片板簧铜片的弹性力，起着门锁的锁闭作用（图3.4a）。这种三簧锁通过形状多变的锁孔和钥匙，以提升其保密性能，一直在我国沿用到20世纪50年代。

(2) 叶片锁　公元18世纪，英国人发明了一种凸轮转片锁（图3.4b），利用弹簧的弹性作用控制锁内的金属叶片转动。通过钥匙转动其叶片，使之接触到锁舌缺口才能将锁开启。叶片锁的钥匙牙花多变，形状变化可达上万种，其造型美观大方，被公认为锁和钥匙的标志。我国从清代开始生产叶片锁，新中国成立后仍有不少企业生产这种叶片结构的铁挂锁。

（3）弹子锁　1848年，美国人发明了弹子锁（图3.4c），其原理是使用多个不同高度带有弹簧的圆柱形零件锁住锁芯，通过配套的钥匙将各圆柱形零件推至相同的高度，锁芯便可放开。现代弹子锁的结构多样，其变化可达数百万种，大大提高了锁的保密性。弹子锁是当前市面上一种比较常见的锁具，问世至今已有170多年历史，现仍在广泛使用。

（4）套筒转芯锁　1874年，英国的布拉默发明了套筒转芯锁（图3.4d），该锁将锁定机构置入一个体积不大的套筒之中，通过钥匙转动作为中介的锁芯对锁栓进行控制，省力方便。套筒转芯锁的钥匙往往呈圆柱形，纵向开有不同深度的槽口，这些槽口与套筒内部的金属滑板的开槽相吻合。插入钥匙后，当其滑板槽口同时与圆形锁定盘的盘面等高时，钥匙才能带动滑板和圆筒芯一起旋转，以达到释放锁栓的目的。套筒转芯锁曾被誉为“最难被撬开的锁”。

上述传统机械锁具，现以挂锁、防盗锁、球型锁、执手锁等不同结构形式出现在我们的日常生活中。

（5）智能锁　自20世纪70年代以来，随着微电子技术的应用，磁控锁、声控锁、超声波锁、红外线锁、电磁波锁、电子卡片锁、指纹锁、遥控锁等一系列智能锁具（图3.4e）相继出现。与传统机械锁相比，这类智能锁具有无可比拟的高保密性与安全性能，且不需要携带钥匙，通过密码或蓝牙即可解锁，并可与智能手机配套使用，大大方便了人们的日常生活。

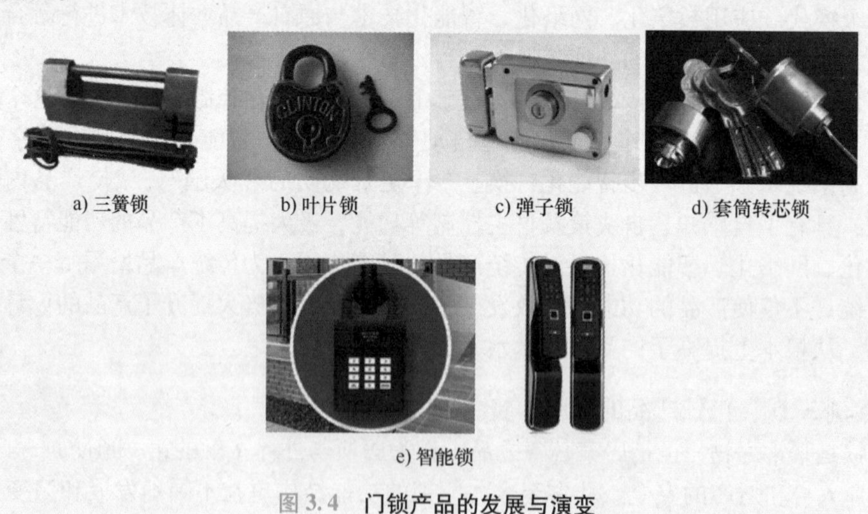

a) 三簧锁　b) 叶片锁　c) 弹子锁　d) 套筒转芯锁

e) 智能锁

图3.4　门锁产品的发展与演变

3.2 ■ 数字化产品

3.2.1　数字化产品的功能特征

数字化产品形式多样，包括无形的和有形的。无形的数字化产品是指经过数字化而可通过数字网络传输的产品，如影视娱乐产品、信息软件产品等；有形的数字化产品是指基于数字化技术的产品，如数字化家电产品、数字化通信产品、数字化制造装备产品等。在制造领域，最常见的数字化产品为数控机床。

数字化产品是应用数字化技术对传统产品进行赋能作用的创新产品。相对于传统产品而言，数字化产品是在原有物理系统的基础上增加了一个信息系统，从而构成为一个信息物理系统（CPS）。若考虑到操作使用者这一要素，即为表3.2所述的HCPS系统。

图3.5所示为一台普通车床，其中图3.5a为该车床的外观图，图3.5b为该车床的传动、操纵系统简图。由图3.5可知，传统机床主要是由工作装置（主轴3、刀架6）、传动装置（进给箱1、光杠10、丝杠11）、驱动装置（驱动电动机2）和床身13等一系列物理装置构成。这类普通车床的生产作业过程，是完全凭借操作者的经验，由人工操作控制完成的。

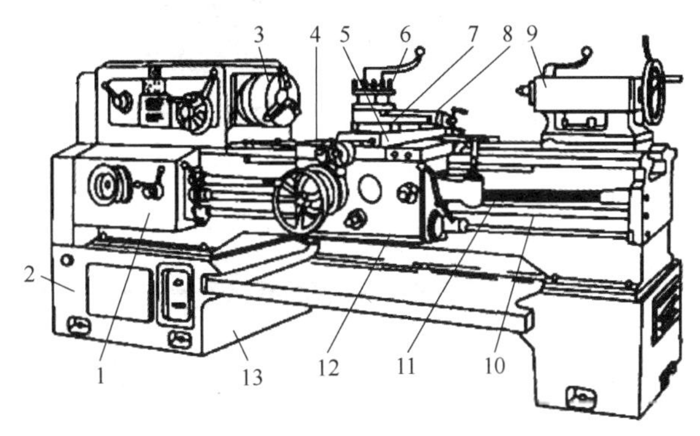

a) 车床外观图

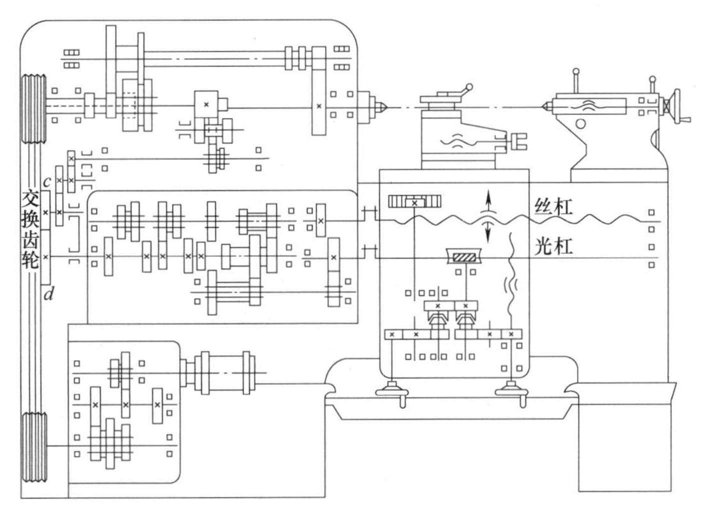

b) 车床传动及操纵系统图

图3.5 普通车床

1—进给箱 2—驱动电动机 3—主轴 4—床鞍 5—中滑板 6—刀架
7—回转盘 8—小滑板 9—尾座 10—光杠 11—丝杠 12—溜板箱 13—床身

图3.6所示为一台简易数控车床，其中图3.6a为数控车床的外观图，图3.6b为数控车

床控制原理图。由图3.6可知，数控车床除了机床本体（即物理系统），相比于传统车床多了一个信息系统（数控系统），使用者借助于该数控系统，可将机床加工的整个作业过程编写成数控程序，然后通过数控系统按照所编写的数控程序指令自动控制完成整个生产加工任务。

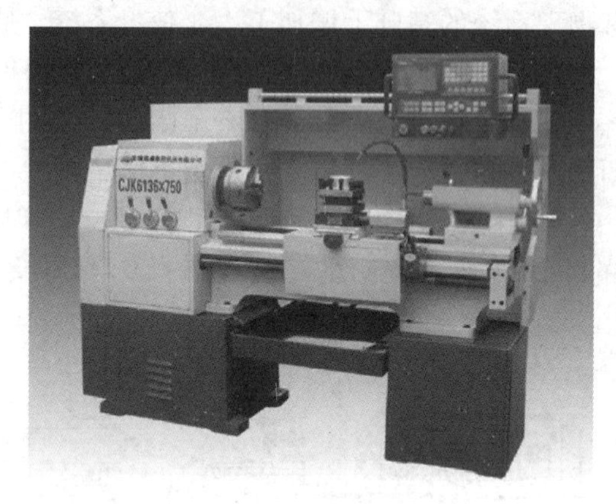

a) 数控车床外观图

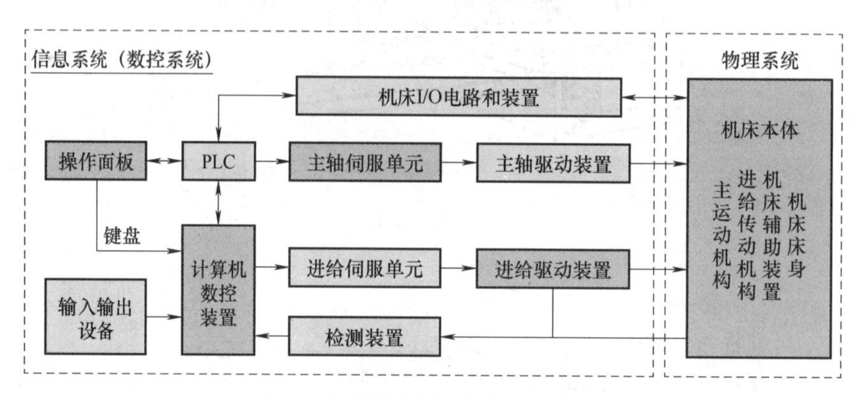

b) 数控车床控制原理图

图3.6 简易数控车床

通过对普通车床与数控车床结构性能的比较可知，数字化产品具有以下的功能特征：

（1）物理系统是主体 在数字化产品的信息物理系统中，物理系统是主体，产品的工作原理由其物理系统确定，产品的工作任务由物理系统执行完成。数控车床类似于普通车床，其工作过程仍然是通过车床主轴和刀架等工作装置来完成对工件的车削加工的。

（2）信息系统是主导 信息系统在数字化产品中起着主导作用，负责对产品信息的获取与处理及对其工作过程的控制，是实现产品高效率、高质量完成工作任务的关键。例如，数控机床是由数控系统对整个机床加工过程进行控制的，产品加工过程的效率和质量主要取决于数控系统的功能和控制精度，当然这是以机床本体精度为前提的。

（3）显著提升拓展了产品的功能 数字化产品由于有了信息系统对信息感知、信息转换、信息控制和信息管理等处理能力，极大拓展提升了原有产品的功能与性能，使产品具有多功能、高柔性、高自动化、易操作等一系列特点。

（4）极大简化了物理系统的结构 由于数字化信息系统具有自动速度调节、动作转换、误差补偿等功能，可简化甚至去除原有物理系统复杂的传动装置、补偿装置及操纵装置等机械结构，从而进一步提高了物理系统的可靠性及其机械性能，使之具有高刚度、低摩擦、低惯量等特点。

(5) 可完成普通产品不能胜任的工作任务 由于数字化产品通常是通过数字化控制系统自动完成产品的加工任务，可完成许多普通产品不能胜任的工作。例如，数控机床可完成各种复杂型面的加工，这是普通机床所不能完成的。

3.2.2 数字化产品的物理系统

前面已介绍，物理系统是数字化产品的主体。现仍以图 3.6 所示的简易数控车床为例介绍数字化产品的物理系统。

与普通车床一样，数控车床的物理系统主要由机床床身、工作装置、驱动装置、传动装置及其他辅助装置等组成。其中，机床床身、工作装置等结构与普通车床基本类似，不同的是数控车床的床身得到了不同程度的简化，使机床本体的刚度、抗震性及工作稳定性均得到显著提高。

车床的驱动装置和传动装置为车削加工提供了所需的工作运动。车床的工作运动主要包括车床主轴的回转运动及车床刀架的纵向和横向进给运动。普通车床所有工作运动是共用一个驱动电动机，通过带轮、齿轮及运动离合器等传动部件将该驱动电动机的动力和运动分配到各个运动机构，为此机床传动链复杂冗长，传动效率低，传动误差较大。数控车床通常是每一个工作运动单独配置一只伺服驱动电动机，且具有无级调速及正/反向自动转换等功能，因此数控车床的传动结构也得以大幅度简化。

由于数控车床的主轴系统与进给系统的性能和要求不同，下面将分别介绍两者的驱动和传动装置。

(1) 主轴系统 数控车床的主轴系统是用于夹持工件并带动工件高速旋转的工作装置，其要求：具有较宽的调速范围，以适应不同工件材料、不同刀具及不同加工工艺的切削加工要求；具有足够的输出功率，高速时要求有“恒功率”，低速时要求有“恒转矩”特性；保持一定的转速精度，且有快速定位等功能。

根据主轴系统的工作要求，其驱动电动机可选用变频调速电动机、力矩电动机或交流主轴伺服电动机等。为提高低速时的切削性能，主轴系统通常采用一级带轮或齿轮的减速机构，以增大低速切削时的工作转矩，如图 3.7 所示。

目前，不少高精度或高速数控车床的主轴系统，常常采用“电主轴”单元，如图 3.8 所示。电主轴是一种将驱动电动机的转子套装在机床主轴上，电动机定子安装在主轴壳体内，并自带水冷或油冷循环的机床主轴系统，具有结构紧凑、振动小、噪声低、动态响应性能好等特点。

(2) 进给系统 数控车床的进给系统的作用是驱动机床刀架，从而带动刀具实现对工件的切削加工。其要求：具有较高的驱动精度，以保证机床定位及其加工精度；快速响应速度，以保证跟踪控制系统的加工指令速度；较宽的调速范围，以适应各种不同切削加工条件要求；具有一定的过载能力，以适应偶发的机床大摩擦力及大切削阻力等现象的发生。

数控车床进给系统的驱动电动机，根据需要可选用合适的步进伺服电动机、直流伺服电

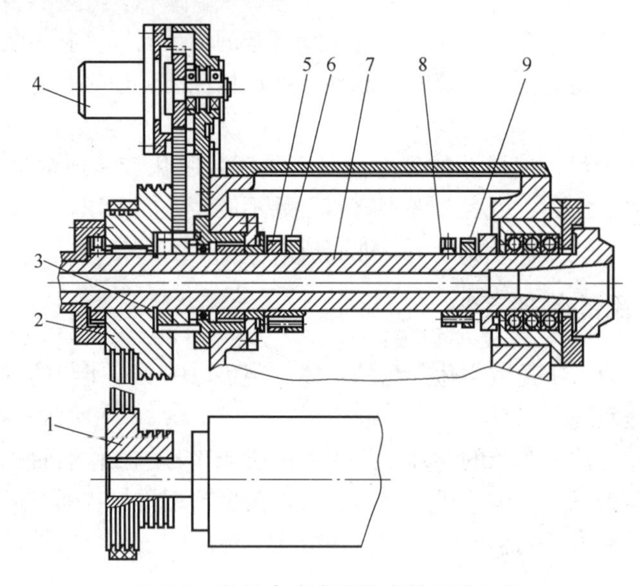

图 3.7 **数控车床常用的主轴系统结构**

1、2—带轮 3、5、9—螺母 4—脉冲发生器 6、8—锁紧螺母 7—主轴

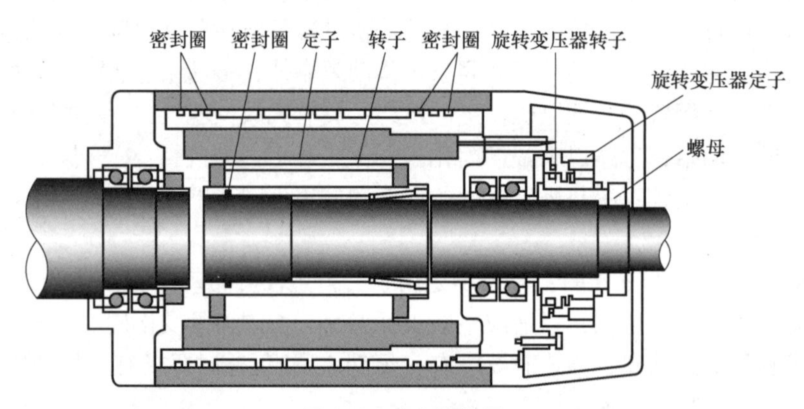

图 3.8 **电主轴单元**

动机、交流伺服电动机等，以满足所控制精度要求的输出位移、速度和加速度。由于交流伺服电动机具有控制精度较好、控制方便及性价比高等特点，交流伺服电动机已成为数控机床主流的进给驱动电动机。

图 3.9 所示为数控车床进给系统一种常用的传动结构。由图 3.9 可知，伺服电动机的输出轴通过联轴器 2 与滚珠丝杠相连接，再经滚珠丝杠螺母副将伺服电动机的旋转运动转换为刀架的直线运动。与普通机床进给系统（图 3.5）相比，数控车床进给系统传动装置得到了极大简化。

目前，不少高速高精度数控机床进给系统采用了“直接驱动”或“零驱动”技术。这种直接驱动技术不再需要任何齿轮、滚珠丝杠螺母副等中间传动机构，而是将直线伺服电动机与机床工作装置进行直接连接以实现进给系统的直线进给运动。这种直接驱动结构具有结构刚性好、响应速度快、零反向间隙等特点，可使机床进给速度高达 200m/min，加速度达到 10.0g 以上。

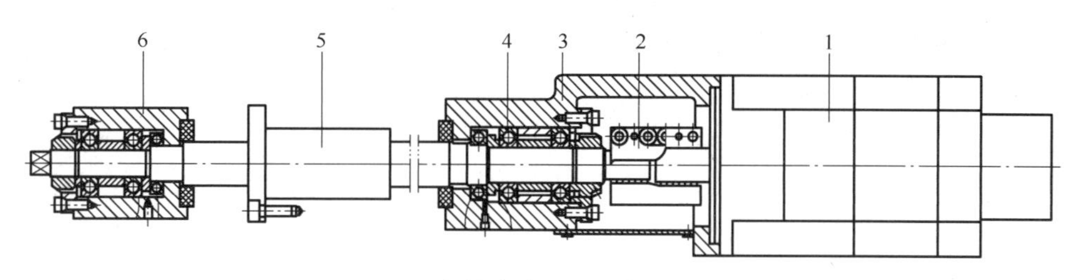

图 3.9 数控车床进给系统传动结构

1—交流伺服电动机 2—联轴器 3—电动机座 4—轴承 5—滚珠丝杠螺母副 6—轴承座

数控车床有 x、z 两根直线进给伺服控制轴，配合机床主轴回转伺服控制运动，可实现三轴联动的伺服控制，可加工各种复杂回转面、椭圆面、凸轮、变径/变距螺杆螺旋面等异形零件，大大提高了车床的车削加工能力和范围，可使机床完成更多、更复杂的加工任务。

3.2.3 数字化产品的信息系统

信息系统是数字化产品的“大脑”，在产品中起着主导作用，决定着产品的功能特性。不同的数字化产品，其信息系统的组成可能有所不同，但总体上较为类似。就数控机床而言，其信息系统（数控系统）通常由 CNC 装置、可编程逻辑控制器（PLC）、伺服驱动装置、传感检测装置、人机交互装置及通信连接等部分组成（图 3.6b）。

（1）CNC 装置 CNC 装置是数控系统的核心部件，属于一种专门用途的计算机系统，由硬件和软件两部分组成。

1）CNC 装置硬件。根据系统功能的强弱不同，CNC 装置硬件有单 CPU 结构与多 CPU 结构之分。单 CPU 结构的 CNC 装置仅有 1 个 CPU，采用集中控制、分时处理方式来完成各项控制任务。多 CPU 结构的 CNC 装置配置有多个 CPU，各个 CPU 采用并行处理模式完成各自所担负的控制任务，通过公用地址和数据总线实现各 CPU 之间的通信，如图 3.10 所示。多 CPU 结构的 CNC 装置，其计算速度和处理能力大为提高，其性价比得到极大提升，目前市场的数控系统大多为多 CPU 结构形式。

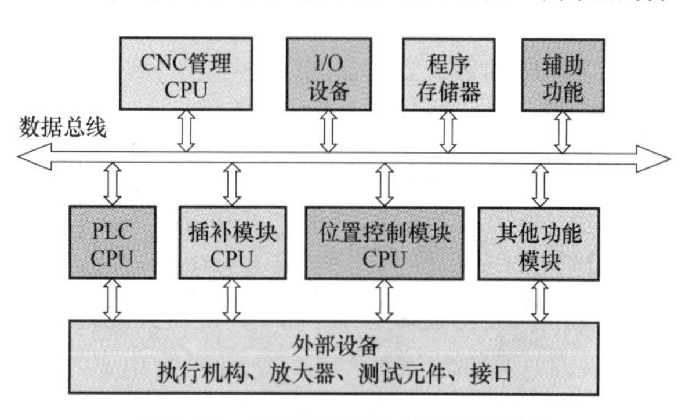

图 3.10 多 CPU 结构的 CNC 装置

开放式 CNC 是当前数控系统的发展趋势，它可运行来自不同厂商、不同操作平台的应用程序，且能与其他应用系统协调工作。目前，开放式数控系统结构可归纳为以下两大类：

其一，为 CNC+PC 类。即在 CNC 装置中插入 PC 主板，通过专用总线将两者进行连接。这种开放式 CNC 结构，数据传输速度快，响应迅速，原有的数控系统不需要做大的改动，利用 PC 的开放性可定制用户喜爱的界面，可与外部网络相连接，但其内部数控（NC）结构仍为封闭形式，未能得到开放，如 FANUC、SIEMENS 等公司的开放式数控系统通常为这类结构形式。

其二，为 PC+NC 类。即在工业计算机（Industrial Personal Computer，IPC）扩展槽中插入 NC 运动控器模块，以构成“IPC+运动控制器”结构的系统平台。这类开放式 CNC 结构，实质是一个以 IPC 为主机、多轴运动控制器为从机的主从分布式控制系统。这种系统结构通用性强，编程处理方便灵活，具有上、下两级的开放性，是目前应用较多的一种开放式 CNC 系统结构。

2）CNC 装置软件。CNC 装置软件是控制系统的灵魂，是实现数控系统功能与性能的关键。图 3.11 所示为 CNC 装置软件的结构组成，通常它由一个主控模块与若干功能模块组成。系统主控模块是为用户提供一个友好的系统操作界面，在此界面下系统各功能模块以菜单或图标形式被调用。系统各功能模块可分为实时控制类模块和非实时管理类模块两大类。实时控制类模块包括程序译码、运动插补、速度处理、数据采集等控制机床实时加工运动的软件模块，具有毫秒甚至更高级要求的时间响应；而非实时管理类模块包括程序编辑、参数输入、显示处理、文件管理等，这些软件模块没有较高的时间响应要求。

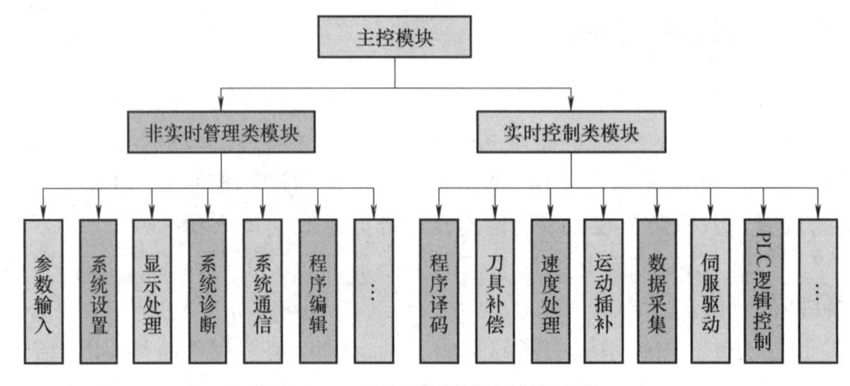

图 3.11　**CNC 装置软件结构组成**

（2）可编程逻辑控制器（PLC）　PLC 用于数控加工过程开关逻辑量的控制，包括控制面板开关、机床主轴启停及换向、刀具更换、冷却润滑启停、工件夹紧与松开、工作台分度等，是采用可自行编制程序的存储器，执行所存储的逻辑运算和顺序控制程序。PLC 作为数字化产品中重要的控制单元，可用于控制各种类型的机械设备或生产过程，被公认为工业自动化三大支柱（PLC、机器人、CAD/CAM）之一。

（3）伺服驱动装置　伺服驱动装置是用来控制机床运动件的位移（包括线位移和角度位移）及速度的控制单元。按照伺服电动机类型的不同，数控系统的伺服驱动装置有步进伺服驱动、直流伺服驱动和交流伺服驱动等不同的驱动形式。

目前，交流伺服驱动已成为数控机床主流的驱动形式。图 3.12 所示为典型的交流伺服驱动装置结构，它由交流伺服电动机 1、伺服驱动器 4、检测反馈装置及连接电缆等组成。伺服驱动器 4 接收来自 CNC 装置的控制信息，经转换放大后驱动

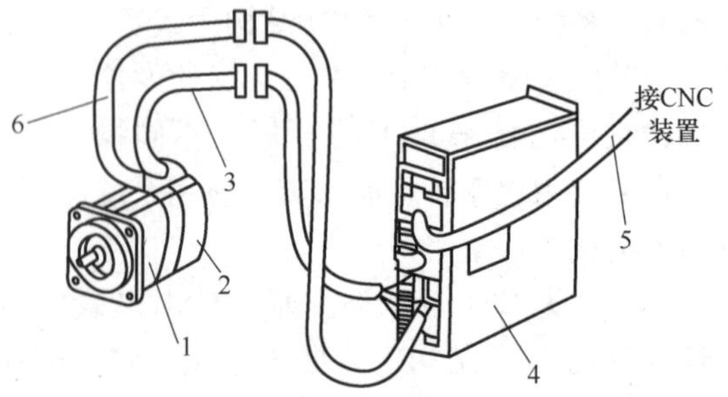

图 3.12　**交流伺服驱动装置的典型结构**

1—交流伺服电动机　2—检测元件　3—反馈电缆
4—伺服驱动器　5—系统控制电缆　6—动力电缆

交流伺服电动机1进行旋转，配置在交流伺服电动机1尾部的检测元件2实时检测伺服电动机实际转角及角速度，并将之反馈至伺服驱动器4及CNC装置，由数控系统进行分析控制。

按照检测元件的有无和安装位置的不同，伺服驱动装置有开环、半闭环和闭环几种不同的伺服驱动控制结构。

1）开环伺服驱动控制。这种伺服驱动控制结构，没有配置检测元件和信息反馈回路，因此控制精度不高，一般用于步进伺服电动机的驱动控制。

2）半闭环伺服驱动控制。在半闭环伺服控制结构中，其检测元件安装于伺服电动机的输出轴端部，通过检测伺服电动机的实际转角，间接地计算机床运动部件的位移量。这种伺服驱动控制结构，其结构简单、易于调节，但不能反馈补偿从电动机输出端到机床运动部件间（如滚珠丝杠、机床导轨等）的机械传动误差，一般用于精度要求不太高的控制驱动。

3）闭环伺服驱动控制。闭环伺服驱动控制结构的检测元件安装于被控制机床的运动部件上，可直接对机床传动结构的机械运动误差进行反馈补偿，其驱动控制精度高，一般用于驱动控制精度要求高的精密机床，但其系统调节整定的难度较大。

由于数控机床传动系统的传动链较短，除高精密机床外，目前通常采用半闭环伺服驱动控制结构。在半闭环伺服驱动控制结构中，直接借助交流伺服电动机自身的检测元件，将其实际转角和角速度反馈给系统，如图3.13所示。由于控制环路中的非线性因素少，系统整定容易，机床传动件的机械误差可通过数控系统自身的误差补偿功能进行补偿，也能达到较高的驱动控制精度。

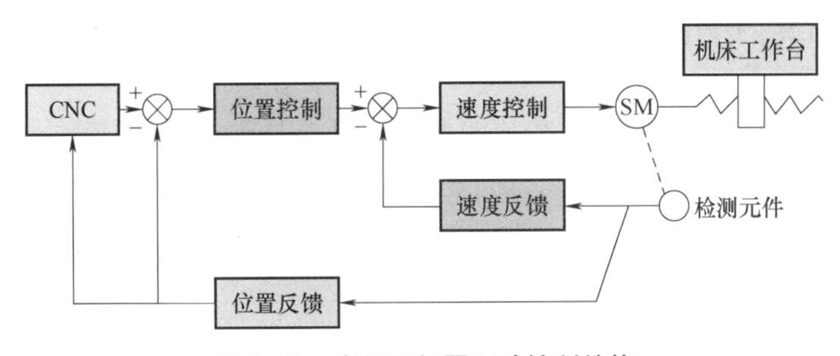

图3.13 半闭环伺服驱动控制结构

（4）传感检测装置 在数字化产品中，传感检测装置是不可或缺的，其作用是为产品工作过程进行有效控制与管理提供必要信息。在数控机床上，最常用的传感检测装置有光电编码器和光栅尺，前者用于角位移的检测，后者用于线位移的检测。

图3.14所示为一种典型的光电编码器，通常被安装于伺服电动机的输出轴或机床主轴上，它利用光栅衍射原理将旋转轴的角度变化量转换为脉冲数字量。图3.14b所示为光电编码器的原理，光电编码器由转动光栅、固定光栅，以及光敏元件等元器件组成。图3.14b中的光电编码器利用光电转换原理输出有A、B和Z三组方形波脉冲，其中A、B两组脉冲有90°相位差，可计数其输出脉冲数并判断其旋转方向；Z相脉冲每旋转一周仅有一个脉冲输出，用于基准角度的定位。光电编码器有增量式、绝对式和混合式等不同类型，图3.14所

示为增量式光电编码器。光电编码器由于原理构造简单，抗干扰能力强，可靠性高，适合长距离传输，在数字化产品中得到广泛使用。

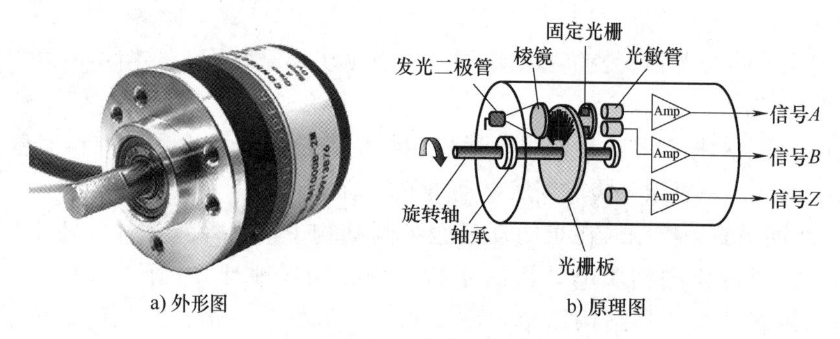

a) 外形图　b) 原理图

图 3.14　光电编码器

同样，光栅尺是利用光栅的光学原理来检测位移变化量的。光栅尺主要由标尺光栅和读数头两部分组成，如图 3.15a 所示。其中读数头是光栅尺的关键部件，它由光源、透镜、指示光栅、标尺光栅、光电元件及调整机构等元器件组成，如图 3.15b 所示。在光栅尺中，平行放置的指示光栅与标尺光栅两者间设置有一微小角度 θ，在光源照射下当两光栅相对移动时将产生一组明暗相间的“莫尔条纹”，如图 3.15c 所示，莫尔条纹的宽度 W 由光栅的栅距 P 和角度 θ 确定，$W= P/\theta$。光栅尺是通过这种莫尔条纹来感知计算位移变化的，其特征：①莫尔条纹与相对位移的栅距数同步，当两片光栅相对移动一个栅距即产生一条莫尔条纹；②莫尔条纹具有放大作用，如 $P=0.01\text{mm}$，$\theta=0.01\text{rad}$，则 $W=1\text{mm}$，即莫尔条纹将栅距放大了 100 倍；③莫尔条纹均化了光栅的制备误差，若光栅尺每毫米刻制 100 线，宽度为 10mm 的莫尔条纹相当于是由 1000 条光栅线纹共同作用生成的，故光栅条纹栅距误差自然被均化了。

一般来说，高分辨力光栅尺的造价比较昂贵且制造困难，通常采用电子细分电路以提高系统的分辨力。例如，在一个莫尔条纹宽度范围内均匀设置 4 个光电元件，经合成处理即可将光栅传感器的分辨力提高 4 倍。

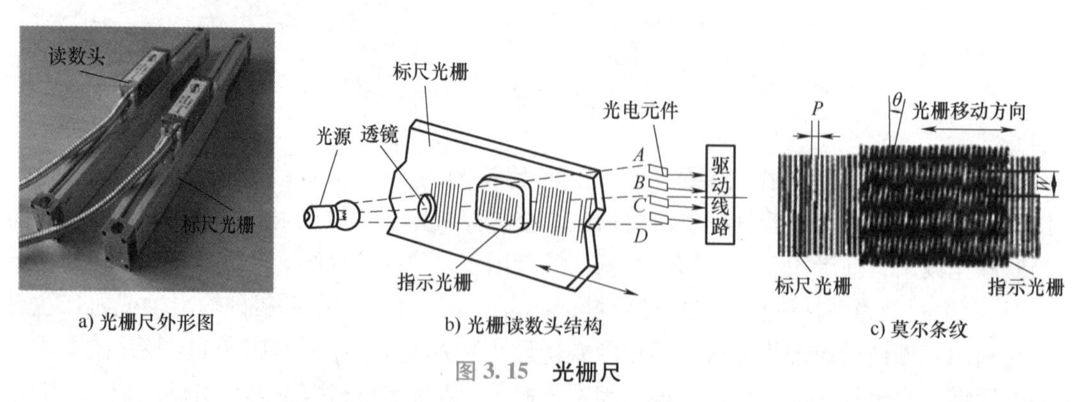

a) 光栅尺外形图　b) 光栅读数头结构　c) 莫尔条纹

图 3.15　光栅尺

传感检测装置的种类很多，除上述光栅传感器外，还有诸如温度、压力、流量、液位、转矩、振动、磁性等不同类型的传感检测装置在数字化、智能化产品中得到越来越广泛的应用。

［案例3.2］ 数字化伺服压力机产品

机械曲柄压力机是通过模具对零件坯料进行压力加工的一种成形机床，具有加工效率高、运行成本低、精度一致性好等特点。然而，由于其运动模式固定，工艺柔性差，且在下死点附近滑块运动速度变化大，难以满足在成形区域内运行速度低而均匀的深拉伸工艺要求，因此许多压力机生产厂商开发了数字化伺服压力机产品。

图3.16所示为本书作者配合某压力机制造商所研制的1600kN肘杆式单点伺服压力机。

a) 压力机实体

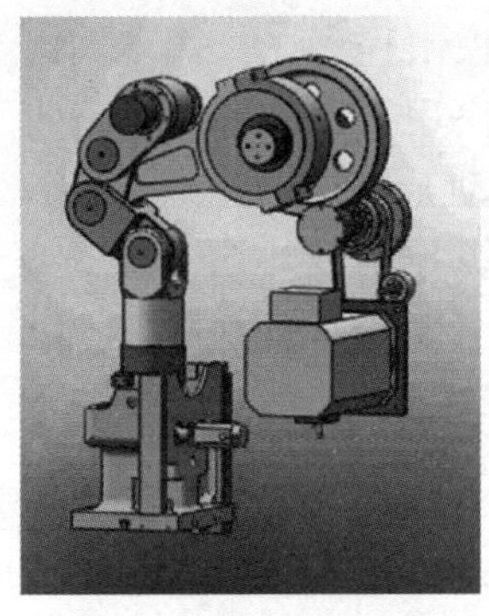
b) 压力机传动系统

图3.16 肘杆式单点伺服压力机

（1）物理系统 该伺服压力机的物理系统主要由机身和传动系统组成。其中，机身为半闭式结构，左、右两侧壁延伸到工作台前端，在侧壁上开有送料窗口；传动系统为三角肘杆式结构，有较好的伺服电动机功耗特性和运动性能，与普通曲柄传动机构相比可节省伺服电动机功率达40%左右，在下死点附近运动速度低而均匀，如图3.17所示。

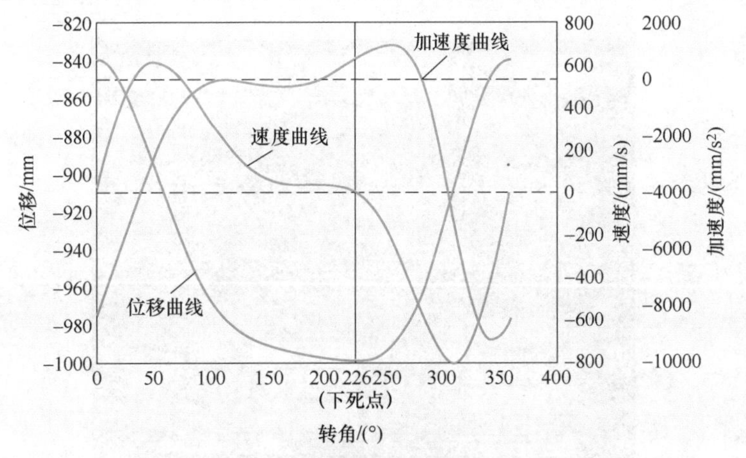

图3.17 三角肘杆式传动系统滑块运动曲线

（2）信息系统 该伺服压力机的信息系统硬件由运动控制器、伺服驱动器、伺服电动机、触摸屏人机界面和通信网络组成，如图3.18所示。运动控制器内嵌有PLC模块，兼具压力机的运动控制和逻辑顺序控制功能；伺服电动机配套有电源再生转换管理模块，以减轻电动机启闭对电网的冲击；设置在伺服电动机尾部的增量型同步编码器，用以检测反馈电动机实际转角；通信网络担负着运动控制器与伺服驱动器等控制单元之间的信息通信。

伺服压力机信息系统软件由人机界面模块、伺服控制模块和逻辑控制模块组成，如图 3.19 所示。人机界面模块包含参数设置、操作编程、模具管理、调试检测、伺服监视等控制程序，如图 3.20 所示；伺服控制模块用于滑块主运动的伺服控制，包括寸动、单动、连续等不同的控制模式；逻辑控制模块包括系统启动、制动、照明、润滑、防护等不同开关量的逻辑。

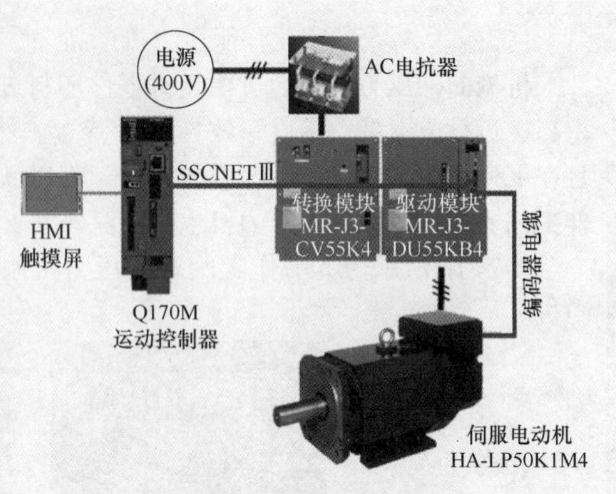

图 3.18 基于运动控制器 Q170M 的压力机控制系统结构

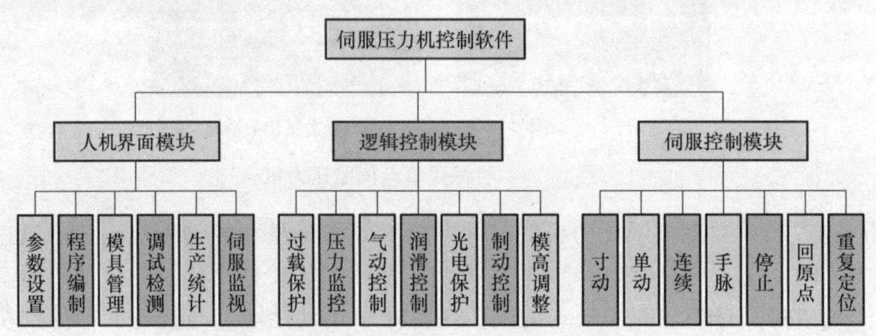

图 3.19 伺服压力机控制软件系统

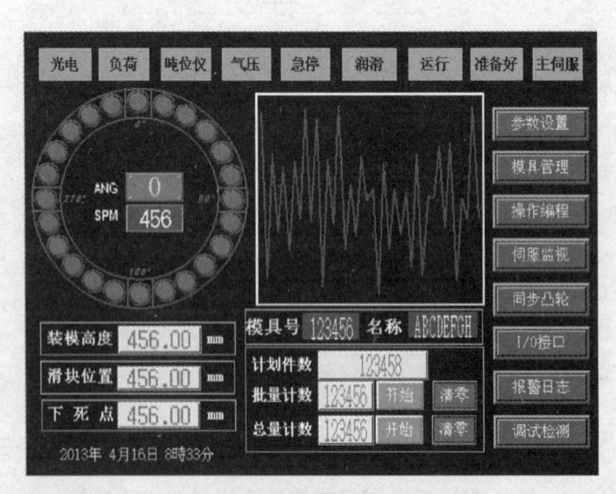

图 3.20 伺服压力机主控界面

该数字化伺服压力机产品可满足冲孔、落料、拉深、弯曲、压印等不同冲压工艺要求，提高了冲压工艺柔性；通过选择最佳冲压曲线，提高了成形加工精度；省略了飞轮、离合器、制动器等传统机械传动部件，简化了机身结构，降低了工作噪声和能量消耗，节省了能源和制造成本。

3.3 ■网联化产品

3.3.1 网联化产品概念

工业互联网、物联网技术的发展与成熟，大大拓展了网络连接的范围和信息的集成深度，促使人类进入了万物互联的网络世界。

1. 几个网联化产品实例

（1）网联化工程机械产品 世界著名工程机械制造商日本小松公司，借助于先进的网络和信息管理技术，近年来一直处于世界前列，引领着工程机械产品市场的发展。如图3.21所示，小松公司的建筑机械网联化产品安装有全球定位系统（Global Positioning System，GPS）和各种传感器，可对产品当前所处位置、工作时间、工作状况、燃油余量、耗材更换时间等数据进行采集；通过通信卫星或移动网络等网络通信方式将所采集的产品数据传送至机器现场的数据服务器，然后通过商用互联网将产品现场信息发送到小松服务器上；处于世界各地的经销商及客户可通过小松服务器对该公司的产品数据进行查询，可获取所需的产品工况及健康保养等信息；应用小松公司所配置的智能施工服务系统（Smart Construction），可将产品与施工人员进行连接，优化施工方案，辅助施工人员进行操作施工。为此，该类建筑机械产品已不再是传统的机械产品，而是搭载有先进信息通信技术（Information and Communication Technology，ICT）和人工智能（AI）技术的物联网装备。

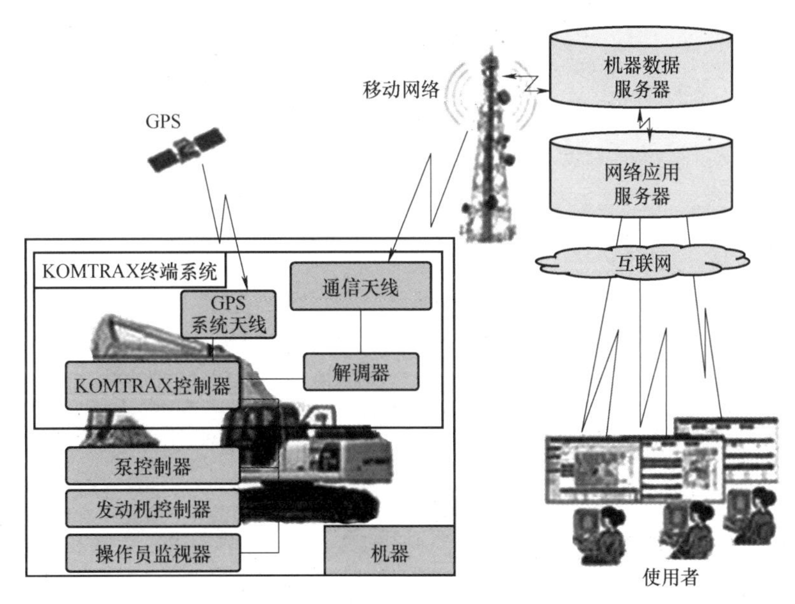

图3.21 小松建筑机械网联化产品

我国三大工程机械巨头——三一重工、徐工集团、中联重科也先后投入“工业互联网平台”的建设，以促进企业智能制造的转型升级。例如，三一重工在企业智能制造转型方面已从产品智能化、制造智能化向服务智能化方向迈进，如图3.22所示，其产品也使用了

GPS 和各类传感器，可对工程机械的作业现场进行定位、跟踪、监控、识别、诊断及生产管理等，通过大数据分析可对设备运行数据进行更加精准的监控管理，大大提高了产品的施工效率，减低了功率消耗。

（2）网联化风电机组　风电作为一种清洁能源，近年来在我国得到快速发展，截至 2024 年底全国风电装机容量达到 5.1 亿 kW，占全国发电总装机容量（33.2 亿 kW）的 15.4%。风电机组通常设置于风力资源丰富的山区、沙漠或海面上，现场监控管理困难，为此风电机组必然是一种网联化产品，借助于网络功能可对其工作性能和工作状态进行监控、管理和维护。

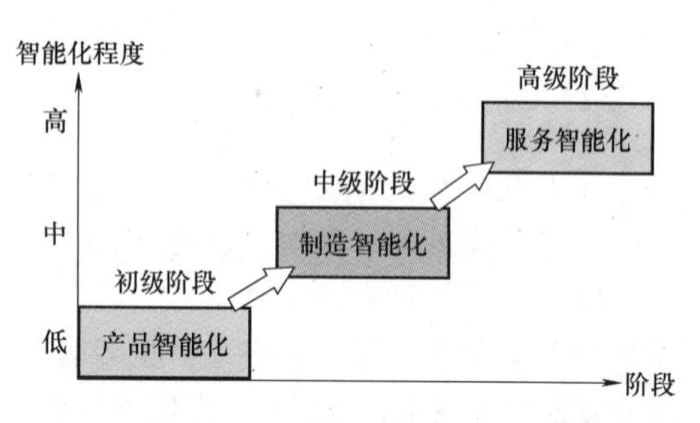

图 3.22　三一重工智能制造发展进程

图 3.23 所示为一种无线网络的风电机组监控系统，由无线网络 ZigBee 和 5G 高速无线网络联合组建而成，包括客户层、控制层和网络数据层三层结构。在客户层，远程监控系统通过 5G 虚拟专用网络（Virtual Private Network，VPN）与控制层连接，并允许多用户在客户端查看访问系统数据；控制层包含数据服务器和应用服务器，通过应用服务器可对系统进行监视与控制；网络数据层包括防火墙、路由器、5G 无线网络模块、ZigBee 数据采集终端等设备组成，其中 ZigBee 数据采集终端与风力发电机组 PLC 传感器相连接，负责采集机组 PLC 控制参数，并与 5G 无线网络模块相互通信，由 5G 网络通过防火墙将机组现场信息传送至控制层的数据服务器和中央监控系统。

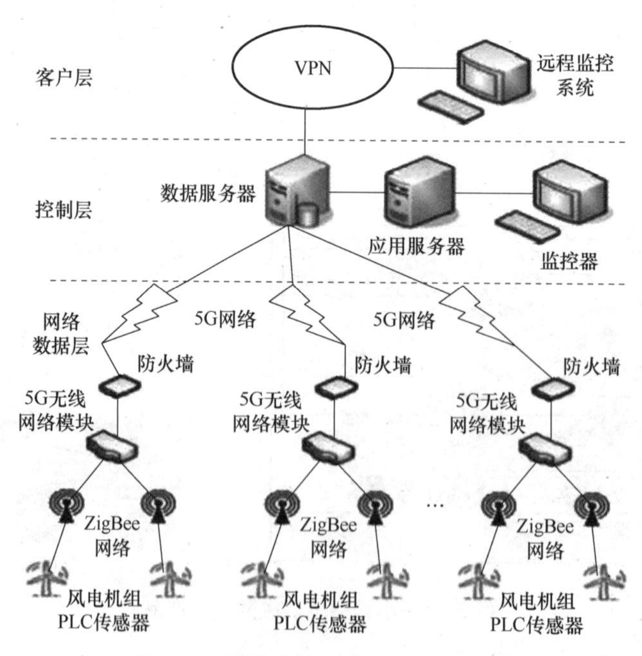

图 3.23　风电机组无线网络监控系统

风电机组无线网络监控系统充分利用了 ZigBee 网络功耗成本低、实时可靠性高等特点，借助 5G 高速 VPN 通道将风电机组的现场实时数据上传到中央监控系统，解决了风电机组远距离信息传输的难题，可实现对整个风电发电机场的集中监控与管理，确保各机组可靠、经济、安全地运行。

（3）网联化注塑机产品 图3.24所示为基于无线通信网络LoRa的注塑机网联监控系统。该系统由数据采集层、数据存储层及数据应用层三层结构组成。在数据采集层，每台注塑机配置了一台数据采集可视终端，用于采集注塑机的现场生产运行的实时数据，并将所采集的现场数据进行整合，通过LoRa无线通信网络上传至数据存储层；数据存储层，主要是由智能数采集中器负责接收每台注塑机的现场数据并下达工作指令，同时将现场数据存储到云服务器；数据应用层，主要是为客户提供云端远程数据的访问，以获取当前注塑机设备计划执行情况。

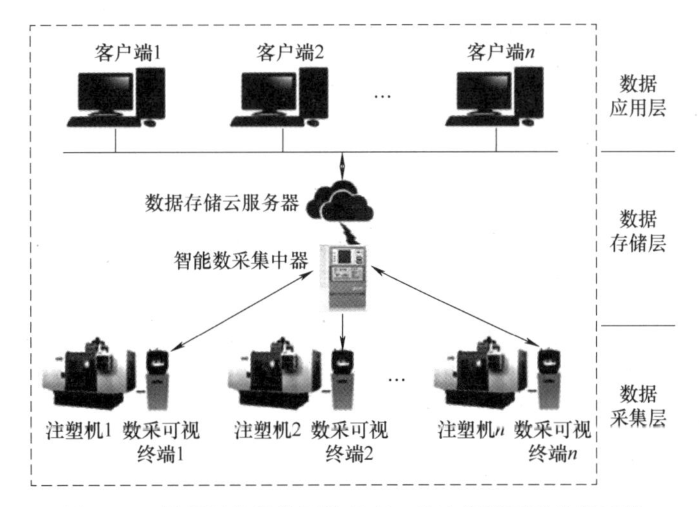

图3.24 基于无线通信网络LoRa的注塑机网联监控系统

该系统通过无线物联网将每一台注塑机进行了连接，可对现场生产数据进行实时采集、处理和远程传送。通过所采集的生产现场和设备状态数据，可使企业生产管理人员能够随时掌控生产现场状态，实现对物料、设备、生产计划和进度进行有效优化的管理和调度，显著提升了企业管理决策的协调响应能力和生产智能化水平。

2. 网联化产品的内涵

网联化产品不是互联网产品（或网络化产品），在内涵和形态上均与互联网产品存在明显的区别。

互联网产品是在互联网领域内产生而用于经营的商品，是满足互联网用户日常需求的网络产品，如百度、微信、视频、游戏、浏览器、邮箱等。这些互联网产品在形态上属于无形的信息产品，用软件程序编制产生，通过网络进行流通使用。

网联化产品属于有形的物质产品，是应用数字化网络化技术对有形物理产品进行赋能后的产物，也可看作在数字化产品基础上进一步融合网络化技术的创新升级产品，即当前社会上所流行的“互联网+”产品。

进入21世纪以来，随着互联网技术的快速发展和普及应用，网联化产品开始涌现，如便携式平板电脑、智能手机、共享单车、网联汽车等众多网联化产品已家喻户晓。在制造业中，网联机床、网联机器人、网联机械产品也得到越来越多的应用。

与数字化产品比较，网联化产品是在原有产品基础上增加了联网功能，为原有产品的价值创造能力带来革命性的突破：

1）拓展了产品功能。网联化产品通过网络与外部信息系统的互联互通，可对产品工作现场进行实时监控和优化管理。

2）改善了与用户的交流互动。在产品全生命周期内，网联化产品可保持与制造商、服务商及用户间的信息交流与联系，增强了用户体验，可摆脱销售给用户后的产品往往被遗忘的历史。

3）可提供产品远程运维和升级服务。制造商可在产品全生命周期内，根据产品持续反馈的信息为用户不断提供产品的远程运维和升级服务。

3.3.2 网联化产品的通信网络

通信网络是网联化产品最基本的使能技术。通信网络是由一定数量的网络节点及与连接这些节点的传输系统有机地组织在一起，按约定的协议以完成任意用户之间信息传输与交换的通信体系。支持网联化产品的网络类型较多，这里重点介绍物联网的内涵及其功能特点。

1. 物联网的概念

物联网（Internet of Things，IoT）是指通过各种信息传感器、射频识别技术、全球定位系统、红外感应器等各种传感识别装置及技术，实时采集任何需要监控、连接、互动的物体及过程，通过各类可用网络的接入，按约定的协议进行信息通信与交换，实现物与物、物与人之间的泛在连接，以实现智能化感知、识别、定位、监控和管理的一种网络。

物联网可认为是一种“万物相连的互联网”，是互联网概念的扩展与延伸，可用各种不同的信息传感识别装置及网络将每一个物件连接起来，可实现任何时间、任何地点的人、机、物的互联互通。

有人认为，物联网是继计算机、互联网和移动通信后，引领信息产业革命的一次新浪潮。

2. 物联网的基本架构

物联网的基本架构可看作由感知层、网络层和应用层三层结构组成，如图 3.25 所示。

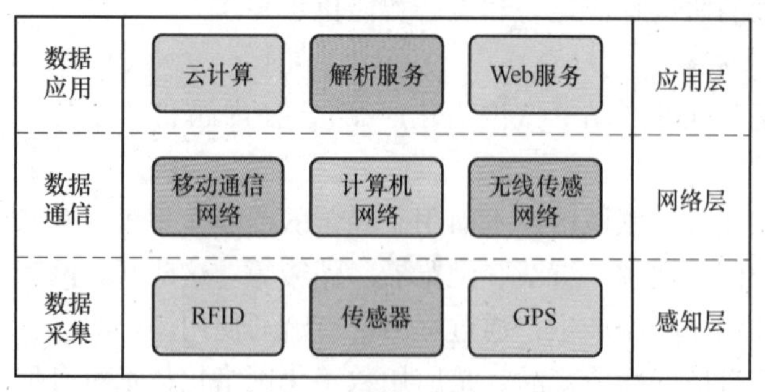

图 3.25 物联网的基本架构

（1）感知层 通过射频识别（RFID）、智能传感器、全球定位系统等感知识别装置获取物件的信息，以实现对物理世界的智能感知、信息采集、决策处理及自动控制的目的，并通过网络通信模块将所采集的物理实体信息传送至网络层和应用层。

（2）网络层 通过各种接入设备与互联网、移动通信网、无线传感网等网络连接，负责接收感知层的实时信息，并将其传输至应用层，再将处理结果反馈给感知层，起着沟通感知层和应用层的作用。

（3）应用层　主要是物联网与用户服务的接口，可针对不同用户、不同行业的应用，提供相应的管理和运行平台，实现准确和精细的智能化信息管理。根据物联网的应用需求，应用层可分为监控型（物流监控、设备运行监测）、查询型（工作参数、环境参数）、控制型（优化控制、实时调节）、扫描型（物料名称、材料型号）等不同的应用功能，既有行业及专业的应用，也有以公共平台为基础的公共应用。在应用层，还可以通过云计算平台，提供数据的存储、计算、处理等功能服务，提供各种预测、判断和决策服务及大数据挖掘、识别、机器学习等人工智能的应用服务。

3. 物联网的功能特征

根据物联网基本概念及其组成架构，可将物联网的功能特征归纳如下：

（1）感知技术的综合应用　根据实际应用需要，物联网可综合应用射频识别、智能传感器等各类感知装置及其技术，将处于动态变化的物理世界中的静态和动态信息实时、持续地提取出来，提供给人们进行识别、分析、预测、决策与控制。

（2）无处不在的网络世界　通过互联网、移动通信网络、无线传感网络、GPS 等不同网络的融合，构建了一个无处不在的网络世界，即泛在网络（Ubiquitous Network），可将各类数据信息实时、精准地传递到网络所连接的任何数据中心、运算平台和应用终端，以保证信息的及时交流、分享和在线服务。

（3）智能处理分析能力　利用云计算、大数据、模式识别、深度学习等智能技术，对物联网的大数据进行分析处理和深度学习，从中挖掘出新的知识与价值，以改变人们原有的生产生活方式和经济模式。

4. 物联网的关键技术

（1）射频识别（RFID）技术　RFID 是利用射频信号通过空间耦合来实现无接触的信息传递，以达到对物品自动识别的目的（见 2.1.1 节）。在物联网中，RFID 不仅可替代现有的条形码，还能与互联网协议 IPv6 结合，赋予任何物品唯一的 IP 地址，使人与物、物与物的互联成为可能，可随时掌握物品的准确位置及其周边环境。

（2）无线传感网络　无线传感网络（Wireless Sensor Network，WSN）是一种分布式传感网络，是通过无线通信技术将众多传感器节点以自由方式进行组合而构建的通信网络。WSN 设置灵活，网络结构可以随时更改，还可与互联网以有线或无线方式进行连接，通过无线通信方式形成一种自组织网络，可以根据用户需要和网络带宽实现自动、动态、准时的采集和传送数据。随着 WSN 节点软、硬件技术的发展，节点部署也将更加广泛，计算能力也将更加强大、更加智能。

（3）MEMS 技术　微机电系统（Micro electro mechanical System，MEMS）技术是由微传感器、微执行器、信号处理和控制电路、通信接口和电源等部件组成的一体化微型器件系统，其目标是把信息的获取、处理和执行集成在一起，组成具有多功能的微型系统。通过将 MEMS 集成于大尺寸系统中，可大幅度提高系统的自动化、智能化和可靠性水平。MEMS 技术可使普通物体拥有自己的数据传输通路和专门的应用程序，从而可构成新型的传感物联网。

（4）智能处理技术　物联网的感知层可获得海量的数据信息，这些数据信息只有通过处理才能为人们提供所需的服务。如何从这些海量数据中获得所需要的信息，这必将涉及智能处理技术。物联网海量数据的智能处理，可为人们提供各种不同的信息决策与服务。可以说，物联网的最终目标之一就是让机器协助人进行思考和决策。

3.3.3 网联化产品的基本功能

互联、互通、互操作是网联化产品的基本功能要求。下面以网联化机床为例，介绍网联化产品互联、互通、互操作技术的实现。

(1) 互联 网联化机床的互联基础，在于由机床数控系统（信息系统）在硬件上与机床内部和外部的各类控制单元及相关信息系统进行相互间的连接。图 3.26 所示为机床数控系统的网联架构，该架构可认为由内部连接和外部连接两部分组成。在其内部，机床数控系统通过工业以太网通信物理接口及工业以太网现场总线将机床内部的各控制单元进行了连接，包括伺服驱动装置、I/O 逻辑控制单元、传感器阵列等；在其外部，机床数控系统通过有线或无线网络通信物理接口及相关网络通信协议与外部网络进行连接，以提供现场监测、质量管理、远程运维等云端服务，以及“互联网+”的各项应用服务，如图 3.27 所示。

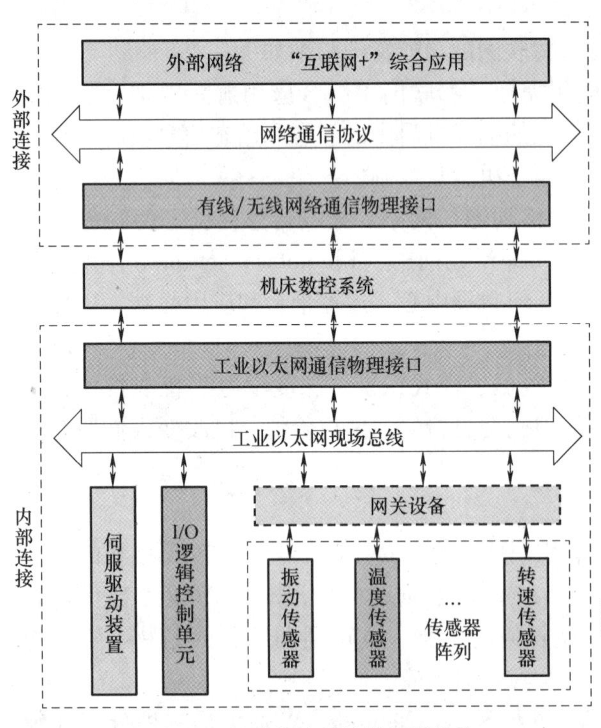

图 3.26 机床数控系统的网联架构

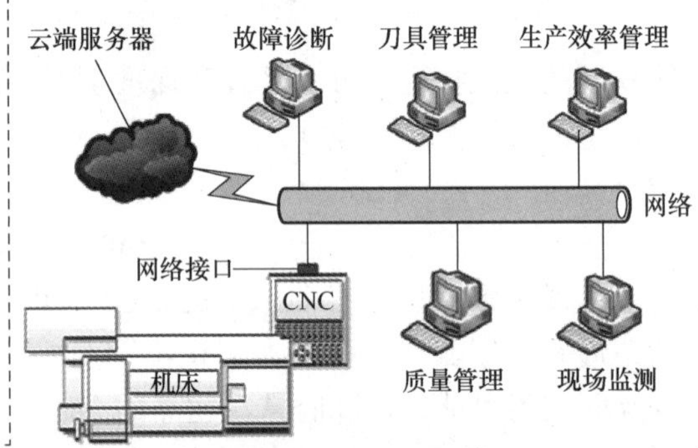

图 3.27 网联化机床数控系统的外部连接与应用

(2) 互通 互通是网联化产品向外部传输数据的“数字化载体”。无论是什么类型的通信信号，最终都需要组织成某种形式的数据帧进行传输。数据帧（Data Frame）是网络链路中协议数据的基本单元，包括帧头、数据部分、帧尾三个组成部分，即除了数据自身之外，数据帧还包含一些必要的控制、同步及纠错信息。因此，设备之间的互通，需要通信双方共同按照标准的通信协议进行数据的传输与交换，其中包括 TCP/IP（传输控制协议/网际协议）、MQTT（消息队列遥测传输）协议、TSN（时间敏感网络）协议、EtherCAT（以太网控制自动化技术）协议等各类以太网通信协议。通过这些通信协议，可解决网联化产品数据传输和控制的互通问题，实现端到端的数据流动与交换。

(3) 互操作 互操作是将网联化产品的数据进行“翻译”，使其他设备及应用程序能够理解数据的物理意义。对于网联化机床而言，在应用端获取该机床数据后，首先要能够了解其数据的来源、物理意义及其时间特性（采样时间、采样频率）等。为此，这就需要生成一个统一的语义模型，将各自接收到的“数据帧”转换为统一的数据格式，以便通过可相互理解的语义模型进行交流。实现途径：在机床设备端，将发送的数据帧置换为既定的统一格式；在数据应用端，按照该既定格式对数据帧进行解析，便可使机床设备端与数据应用端之间实现无障碍的“沟通”。

目前，网联化数控机床有 OPC UA、NC-Link、MTConnect 等不同的互操作协议。

OPC UA（OLE for Process Control Unified Architecture）是网联化数控系统互联互操作的一种通信协议。它为车间、工厂与企业之间数据信息的传递提供一个与平台无关的互操作标准，该标准独立于数控系统制造厂商的原始应用、编程语言和操作系统。通过 OPC UA 协议，所有需要互操作的信息可在任何时间、任何地点被每个授权人员使用。

NC-Link 为数控装备工业互联通信协议，是由中国机床工具工业协会正式发布的团体标准。它为企业生产装备、生产线、生产车间、工厂内部及企业之间的信息连接和数据传递提供了一个与平台无关的数据互联、互通、互操作的标准。基于 NC-Link 协议，能够将各种不同类型的数控系统及其数控装备真正连接成一个集成的制造大系统，实现数控装备数据的互联、互通、互操作，以构建智能化制造的生态体系。

网联化机床具有互联、互通、互操作基本功能，首先要求该机床所配置的数控系统具备开放性，能够按照 TCP/IP、MQTT 及 NC-Link 等网络协议，访问机床内部数据及接收外部平台的指令。图 3.28 所示为网联化机床的互联、互通、互操作架构，该架构以 NC-Link 协议为机床数据的交互语言，以 MQTT 协议为数据传输规范，可支持任意数控装备数据的接入和任意应用平台对机床数据的访问。

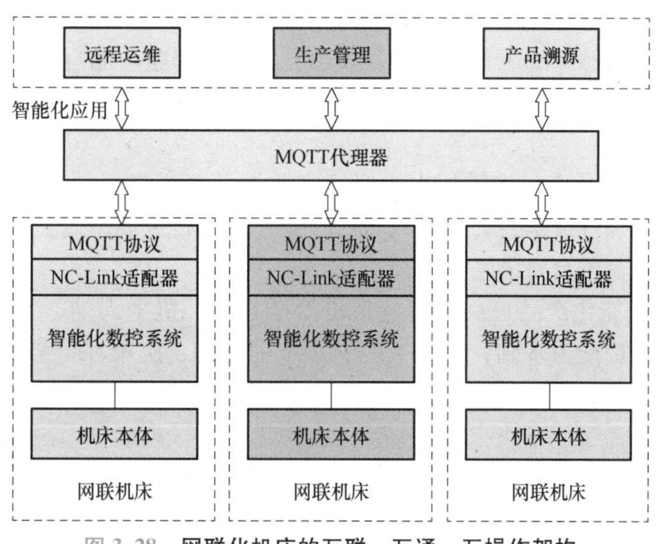

图 3.28　网联化机床的互联、互通、互操作架构

3.4 ■ 智能化产品

3.4.1　智能化产品的概念与特征

智能化产品是在数字化、网联化产品的基础上进一步融合新一代人工智能技术的升级换

代产品，是数字化、网络化、智能化技术在传统产品上综合赋能的作用，代表着未来产品创新的发展方向。

与传统产品相比，智能化产品可大幅改善产品的可操作性、使用方便性和舒适性，提升了产品的工作效率、产品质量、自动化程度及智能化水平，使其更加环保与节能；可在一些危险环境或场合下进行施工与作业，协助人们解决在某些环境下无法实施作业的难题；通过智能化产品的自诊断、自适应，提高了产品自身的可靠性，降低了维护成本，增强了产品的竞争力。

智能化产品的内涵非常丰富，有智能程度的高低之分。前面所介绍的数字化和网联化产品都可视为智能产品，只不过其智能化程度相对较低，在较大程度上仍需要依赖使用者的知识与经验进行编程作业，在工作过程中不可能因环境变化自主改变原有程序进行操作。而智能化产品具有自感知和自适应的功能，其工作过程除了能够按照给定的程序指令作业，还可自我感知外部的环境参数，可根据工作条件的改变自主调节动作过程以适应外部环境的变化。

智能化产品的基本特征可概括如下：

（1）自感知 智能化产品通过多源、多通道的传感检测装置，可对产品的工作参数、工艺进程、产品质量及环境参数等进行实时采集、转换与处理，能够自我感知产品现场的实时工作状态、工作进展、质量参数及易损件剩余寿命等信息，为产品自主决策与控制提供支持。自感知是智能化产品最为基本的功能，也是智能化产品自适应、自学习和自决策的重要基础。

（2）自适应 物理世界较为复杂，存在许多不确定性。智能化产品能够在复杂工况环境下，根据自身所检测感知的工作状态和环境信息，自主修整产品自身的状态特性以适应工作对象或环境变化的扰动，动态响应环境变化进行自主优化调整，确保在作业使用过程中始终发挥最佳的效能。

（3）自学习 智能化产品能够根据自身运行数据及历史记录数据进行自我学习，评估现行行为与操作的正确性或是否合适，获得特定条件下的行为规律或工作模式，自动修改系统参数，以不断改进完善自身的性能与品质。

（4）自决策 智能化产品自决策，包括机器全自主、机主人辅、人机协同等不同的决策方式，它是以人工智能为基础，将自主控制系统的感知、决策和行为能力有机结合起来，在不确定环境下根据既定的控制策略，自我决策并持续执行一系列的控制功能，以完成预定的目标任务。

当前，由于新一代信息技术和人工智能技术的快速发展及社会经济发展的强烈需求，目前数字化、网联化产品已呈现出向智能化产品加速发展进化的趋势。然而，工业社会的智能化产品仅初见端倪，目前还处于发展起步和探索阶段。

3.4.2 智能化产品的技术机理

智能化产品的技术机理，可视为在数字化和网联化产品的基础上，充分利用新一代人工智能技术进行赋能，有效提升了产品知识获取和知识应用的能力，使产品可融入更多更有效的知识，甚至拥有自主学习产生新知识的能力，并能持续不断进行知识的更新，以应对产品使用过程中常常遇见的不确定性或时变性的各种优化决策问题。

智能化产品依然可看作由信息系统和物理系统两部分所构成的信息物理系统（CPS），如图3.29所示。其中物理系统依旧是产品主体，是由工作装置、传动装置、动力装置、传感装置、机架及其他辅助装置组成；信息系统仍是由传感检测、驱动控制、系统管控、知识库及通信网络等部分组成。与数字化和网联化产品比较，智能化产品最为本质的特点在于：其信息系统是拥有人工智能的信息系统，具有更好的感知、认知、决策与控制功能，使物理系统尽可能以最优的方式运行，其使用、维护更为方便高效。

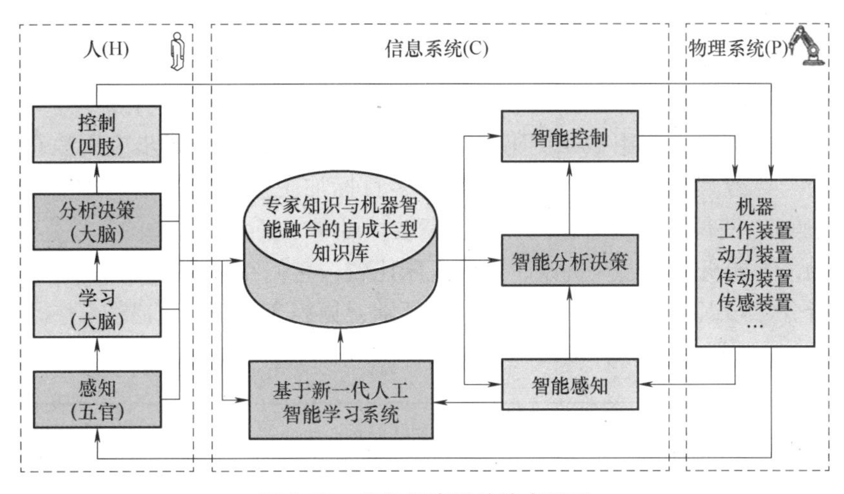

图3.29 智能化产品的技术机理

在图3.29所示的智能化产品信息系统中，有一个基于新一代人工智能技术的智能学习系统，智能学习可使系统不断获取新知识，并将学习获取的新知识充实产品的知识库，从而可使产品不断增强自身的感知、计算、决策与控制的智能能力。因此，智能化产品信息系统的“知识库”，由产品相关研发人员及产品在自身运行过程中通过智能学习系统共同创建完成，它不仅包含研发人员已有的各种成熟的经验性知识，还包含众多研发人员难以掌握或难以描述的规律性知识，并随着产品使用过程的延续，该“知识库”将不断地得到成长与完善。

下面以智能机床为例，具体分析智能化产品的技术机理。

不同的智能机床，其功能目标会有所不同，具体实现技术方案也是多种多样，但其基本机理都是应用人工智能技术来提升机床的自主感知、自主学习认知、自主优化决策和自主控制执行等智能。

（1）自主感知 自主感知是机床智能化的基础，智能机床感知数据的重要来源是机床数控系统内部的实时控制参数。例如，零件加工G代码中的实时数据（如插补加工的坐标位置、跟随误差、进给速度等），以及伺服驱动装置的伺服控制数据（如功率、电流）等。通过自动汇聚数控系统中的控制参数、机床内外部传感器采集的数据（如温度、振动、切削力）及由G代码所提取的加工工艺数据（如进给量、切削深度、材料去除率）等，即可实现数控机床的自主感知，并将这些感知数据逐渐积累，以构成机床全生命周期的大数据。

（2）自主学习认知 自主学习认知是实现机床智能化的关键。自主学习认知是基于机床自主感知所获得的数据，应用集成于大数据平台的新一代人工智能学习算法，经大数据学习以生成新的知识，通过这些新知识可协助建立诸如机床运动学模型、机床几何误差模型、热误差模型、数控加工控制模型、机床工艺系统模型、机床动力学模型等。智能机床自主学习认知的方法包括：基于物理模型的输入-响应因果关系的理论建模、基于机床工作任务和运行状态关联关系的大数据建模，以及基于机床数理模型与大数据模型的深度融合建模等。

（3）自主优化决策 优化决策是实现机床智能化的核心。智能机床可利用系统所建立的模型来预测机床的响应、加工质量及易损件使用寿命，并可根据预测结果以提升加工质量、优化加工工艺、生产设备适时保养维护及生产管理合理调度等多目标优化。通过自主优化决策，以形成企业生产智能控制的“I代码”，保证企业利益的最大化。

（4）自主控制执行 利用“G代码+I代码”双码联控技术，同步应用执行数控加工几何轨迹控制的“G代码”（第一代码）和包含多目标加工优化决策信息的智能控制“I代码”（第二代码），使得智能机床达到优质、高效、可靠、安全和低耗的数控生产加工要求。

由此可见，智能机床与数控机床、网联机床比较，它们在信息系统的硬件、软件及交互方式、控制指令、知识获取等方面都有较大的区别，见表3.3。

表3.3 智能机床与数控机床、网联机床的性能比较

内容	数控机床	网联机床	智能机床
物理系统	机床主机	机床主机	机床主机
信息系统	数控系统	数控系统+云	数控系统+云+新一代人工智能
信息共享	机床信息孤岛	机床+网络+云+移动端	机床+网络+云+移动端
数据接口	内部总线	内部总线+外部互联协议+移动互联网	内部总线+外部互联协议+移动互联网+模型级数字孪生
数据	小数据	小数据	大数据
机床功能	固化的功能	固化功能+部分APP	固化功能+智能APP
交互方式	机床本地端	机床本地、网络、移动端	机床本地、网络、移动端
控制指令	G代码，离线编程	G代码，在线编程	G代码 + I代码，在线智能编程
知识	人赋知识	人赋知识	人赋知识+机器生成知识

3.4.3 智能化产品的关键技术

智能化产品是基于众多新技术的创新性产品，涉及较多关键技术内容，简要归纳如下：

（1）多源、多通道感知数据的传输与处理技术 智能化产品通过各种不同的传感装置来获取其内部与外部信息，以作为产品自诊断、自决策及自动控制的依据。这些跨时间、跨地域、跨网络空间的多源、多通道感知数据，不仅要求实现其远程加密、压缩、发送、接收、转换等全过程的无损传输，还需要按照某种合适的规则及软件系统对其进行集成解析处理，才能被产品信息系统所采用。由于感应数据的来源不同，其参照系差异性较大，需要经过不同的转换处理及一致化操作过程使其匹配，通过有线或无线传感网络传送到信息系统，

才能对产品现场的实时状态进行分析、诊断、报警、维护等智能处理与决策。

（2）复杂工况下多任务自适应服役技术　智能化产品或装备往往是多任务系统，要求能够自主分析当前任务要求，依据不同任务的难度和工况环境，建立多目标、多任务协同执行规划，兼顾最大益损比与任务均衡性，自适应调整产品作业策略和实施方案，完成复杂工况下的多样化任务。这便涉及智能化产品在不同工况下服役参数的自适应技术，通过多场耦合机理及自适应解耦技术，进行解耦迭代计算，实现大数据多场耦合的快速迭代求解，建立优化作业策略模型，才能实现复杂工况下的多任务工艺参数智能自适应服役。

（3）大数据驱动的产品健康诊断技术　建立智能化产品可靠的健康管理系统，是保证产品安全运行的必要措施。由于对智能化产品监测时间长，每个监测点采样频率高，故整个监测系统所获得的产品健康数据往往是海量的，产品健康状态诊断与管理也随之进入了大数据时代。对此，需要应用新一代人工智能深度学习技术，通过深度学习神经网络模型的构建，充分利用智能化产品海量实测健康数据来训练深度学习网络，结合大量的训练数据，分析计算大数据中所隐含的产品特征，通过神经网络输出层分类器，才能最终实现对产品健康状态的分析及产品故障类型的诊断。

（4）多技术路线的工作方案优化决策技术　智能化产品需要解决的方方面面问题均可看作最优的决策问题。多技术路线工作方案的优化决策是利用人工智能，特别是专家系统原理和技术建立计算机辅助决策系统，以支持半结构化和非结构化问题的决策，只有结合新一代人工智能的深度学习和强化学习技术，才能实现智能化产品的多目标、多过程的自主决策。

（5）多机协同交互与控制技术　在制造业中，许多生产作业过程难以由单台机械设备来完成，需要多机协同完成企业的生产任务。同样，对于智能化产品或装备而言，多机集群化作业可实现更高的执行效率和更强的系统鲁棒性，这便涉及如何将任务模块化分配到不同机群进行处理，在未知复杂环境下如何实现群体决策及交互控制等问题。智能化产品多机集群作业，是通过单机间彼此信息交互及自主控制来完成多样性的复杂任务，这将需要分析各类机器的功能和属性，制订多机协同的规则与方法，合理分配多机作业任务，提高机器实时判断和决策能力，才能以更高的效率担负更为复杂的生产任务。

3.4.4 智能化产品面临的挑战

目前，随着新一代人工智能技术的发展和应用，智能化产品已在众多领域开始涌现。但就目前而言，智能化产品还处于“弱”智能状态，相关技术的应用还处在初始起步阶段。作为未来的发展方向，智能化产品还面临一系列的技术挑战。

（1）深度融合数理建模与大数据智能建模的系统建模　系统建模是实现产品设计、使用、维护、优化决策与智能控制的基础，是智能化产品发展的关键。传统数理建模方法可揭示物理世界的不同属性和客观规律，但难以解决具有高度不确定性和复杂性系统的难题。大数据智能建模方法比较适合解决一些不确定性和复杂性难题，但不涉及产品相关的物理特性。若将传统数理建模与大数据智能建模进行结合，形成一种两者深度融合的系统建模方法，就可从根本上提高智能化产品的建模能力，但将面临以下两方面的挑战：

1）大数据智能建模的挑战。如何高质量获取大数据？如何从大数据中有效学习所蕴含的知识？又如何提高解决不确定性、复杂性问题的能力？

2）融合建模的挑战。如何有效发挥数理建模与大数据智能建模两种建模方法的优势？又如何形成融合建模的新方法？

（2）深度融合本体技术和赋能技术的知识工程 智能化产品本质上也是一个知识工程问题，即通过数字化、网络化、智能化技术对产品进行赋能，使产品本体知识产生革命性的变化，使其拥有更高层面的智能知识。智能化产品的知识工程是由其本体技术和赋能技术两者融合的结果，故带来了以下的挑战：

1）智能产品本体技术自身发展的挑战。如何对产品本体技术进行提升，不断创新？

2）赋能技术发展的挑战。赋能技术如何在通用性、稳健性、安全性等方面不断提升？“弱”人工智能如何向“强”人工智能发展？

3）两者深度融合的挑战。赋能技术如何有效地对本体技术进行赋能？如何运用赋能技术来升华与发展产品本体相关知识？如何跨越本体技术与赋能技术相关学科之间的巨大鸿沟？

（3）深度融合人与机器的混合增强智能 智能化产品具有强大的智能，极大提高了处理复杂性和不确定性问题的能力。然而，智能化产品仍然是一个“人-信息-物理”（HCPS）产品，其中“人”的智能作用仍然不可或缺。如何将人的智能与机器智能进行融合，形成人机共生的形态？这一问题带来了以下的挑战：

1）“人”与“机器”合理分工的挑战。“人”与“机器”两者如何进行分工合作，以获取最佳的性价比？

2）“人”与“机器”智能深度融合的挑战。如何将“人”与“机器”两者智能进行融合，以形成人机协同的混合增强智能？

当前，人类社会已迈入第四次工业革命的智能化时代。可以相信，随着新一代人工智能技术及其他科学技术的快速发展与进步，智能化产品定将不断地得到强化，定将从已起步的“弱”智能形态迈向“强”智能形态。

［案例3.3］ 基于深度神经网络的机床进给系统运动精度残差模型

提升机床进给系统运动精度是智能机床的一个重要目标，实现该目标有多种方法与思路，其中之一是应用人工智能技术对机床运动误差进行建模与补偿。

图3.30a所示为以宝鸡BM8-H型智能立式加工中心为对象的基于深度神经网络机床进给系统运动精度残差模型。该模型由参数辨识数理模型和深度神经网络偏差模型两部分组成，其中的深度神经网络偏差模型为六层深度神经网络结构，其输入端为进给系统的指令序列和智能参数辨识数理模型的仿真预测序列，其输出端为两者的偏差预测序列。对由机床 x、y 进给轴驱动的工作台进行各种轮廓轨迹运行试验，从其指令数据和检测编码器实测数据中提取样本，对 x、y 轴各自的偏差模型进行训练，可以分别得到其残差模型。

图3.30b所示为该模型所得到的圆形轮廓预测轨迹，其圆形轮廓半径为35mm，进给速度为3000mm/min。可见，其最大的预测轨迹误差值为4.2μm，这与单纯数理模型预测精度相比，其预测误差精度提升了73%，可以满足中等精度机床补偿所需的预测精度要求。

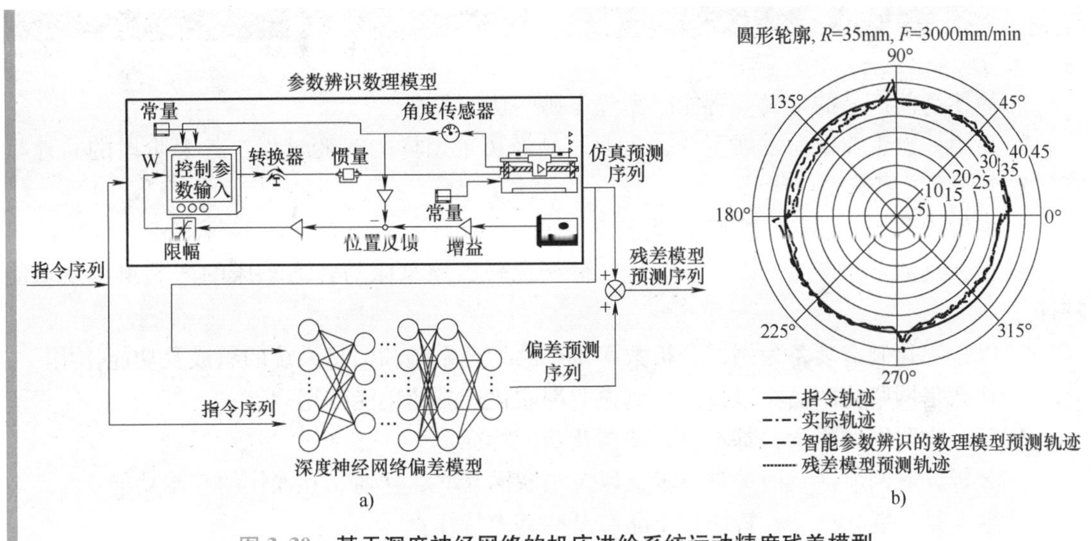

图 3.30 基于深度神经网络的机床进给系统运动精度残差模型

本章小结

智能产品可定义为通过数字和智能技术的应用而呈现某种智能属性（计算、感知、识别、存储、记忆、互联、呈现、仿真、学习、推理……）的产品，具有自感知、自适应、互联互通、识别和学习等智能要素。

历次工业革命使工业产品经历了传统机械化产品→电气化产品→数字化产品→网联化产品→智能化产品的进化演变过程。

数字化产品是传统产品应用数字化技术进行赋能的创新产品。数字化产品可认为是一个信息物理系统（CPS），是以物理系统为主体、信息系统为主导的系统。数字化产品的信息系统极大提升、拓展了原有产品的功能，简化了原有产品的系统结构，可完成原有产品不能胜任的工作任务。

网联化产品是在数字化产品基础上进一步融合网络化技术的创新升级产品，极大拓展了产品功能，改善了与用户交流互动的环境，通过互联、互通、互操作可在产品全生命周期内为用户不断提供产品的远程运维和升级服务。

物联网是通过各类传感识别技术，可实时、持续提取物理世界中一切动静态信息；通过互联网、移动通信网络、无线传感网络、GPS 等不同网络的连接，以构造物与物、物与人之间泛在连接的网络世界；通过云计算、大数据、模式识别、深度学习等智能技术的应用，以实现智能化感知、识别、定位、监控和管理的一种网络结构。

智能化产品是在数字化、网联化产品基础上进一步融合新一代人工智能技术的升级换代产品，具有自感知、自适应、自学习和自决策的基本特征，代表着未来产品创新的发展方向。目前智能化产品还处于“弱”智能初始起步状态，如何由“弱”智能迈向“强”智能，还面临着系统建模、知识工程和人机共生等多方面的挑战。

思考题

1. 简述智能产品的定义。智能产品包含哪些功能要素？

2. 从第一次工业革命发展至今，工业产品经历了怎样的演变过程？各个阶段的共性赋能技术是什么？具有哪些优势？

3. 举例说明产品创新有哪些主要途径。

4. 什么是数字化产品？以车床为例，分析比较数控车床与普通车床的产品组成及功能特征。

5. 以数字化制造装备为例，分析数字化产品物理系统和信息系统的组成及功能作用。

6. 什么是网联化产品？以具体事例说明网联化产品的功能作用。

7. 简述物联网的概念、基本组成架构及功能特征。

8. 分析物联网所涉及的关键技术，以及物联网互联、互通、互操作的基本功能。

9. 什么是智能化产品？智能化产品有哪些基本特征？

10. 以机床为例，分析比较智能机床与数控机床、网联机床的性能特征。

11. 简述智能化产品所涉及的关键技术及所面临的挑战。

第4章 智能设计

设计是一种创造性的活动，是人类智能的具体体现。传统的设计过程，其设计智能主要体现于设计人员的脑力劳动，凭借设计者的知识和经验去分析、设计产品的工作原理、组成结构及其基本配置等。这种传统的设计方法与思路在现代产品设计中显现出越来越大的局限性，面临产品结构的复杂性、方案选择的多样性、设计结果的不确定性等多方面挑战。随着数字化、网络化、智能化技术的发展，支持产品设计的方法与技术手段也不断地得到改进与提高。目前，产品设计已由传统的纯手工设计转变为数字化与网络化设计，并已开始朝着智能化设计方向迈步。

重点内容：

本章在概述智能设计概念产生与发展、研究内容及其支持技术的基础上，侧重介绍智能设计相关的建模技术、设计仿真过程与应用、数字孪生等技术内容。

4.1 ■智能设计概述

4.1.1 智能设计概念的产生与发展

智能设计是围绕计算机化的设计智能。在人机协同设计系统环境下，智能设计利用计算机模拟人类的思维方式，应用先进的信息技术与人工智能技术，使计算机拥有更高的智能，以完成更为复杂的设计任务，更多地分担设计人员的脑力劳动。

智能设计是 CAD 技术的一个重要组成部分。传统 CAD 系统以数字化建模和结构性能分析为主要特征，在辅助人们从事产品设计工作中获得了巨大的成功，现已成为工业产品设计不可或缺的工具与手段。然而这种传统 CAD 系统，在产品方案设计、参数决策、结构评价等设计环节，仍旧需要依赖于设计者已掌握的知识和经验进行相关的推理、决策与评价。

若想要 CAD 系统对产品设计全过程提供有效支持，则必须拓展其知识处理功能，提供诸如知识查询、知识库管理及基于知识推理决策等功能。因此，在工程设计领域便有了以符号及逻辑推理为主要特征的设计型专家系统问世，这类专家系统除拥有传统 CAD 系统的工程数据库、图形库等 CAD 功能模块外，还拥有知识库、推理机等智能模块。

设计型专家系统的问世，推动设计自动化技术从信息处理的自动化（如数据、图形处理等）走向知识处理的自动化（如符号、逻辑处理等），使计算机不仅能够协助人们进行数值计算和图形处理等信息处理工作，还能够基于人类专家的知识和经验帮助设计者进行逻辑判断和推理决策等设计任务。在众多设计型专家系统中，最为著名的是美国数字设备公司（DEC）的 XCON 系统，该系统知识库收集了大量 VAX 型计算机系统配置的人类专家知识，在用于从事 VAX 型计算机用户方案非结构化问题设计时，XCON 系统可从原有可行的机型配置中选择最合理的方案，从而使设计的成功率达到 95%，大大提高了用户订单方案处理的速度，节省了大量设计专家的工时与开支。也可以说，智能设计的概念也正是随着设计型专家系统的发展而形成的。

以符号及逻辑推理为主要特征的设计型专家系统，重点解决了模式设计等问题，如方案设计、疾病诊断、矿产勘探等为其典型代表。在实际产品与工程设计过程中，存在着大量的非结构化复杂问题，关于这些非结构化问题的解决，不仅要求设计系统具有强大的知识获取、知识表达、知识推理与应用等智能，还需要有知识的自组织、自决策及多领域知识集成化处理的能力，这对智能设计过程提出了更高的要求。进入 21 世纪以来，新一代人工智能技术取得了突破性的进展，以人工神经网络及遗传算法为代表的计算智能已成为当下智能设计的研究重点。

目前，设计领域的人工智能技术主要有两大流派，即符号主义流派和联结主义流派。符号主义流派以专家系统（Expert System，ES）与基于案例推理（Case-Based Reasoning，CBR）为代表，统称为知识工程（Knowledge Engineering，KE）；联结主义流派以人工神经网络（Artificial Neural Network，ANN）与遗传算法（Genetic Algorithm，GA）为代表，统称为计算智能（Computational Intelligence，CI），如图 4.1 所示。

表 4.1 列出了不同人工智能设计方法的特点比较。

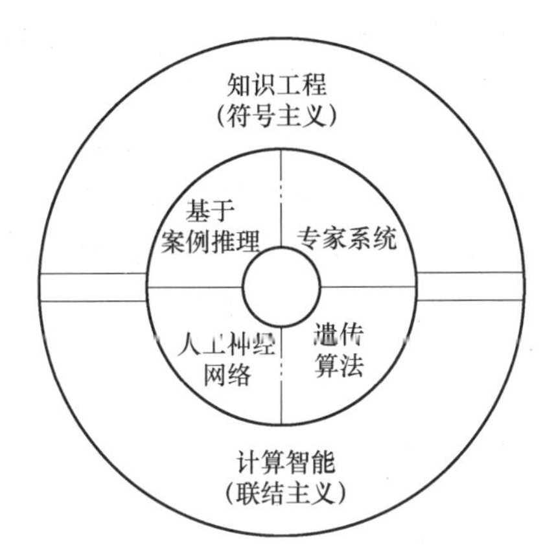

图 4.1 设计领域人工智能技术的不同流派

表 4.1 不同人工智能设计方法的特点比较

方法	优化能力	思维方式	学习能力	知识可操作性	解释功能	知识形式	非线性能力
专家系统（ES）	较弱	抽象思维	较差	有	强	过程，符号	弱
基于案例推理（CBR）	有一些	类比思维	较强	有一些	有一些	案例	有
人工神经网络（ANN）	较强	联想思维	强	无	无	样本	强
遗传算法（GA）	强	仿生自然	有	无	无	多种知识	强

从智能设计概念的产生与发展过程可以看出，智能设计具有以下特征：

1）以设计方法学为指导，从根本上实现了对设计本质及设计思维过程的理解，这是智能设计模拟人工设计的基本依据。

2）以人工智能技术为实现手段，借助专家系统技术在知识处理上的强大功能，结合人工神经网络和机器学习技术，更好地支持设计过程自动化。

3）以传统 CAD 技术为工具，提供了对设计对象数值计算优化、有限元分析及图形处理的支持。

4）面向集成的智能化，为产品全生命周期提供统一的数据模型。

5）人机融合功能，充分发挥设计者与计算机两者的智能，使人-机智能融合成为可能。

4.1.2 智能设计研究的主要内容

智能设计研究的内容广泛，这里仅简要归纳为以下几个方面：

（1）设计知识的智能表示 智能设计是一个复杂、具有不确定性的创新过程，设计知识合理有效的表达和处理是智能化设计的重要基础。产品设计是一个复杂的系统工程，所涉及的知识类型较多，有理论性知识和实践性知识，也有与设计方法相关的过程性知识、符号知识、案例及样本知识等。

知识的表示是人工智能的一个重要分支。目前在知识工程领域，知识的表示已有产生式规则表示法、谓词逻辑表示法、框架表示法、过程表示法、Petri 网表示法、面向对象表示法和人工神经网络法等不同的知识表示方法，见表 4.2。由于缺乏知识模型的统一性，各种不同的知识表示方法对同一知识存在着各不相同的描述，这必将影响对知识的理解与共享。目前，智能设计的发展经历了设计型专家系统、人机智能化设计两个智能化设计阶段。如何将基于符号的专家系统与基于新一代人工智能技术的设计系统相结合，采用合理有效的知识表示方法与模型，将更利于设计过程的知识集成、知识共享与知识应用，这是当前智能设计比较热门的研究课题。

表 4.2　常用的知识表示方法

方法名称	表示形式	应用特点
产生式规则表示法	IF A THEN B	适合因果关系类知识表示，以演绎推理为基础
谓词逻辑表示法	由谓词符号、变量和函数组成，其形式：P（A1，A2，…），P 为谓词；Ai 为变量	适合陈述性推理知识表示，其知识库可看作一组逻辑公式的集合
框架表示法	用框架表示具体对象的结构性知识	适合层次性结构知识表示，框架的层次结构可作为知识对象间的连接关系
过程表示法	按照事物发展过程规律，设计和描述其求解过程	适合实验过程性知识表示，遵循事物进展过程进行求解，易于实现，效率较高，维护性有待提高
Petri 网表示法	以数学及图形为工具构造系统模型，进行系统动态特性分析	适合并发事件性知识表示，便于描述系统状态变化及对系统特性分析
面向对象表示法	以对象为中心，把与对象相关知识封装在对象类结构体内	适合概念特征性知识表示，封装的信息具有保密性，类的属性具有继承性
人工神经网络法	通过神经元及相互间连接隐式知识表示	适合多输入多输出知识表示，将知识表示、获取及学习过程结为一体
本体表示法	对实体本质进行抽象，通过类、属性、关系、函数及公理等要素进行关联表示	适合普适性知识表示，以统一的术语和概念使知识重用和共享成为可能，有较好的前景

（2）概念设计的智能求解　产品设计可分为概念设计、总体设计和详细设计三个阶段。产品设计早期的概念设计决定了产品全生命周期的大部分价值，决定着产品的质量、性能、成本和可靠性。

在产品概念设计过程阶段，通常将经历如下设计过程：①将客户的需求映射为产品的具体功能，以构建产品的功能模型；②分析产品功能模型中各功能的行为性能，包括行为的自由度、运动方向、运动参数等；③通过功构映射原理，将产品的功能模型转换为产品原理性的结构模型，最终完成产品概念设计过程。图 4.2 所示为产品概念设计常见的需求-功能-行为-结构的映射过程模型。

概念设计的功构映射，指的是通过系统化与智能化方法将产品抽象的功能性描述转化为具有几何尺寸与物理特征相关的零部件结构性描述，实现产品的功能要求与物理结构多对多的映射求解。关于功构映射技术的研究，国内外学者曾提出了诸如启发式搜索、公理设计、

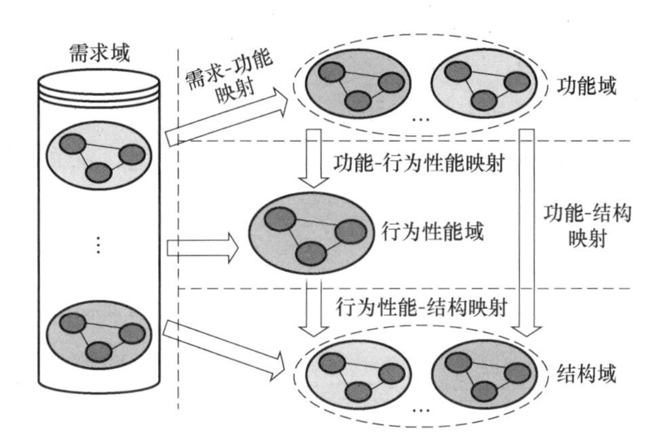

图 4.2 产品概念设计的功构映射过程模型

商空间等多种功能求解方法，但由于在产品设计早期过程存在产品约束信息的模糊性和不确定性及功构映射过程的复杂性和多解性，现有功构映射求解方法存在较多的局限性，尚需以智能化方法为依托，围绕模糊约束信息展开，以约束为设计边界，在功构映射及结构综合等阶段，才能够准确地传递与满足其功能及性能的约束，从而获得结构性能良好的产品概念设计结果。

（3）设计方案的智能评价 设计方案的评价与选择是产品概念设计的关键环节，是在不确定环境下多准则的协调过程。在此过程中，由于产品设计方案尚处于概念化阶段，难以利用精确完善的度量尺度对每一准则进行评价，而在这些准则之间往往还存在错综复杂的耦合关系。此外，产品设计方案的智能评价，不仅需要综合考虑所设计产品的技术指标、经济指标、社会指标等诸多因素，同时还要考虑整个产品研发过程的效率、成本、客户满意度等方面的影响。

能否科学、合理、高效地进行设计方案的评价与选择，一直以来是产品概念设计的瓶颈。近年来，有关产品设计方案的评价主要围绕智能化解决方法在研究，即如何应用智能化方法处理方案评价过程中的信息模糊、不精确、不完备等不确定性问题，已取得较好的研究进展，提供有不少成功应用的研究案例。图 4.3 所示为一个基于模糊综合评价（Fuzzy Comprehensive Evaluation，FCE）和人工神经网络（ANN）的评价模型。其中，FCE 方法以模糊集合论的隶属函数为桥梁，将模糊信息加以量化，构建模糊综合评价的集合，以解决综合评价过程的模糊性，但该方法存在着随机性和模糊性，且缺乏自我学习的能力；ANN 方法不需构造隶属函数及权重参数，可通过自学习功能获得结构性知识，具有很强的非线性动态处理能力及容错性，适合多因素、结构层次复杂的机械产品系统的评价，但 ANN 方法需要用户提供足够合理的样本对神经网络进行训练与学习，其评价结果与样本集的大小有很强的关联性。将 FCE 与 ANN 两种方法融合，充分利用两者的优势，将 FCE 的评价结果作为 ANN 的训练样本，则有望解决机械产品设计方案的评价问题。

（4）设计参数的智能优化 机械产品设计涉及机械、电子、液压、气动、控制等多学科知识，其设计参数繁多，各参数之间常常彼此间相互关联。尤其对于复杂机电产品，其理论计算参数与产品样机试验所得到的实际参数之间往往存在较大差异，较难采用单纯的理论解析或数值计算方法获取最佳的产品设计参数。因此，设计参数的智能优化在产品设计过程中也就成了极为重要的环节。可以采用以自然进化为法则的遗传算法，对参数种群进行初始化，通过对该初始群体进行选择、交叉、变异及适应度评价等一代代遗传进化运算，最终可获得最优的设计参数，如图 4.4 所示。应用遗传算法对于多技术关联参数的定量分析及设计参数的优化均具有良好的应用前景。

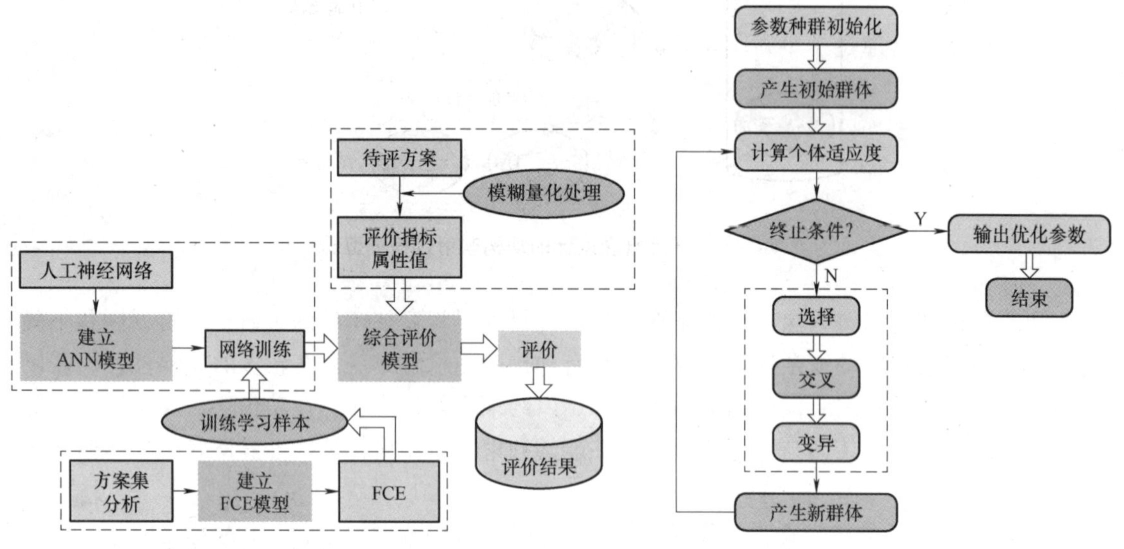

图 4.3 基于模糊理论和人工神经网络的评价模型

图 4.4 基于遗传算法的设计参数优化模型

4.1.3 智能设计的数字化网络化智能化技术支持

1. 传统设计方法面临的挑战

产品设计是一种创造性过程，通过市场需求及对产品相关性能约束分析，构思确定合理的产品工作原理、结构组成和基本配置，根据设计目标和功能要求完成产品的详细设计、结果评价与优化，形成设计文档，最终完成整个产品的设计过程。

产品设计过程往往不是一个线性过程，而是通过不断迭代优化、尝试性循环，以逐步逼近最优的设计结果。对于智能类产品或复杂系统的设计而言，使用传统的设计方法将面临以下多方面的挑战：

（1）设计准则复杂性的挑战 产品设计的综合评价指标是指导产品优化设计的标准，产品设计所追求的就是要尽可能使设计指标最优，然而由于产品多目标要求可能彼此间存在冲突，这使得确定产品设计准则较为困难。

（2）设计选择多样性的挑战 在产品设计过程中有众多的思路、方案及方法可供选用，需要做出尽可能少且有效的选择或组合，以提高设计效率并保证设计质量。

（3）设计结果不确定性的挑战 在设计过程中设计者往往难以准确预测和把握所设计结果的技术性能，这可能导致制造出来的产品无法达到预期目标。

（4）设计效率的挑战 产品设计不仅需要保证设计质量，还需要尽可能地减少设计时间、降低设计成本，因此设计效率也是决定设计优劣的重要因素。

数字化、网络化、智能化技术的发展，给产品设计带来新的设计思路与工具，为产品数字化、网络化、智能化设计提供了有力的技术支持。

2. 数字化设计支持技术

数字化设计，指的是以新产品设计为目标，以计算机软硬件技术为基础，以产品数字化信息为载体，支持产品建模、分析、预测、优化及设计文档生成等相关技术。数字化设计技术的发展现已较为成熟，其支持工具为用于产品设计过程的各类计算机软硬件系统，这些系统已成为企业产品开发、提升市场竞争力不可或缺的工具。

目前，支持数字化设计的计算机软件系统主要有计算机辅助设计（Computer Aided Design，CAD）和计算机辅助工程（Computer Aided Engineering，CAE）两大类。CAD 软件系统的主要功能是担负着产品建模设计任务，以完成产品的数字化模型，为后续的产品生产环节提供一致性的产品数据信息源。CAE 软件系统包括有限元分析、优化设计及各类仿真软件系统等，担负着对产品模型的计算、分析、优化、仿真等设计任务，以最终获得最优的设计模型。此外，产品数据管理（Product Data Management，PDM）及产品生命周期管理（PLM）等软件系统对数字化产品设计管理也起到重要作用。

数字化设计技术极大地提高了产品设计效率，缩短了设计周期，降低了设计成本，同时也显著提高了产品的设计质量。

3. 网络化设计支持技术

现代产品设计是一种典型的群体活动，要求设计团队成员既有分工又有合作。随着网络化技术及并行工程技术的发展，以信息技术和网络技术为基础的异地协同设计已成为产品开发的重要支持。

产品协同设计是指在数字化设计技术基础上，以分布式资源为基础，利用网络化技术支持设计团队成员之间进行设计思想的交流，共同分析讨论设计结果，以发现设计过程中所存在的矛盾和冲突，并及时地加以协调和解决，从而避免或减少设计过程的反复。

协同设计改变了传统单机作业的产品设计模式，可实现企业内部、企业外部乃至全球范围内的产品协同设计与开发，可高效利用有限资源，突破环境、技术和材料等因素的限制，有效提高设计的效率和质量，降低设计成本。

4. 智能化设计支持技术

随着社会的发展与进步，人们对产品功能和性能，以及对产品设计质量和效率等方面的要求也越来越高，驱使着产品设计技术由数字化、网络化进一步朝着智能化方向发展。

智能化设计是指在数字化、网络化设计基础上，进一步应用人工智能技术对设计系统赋能，以提升设计系统的学习与认知能力，从根本上提高复杂产品的建模能力，能够更多、更好地辅助人们完成各种充满挑战性的产品设计任务。就目前而言，智能化设计技术应用的一个重要目标是利用数字孪生技术，高效、高质量地创建产品的数字孪生体，通过数字孪生体的仿真试验以反映产品在使用过程中的实际状态，通过对产品现场运行参数的分析使产品性能得到持续的优化，不断提高产品智能化水平。

［案例 4.1］ 云内动力数字化智能化改造

昆明云内动力股份有限公司（简称云内动力），是我国多缸小缸径柴油机行业首家国有控股上市公司，具有年产 20 万台柴油机和 3 万辆载货汽车的生产能力，2021 年入选全国制造业单项冠军示范企业。

进入 21 世纪以来，该公司以提升自身设计与制造水平、增强市场竞争力为目标，进行了企业数字化智能化改造，侧重围绕D19、D20、D25、D30四种柴油机的设计与生产过程，致力于离散型智能工厂的建设，主要建设内容包括：①智能制造车间全局数字化建模与优化；②安全可控的核心智能装备引入及生产线建设；③应用ERP、PDM、MES系统，实现产品设计、工艺、制造、营销等全流程一体化管控；④安全可控的通信网络互联与信息集成架构；⑤工业云平台的搭建与智能决策支持。

该项目建设首先着眼于PDM系统的建设，以作为PLM的基础建立公司产品设计研发平台。通过该平台，从事公司产品数字化智能研发过程。

（1）产品结构建模与产品性能分析仿真　采用CAD/CAM软件系统可完成产品实体建模、曲面造型、虚拟装配及工程图绘制等设计任务，如图4.5所示，并将CAD、CAE、CAM产品设计过程集成于一体，支持产品从设计、分析到制造全流程的设计与开发。为达到国家机动车污染物排放标准，采用CAE、NVH等工程分析软件系统，对所设计的柴油发动机等产品进行结构性能、运动学、多体动力学、热力学、振动、噪声、电控策略等性能分析与仿真。

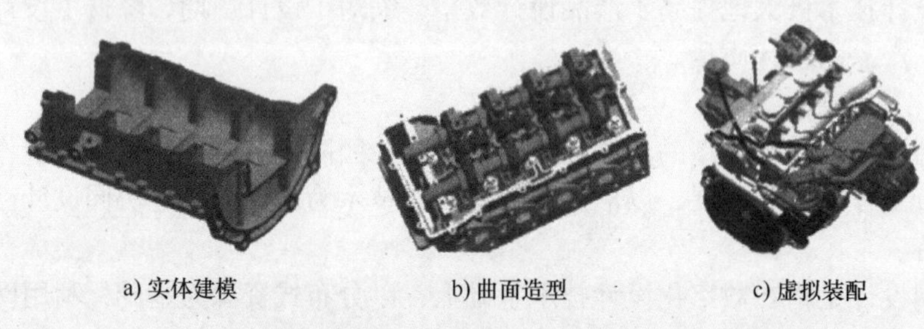

a) 实体建模　　b) 曲面造型　　c) 虚拟装配

图4.5　云内动力基于CAD/CAM软件系统的产品开发

（2）基于优化的三维工艺规划　通过刀具、刀柄、夹具、加工设备等工艺装备三维实体模型库及机加工、装配、铸造等工艺仿真分析平台的建立，可在三维环境下进行刀具轨迹及NC程序的机械加工仿真，以检验NC程序的正确性和可靠性。通过工艺仿真分析平台，可对产品零部件的机械加工过程、装配工艺路线等进行模拟仿真，优化其工艺过程，以减少工艺验证所带来的时间与资金投入。

（3）实现产品数据的规范化管理　通过PDM系统建设，规范产品文档、产品研发流程、产品物料清单等产品数据管理，提高产品研发效率，统一产品编码，实现数据共享，保证文件编码的唯一性。

上述产品设计研发平台的建设，推动了公司的技术规范、研发工具、编码规则的统一及技术文档的电子化管理，实现了多部门多用户协同办公、产品数据共享共用及业务流程的规范化，极大地提高了产品的研发效率。

4.2 ■ 智能设计建模

4.2.1　设计建模的概念

模型是对具体事物的一种抽象，是对数据、信息、知识的一种集成模式，也可将模型看作一种标准和规范。模型的建立是指利用计算机技术，并结合数学、物理、化学等基础知识及逻辑与符号化语言，对所研究对象进行描述和表达，忽略其中一些不重要的成分和因素，使所构建的模型既简洁又能够反映研究对象的主要特征和行为表现。

产品设计建模是采用某种结构形式及表达方式对产品设计方案及其特征进行描述，是一个不断迭代完善的过程，包括对设计方案及中间设计结果不断评价和优化，最终形成产品的设计模型。

智能产品设计建模是一个内容丰富复杂的设计过程，同时也是一项充满挑战性的设计任务。根据用途及目的的不同，对同一个产品设计方案可建立不同的产品设计模型，如几何模型、数理模型、数据模型及算法模型等。

产品几何模型是产品后续设计与制造的重要依据，是针对产品几何特征对所设计产品结构的一种描述，以反映产品的结构形状、物件组成及相互间配合和装配关系等几何特征。

产品数理模型是提供对产品进行计算分析、仿真优化的数学模型，是针对产品不同物理特性和行为所构建的不同类型的数学模型，如产品的静力学模型、运动学模型、动力学模型、热力学模型等。

产品数据模型是包括产品几何结构、工艺流程、组成材料、管理数据等所有产品数据的集合，以提供对产品全生命周期的数据管理、调用与分享。

产品算法模型是针对不同的数学计算及人工智能算法所构建的模型，以解决大数据智能中的智能挖掘、深度学习、强化学习等智能建模问题，包括分类聚类、回归分析、支持向量机、K 均值算法、决策树、人工神经网络和遗传算法等。

随着数字化、网络化、智能化技术的发展，设计建模技术也发生着深刻变化，设计模型更为多样化，各自的建模方法、建模工具及建模平台也更为丰富。

4.2.2　产品几何模型

产品几何建模是产品设计的一项重要任务，是对产品几何结构、工艺特征、材料特性及管理属性的一种数字化描述。产品设计所提供的产品几何模型贯穿于产品全生命周期，为企业产品的生产制造、经营管理及运维服务等提供了统一的产品信息。

产品几何建模自 CAD/CAM 技术问世以来已有半个多世纪的历史，经历了二维工程图样、二维工程图样+三维几何模型、MBD（Model Based Definition，基于模型的定义）模型三个发展阶段，如图 4.6 所示。

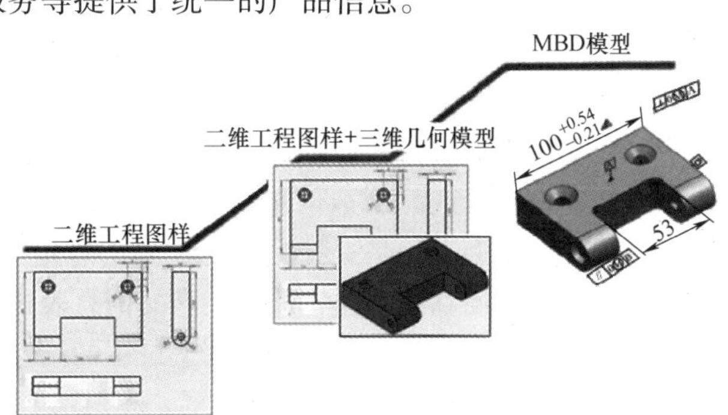

图 4.6　产品几何建模的发展历程

(1) 二维工程图样　二维工程图样是指应用投影几何方法将产品的结构形状投影到不同的视图平面，以形成产品的设计图样。在计算机辅助设计技术发展早期，人们应用交互式辅助绘图系统，采用类似手工设计方法进行二维工程图样的绘制，以此完成产品数字化几何建模过程。这种几何建模方法简单方便，但设计效率低，不直观，而且要求工程技术人员具有成熟的工程专业设计经验和空间想象力，也难以被后续的数字化设计与制造环节直接调用与分享。因此，已有两百多年历史的工程图样几何建模方法已成为现代产品设计信息交流与共享的障碍。

（2）三维几何模型 由于三维几何模型直观、高效，符合人们产品设计过程的思维习惯，一直受到人们的重视和关爱。自 20 世纪 70 年代以来，线框建模、表面建模、实体建模和特征建模等三维几何建模技术先后出现，这些建模技术在当前 CAD 软件系统中均得到成功的应用。

1）线框建模。线框建模是应用产品结构形体的棱边和顶点进行产品几何结构的建模方法，具有结构简单、信息量少、操作简便快捷等特点，可用于生成三视图、轴测图等不同形式的投影视图，但存在缺少结构形体的面、体等信息，以及不能消隐、不能产生剖视图、不能从事物性计算和求交计算等不足。

2）表面建模。表面建模是指在线框建模的基础上增加了结构形体的表面信息，使之具有图形消隐、剖面生成、表面渲染、求交计算等图形处理功能，但表面模型仍存在缺少结构形体的体信息，以及不能胜任产品结构的物性计算、工程分析等不足。

3）实体建模。实体建模是指应用矩形体、圆柱体、球体，以及扫描体、旋转体、拉伸体等简单体素，经并、交、差正则集合运算来构建各种复杂形体的几何模型，具有完整结构形体的几何信息和拓扑信息，可显示处理产品的三维结构图形，可应用于各种物性计算、运动仿真、有限元分析等产品设计作业。

4）特征建模。特征建模是指应用产品结构中诸如柱、块、槽、孔、壳、凹腔、凸台、倒角、倒圆等具有工程语义的功能特征所构建的产品几何结构模型，比较符合产品结构设计的日常习惯，便于产品后续设计环节的调用与集成，是目前 CAD/CAM 系统普遍采用的产品设计几何建模方法。

三维几何模型解决了清晰完整地描述产品结构的难题，同时也包含了产品结构中的一些工程特征语义，但尚缺少产品生产制造过程所需的加工精度、公差配合、技术要求等制造工艺信息，还难以在企业生产经营环节中直接进行交流应用。因此尚需将完整的三维几何模型转换为二维工程图样，以便通过二维工程图样补充产品生产制造过程中所需的工艺信息。这样，该阶段的产品几何模型可看作采用了“二维工程图样+三维几何模型”两种模型共存的表示形式。

（3）MBD 模型 MBD 模型是一种将产品所有几何结构信息与制造工艺信息通过三维模型进行定义和组织的建模技术，可将原有二维工程图样所标注的产品结构尺寸、公差配合、技术精度要求等产品制造信息（Product and Manufacturing Information，PMI）全部标注在产品三维几何模型上，是一种完整的产品信息定义模型。MBD 模型有效解决了现代产品设计与制造过程所面临的难题，即复杂产品信息表达与传递困难、产品数据管理烦琐、工程更改难以贯彻等难题，为产品设计与制造过程的信息集成提供了基于同一数据源的有效解决方案。

图 4.7 所示为应用 SOLIDWORKS 软件系统所构建的“斜面支架”零件的 MBD 模型。该模型将一个个不同的产品零件注解视图收藏在系统设计特征树“Annotations”文件夹内，每一个注解视图是由与该视图平面平行的若干 PMI 载体组成。为了方便用户获取 MBD 模型的相关 PMI，可将这些注解视图以 3D 视图形式存放在系统工作界面底部的“3D 视图”选项卡内。一旦 MBD 模型设计完成，便可将所建模型的 PMI 对外发布，将其转换为如“3D PDF”

等格式的中性文件，以便用户使用其他 3D 阅读工具进行浏览与共享。

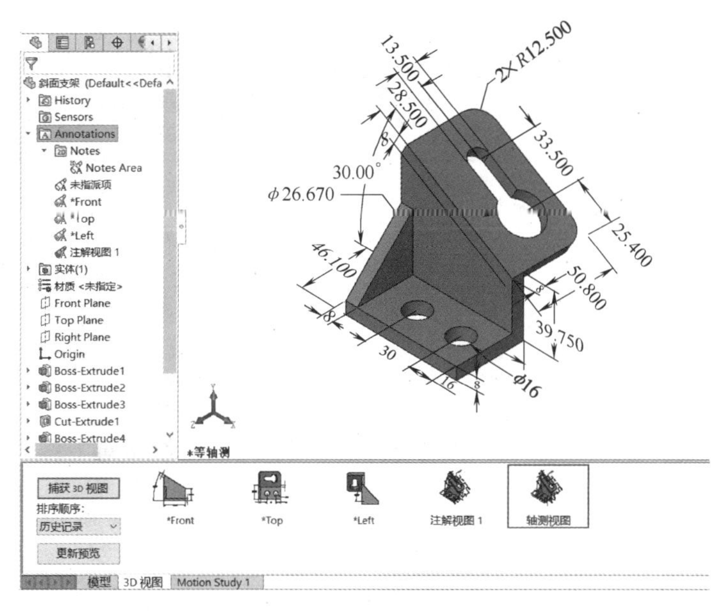

图 4.7　“斜面支架”零件的 MBD 模型

与传统产品几何模型比较，MBD 模型具有以下特点：

1）挑战了二维工程图样传统权威地位。MBD 作为产品数字化定义模型，可被直接应用于产品设计与制造过程的信息交流和传递，为人们提供了一种新型的产品信息媒介，避免了传统二维工程图样不直观且与数字化制造过程相脱节等诸多不便和障碍。

2）提高了产品几何建模及应用效率。MBD 模型将相关的 PMI 直接定义在三维几何模型上，完全摒弃了二维工程图的绘制和应用，显著地提高了产品设计与制造效率，可使产品研发周期缩短 30%~50%。

3）易于操作、便于理解。MBD 模型仅需在常规三维几何模型上标注相关的制造工艺信息，易于上手操作，且以“3D PDF”等中性文件格式进行发布，使用者通过旋转、缩放、移动等操作，能够动态地读取模型中三维结构和所标注的工艺信息，易于理解产品设计的意图。

4）有利于建立并行、协调设计的工作环境。MBD 模型可使企业在产品设计、生产制造及经营管理等不同生产环节使用统一的产品定义模型，并行协调地开展各自工作，改善产品生产制造环境，提高企业内在品质和市场竞争力。

表 4.3 列出了机械产品不同类型几何模型的特征比较。

表 4.3　机械产品不同类型几何模型的特征比较

模型类型	模型表示	模型特点	图形示例	功能作用
二维工程图样	三视图	不直观，难理解，无实际意义上的形体概念		传统产品信息，传递媒介

（续）

模型类型		模型表示	模型特点	图形示例	功能作用
三维几何模型	线框模型	以棱边和顶点表示产品几何结构	结构简单、操作简便、但不能消隐、剖面生成，没有面、体信息		可生成三视图、轴测图、透视图
	表面模型	以顶点、棱边和面表示产品几何结构	可消隐、剖面、着色但仍没有结构体信息		面面求交，刀轨生成
	实体模型	由基本体素及其集合运算进行产品模型的定义	具有形体结构完整的几何信息和拓扑信息		满足各种产品、结构设计要求
	特征模型	由具有工程语义的特征及其集合进行模型的定义	除有完整产品结构几何信息外，其模型特征具有工程语义		利于后续设计环节调用和集成
MBD 模型		一种集成的三维几何信息模型	三维几何模型包含有产品几何结构、制造工艺等产品信息		替代工程图纸，作为产品全生命周期的唯一数据源

4.2.3 产品数理模型

产品数理模型是运用工程力学、材料学、运动学、动力学、热力学、流体学、电磁学等不同物理学科的相关知识，以反映产品物理性能特征的一种数学模型，常用于产品设计过程的工程分析和仿真优化。

对于产品设计过程一些简单工程应用分析，可采用一个或多个数学公式来表示产品的数理模型，通过解析法或迭代法进行模型的求解，如参数优化设计公式。机械产品往往较为复杂，在较多应用场景下很难通过数学公式来构建产品的数理模型，这就需要借助计算机数值分析方法予以解决。目前，产品设计最常用的数理模型为有限元分析模型。

有限元分析的基本思想，可认为是一个化整为零和积零为整的分析计算过程。如图 4.8 所示，对一个连续的结构体进行有限元结构分析，通常需要经历以下步骤：

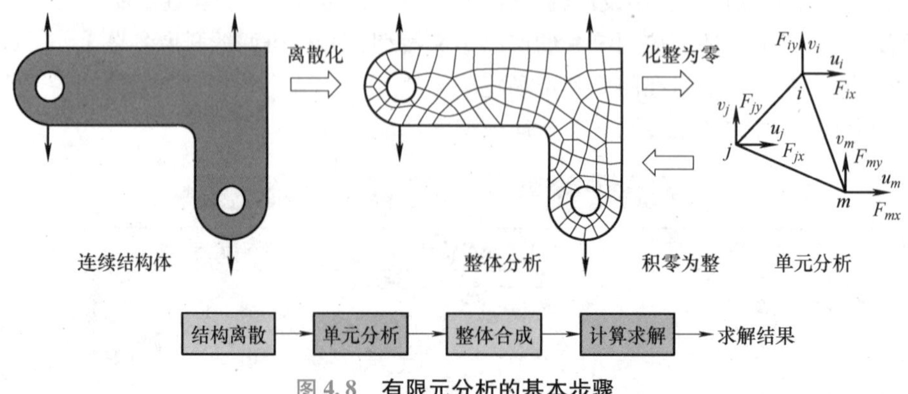

图 4.8　有限元分析的基本步骤

1）化整为零。首先将所分析对象进行离散化，将其离散为若干个有限小单元体，在各个小单元之间通过单元节点相互连接，并承受等效的节点载荷。

2）单元分析。根据平衡条件和精度要求选用合适的函数，近似表达每个小单元的力学或其他物理特性，由此建立单元平衡方程。

3）积零为整。根据各个小单元之间的连接关系，构建分析对象的整体平衡方程组。

4）求解整体方程组。便可得到分析对象的所有单元所承受的节点应力/应变或其他物理特征。

目前，有限元分析法已较成熟，市场上有众多的有限元分析软件系统可供选用。用户可选用某个有限元软件系统，根据产品分析计算需要，构建分析对象的有限元网格模型及负载、约束模型，其余的计算处理工作全部由有限元软件系统自动完成。应用有限元分析法，除了可从事产品结构分析，还可进行疲劳分析、接触分析、流体动力学分析、热力学分析、声学分析、电磁场分析等较多物理场的分析。图4.9所示为针对本书案例3.2伺服压力机机身所进行的有限元结构分析。

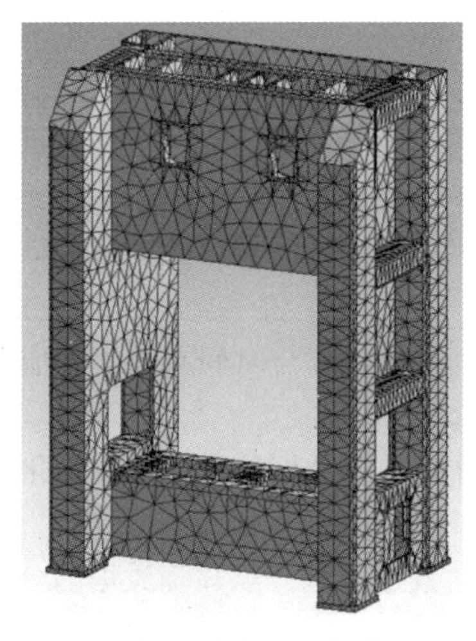

a) 压力机机身有限元网格模型

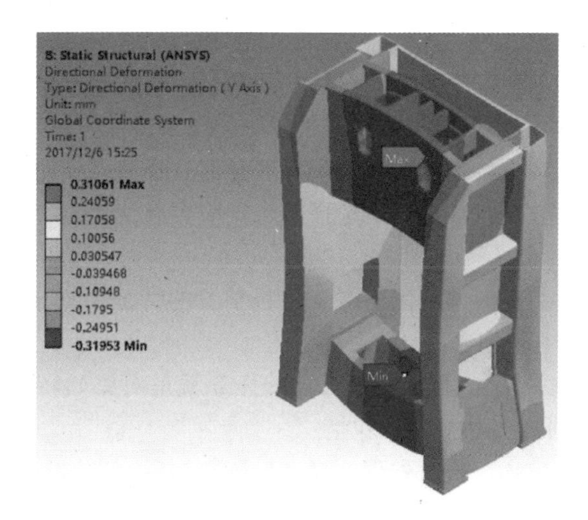

b) 在公称力作用下的压力机机身的变形云图

图4.9 伺服压力机机身有限元结构分析

智能产品往往是由机、电、液、气、磁等多领域知识所组成的结构相互耦合复合体，通过不同组织成分的相互作用来实现产品的整体功能。对于涉及多领域成分的复杂产品，应用单一领域独自进行建模分析往往难以实现对产品整体行为特性的分析及其优化过程，有了多领域统一建模技术的支持，才能够完成复杂产品或系统的建模问题。

4.2.4 智能设计算法模型

算法模型是为了求解给定问题而设计的计算求解方法。智能算法及其模型一直是人工智能的研究重点，现已有众多直接推动人工智能技术发展的智能算法，如启发式搜索、因果推理、回归、分类、聚类、机器学习、深度学习、强化学习和遗传算法等。不同的智能算法有不同的模型结构和建模方法。图4.10所示为一个深度学习智能算法的建模流程，该流程由华为云开发者联盟提供，采用了以房价预测为对象的深度学习智能算法建模方法。下面将具体介绍该智能算法的建模过程。

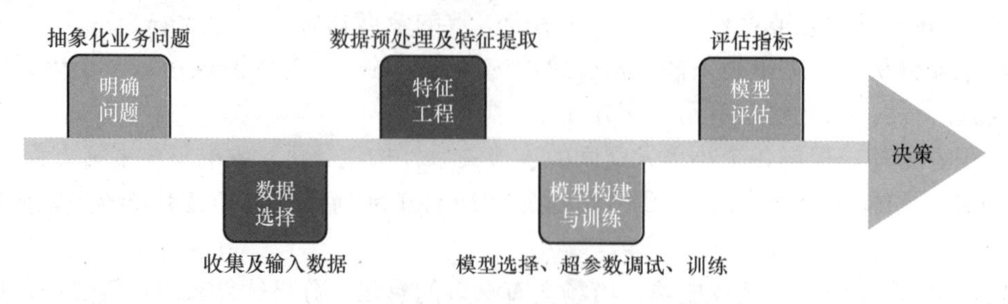

图 4.10　深度学习智能算法建模流程

（1）明确问题　首先必须明确深度学习建模待处理的对象是什么，学习目标是什么，需要什么样的数据作为模型的输入，以及最终得到怎样的结果作为模型输出。作为房价预测深度学习模型，应以与房价有关的数据信息为输入特征 x，对应的实际房价 y 为监督信息。由此，通过输入特征 x，经模型学习可构建与预测房价 Y 之间的一种内在映射关系。对于一个良好模型，其房价预测结果 Y 应与实际房价 y 很接近。

（2）数据选择　数据选择是准备深度学习原始材料的关键，它将决定模型运行的效果。若所选择的数据质量差，则其预测的结果自然也较差。数据选择需关注以下几方面问题：

1）数据样本规模。对于深度学习这样复杂模型，样本数量通常是越多越好。

2）数据代表性。所选择的数据应具有代表性，无代表性的数据会导致模型运算结果也较差。

3）数据时间范围。对于监督学习的特征变量 x 及标签 y，若与时间有关，则应划定其数据的时间范围。

（3）特征工程　特征工程的任务就是对原始特征数据进行分析处理，将其转化为模型可用特征，其主要工作包括：

1）数据分析及处理。当选择好数据后，通过探索性数据分析，以知晓数据的分布、缺失、异常及其相关性等数据状态，了解数据本身的内在结构与规律，并对异常数据、缺失数据等进行处理。

2）特征的表示。如图像类、文本字符类等数据，需要将其转换为计算机能够处理的数值形式。例如，对于图像数据首先可用 RGB 三维矩阵形式表示其像素的分布特征，然后将其转换为一维向量形式以便于输入模型，如图 4.11 所示；对于文本类数据可采用 one-hot 编码或 word2vector 编码进行表示，此处不再赘述。

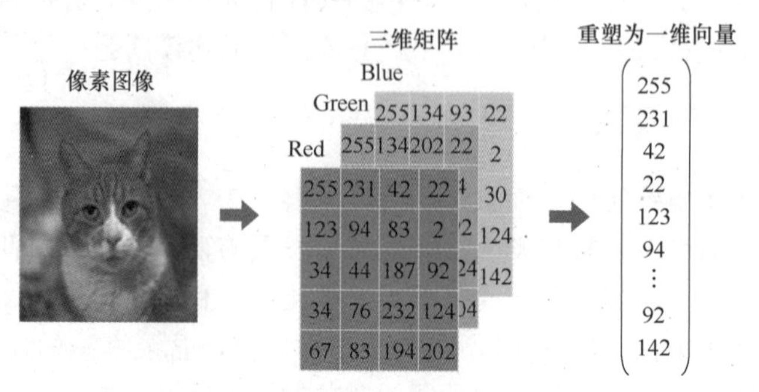

图 4.11　图像数据的特征表示

3）特征衍生。特征衍生是指根据原始特征数据通过聚合或转换处理以衍生出新的特征，其作用在于增加特征数据的非线性表达能力，以提升模型效果。特征衍生主要针对数值类特征，而对于图像类及文本类特征则通常很少做特征衍生处理。特征衍生可通过人工设计或借用工具系统（如 featuretools）进行自动衍生，如图 4.12 所示。

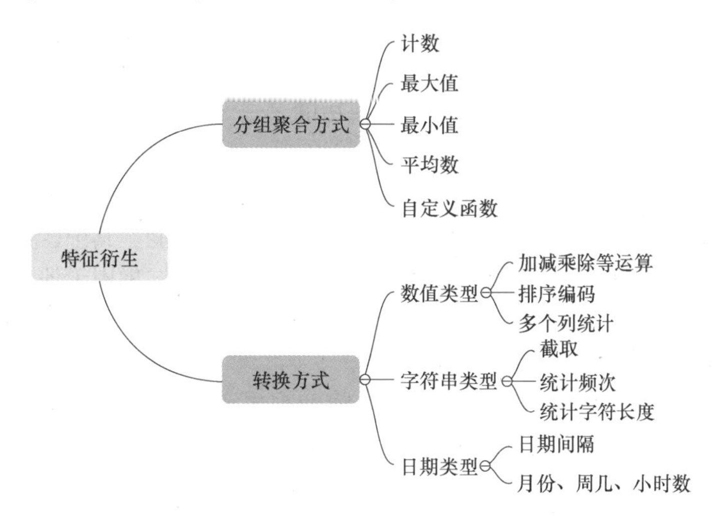

图 4.12　特征衍生

（4）模型构建与训练　其主要步骤包括模型结构选择、激活函数选择、模型权重初始化、批标准化、正则化策略设定、学习目标选择、优化算法选择、模型构建及模型训练等。

1）模型结构选择。常见的神经网络模型结构有全连接神经网络（Fully Connected Neural Network，FCNN）、循环神经网络（Recurrent Neural Network，RNN）（常用于文本/时间系列任务）、卷积神经网络（CNN）（常用于图像任务）等。人工神经网络通常由输入层、隐藏层与输出层构成。其输入层为数据特征的输入层；隐藏层为网络的中间层，其层数及神经元个数直接影响模型的拟合能力；输出层为最终结果输出的网络层，其神经元个数代表了分类类别的个数。模型输入层和输出层的神经元个数通常是确定的，主要需要考虑的是隐藏层的深度及宽度，通常隐藏层的神经元越多，模型会有更多的容量去达到更好的拟合效果。

2）激活函数选择。激活函数起着特征空间非线性转换的作用，对其选择的经验性做法是：对于输出层，二分类的激活函数常选择 Sigmoid 函数，多分类的激活函数可选择 Softmax 函数；对于隐藏层的激活函数通常会选择 ReLU 函数，以保证学习效率。

3）模型权重初始化。权重参数初始化可以加速模型收敛速度，常用方法有均匀分布初始化、高斯分布初始化等。需注意的是，权重初始化不能为 0，否则会导致多个隐藏神经元的作用等同于 1 个神经元，无法收敛。

4）批标准化、正则化策略设定（此处不详述）。

5）学习目标选择。学习目标通常是使预测值与目标值之间的误差尽可能地低，衡量这种误差的函数称为损失函数。深度学习的目标就是极大化降低该损失函数。对于不同的任务往往需要用不同的损失函数进行衡量。通常回归的任务选择均方误差损失函数，二分类任务选择交叉熵损失函数等。

6）优化算法选择。深度学习模型损失函数通常较为复杂，较难直接求得损失函数的最小解析解，可通过梯度下降法、Adam 等优化算法进行模型的优化迭代计算，以使损失函数降低到最小值，得到较优的模型参数值。

7）模型构建。根据深度学习的目标任务选择适合的神经网络模型结构，对于如房价预测这样一类经典表格数据回归的预测任务，可采用基础的全连接神经网络（FCNN），其隐藏层深度达一至两层即可。应用开源人工神经网络库 keras 的 Sequential 方法创建一个神经网络模型，添加一个带有批标准化的输入层，一个带有 ReLU 激活函数的 k 个神经元的隐藏层，并对这个隐藏层添加 dropout、L1、L2 正则功能。由于回归预测数值实际范围不大，可直接采用线性输出层，不加激活函数。

8）模型训练。在训练模型前，通过 HoldOut 验证法将数据集分为训练集和测试集，进一步将训练集再细分为训练集和验证集，以方便评估模型的性能。其中，训练集用于训练模型的学习算法，验证集用于调整模型的超参数、停止法等，测试集用于评估已确定模型的性能。模型训练是通过输入训练集 x 及训练集标签 y，使用 fit（拟合）方法进行模型训练，调整网络权重参数，以得到优化的深度学习模型。

（5）模型评估 机器学习的目标是极大化降低损失函数，常采用误差损失函数的数值大小作为模型预测误差的判断标准。

4.2.5 产品设计建模支撑软件工具

智能产品设计建模是一项面广量大的繁杂工作，需要借助于不同的软件支撑工具来辅助设计者完成建模任务。目前，工业软件市场上的建模软件工具较为丰富，各类产品模型都有相应的建模软件提供支持。

（1）产品几何建模支撑软件工具 产品几何建模软件，即常见的 CAD/CAM 软件系统。世界知名的 CAD/CAM 软件系统有德国西门子公司的 NX、法国达索公司的 CATIA 和 SOLIDWORKS、美国 PTC 公司的 Creo 等。这些软件系统不仅具有实体造型、干涉检查、实体属性计算等功能，也都提供了 MBD 建模功能。虽然各系统对于 MBD 模型的数据组织管理方法不甚相同，但都提供了各自的 MBD/PMI 标注工具，用户能够根据企业标准和要求来实现产品模型 PMI 标注对象的自动化创建。

例如，SOLIDWORKS 系统对于 MBD 模型 PMI 标注提供了 DimXpert 标注工具，能够在 3D 环境下自动识别模型的几何特征，可根据模型特征的拓扑关系自动生成模型尺寸及公差标注方案，并依据 ASME 或 ISO 标准及用户设置要求进行模型特征尺寸及其公差的标注，图 4.7所示的 MBD 模型 PMI 的标注即为由该系统提供的 DimXpert 工具进行自动标注完成的。

（2）产品数理建模支撑软件工具 常用的产品数理建模的软件工具包括商用数学软件系统 MATLAB 及各种有限元分析软件系统等。

MATLAB 软件系统主要用于数值计算、数据分析等应用领域，包含大量的数学函数库和设计工具箱，为产品设计过程的信息处理、优化设计、系统识别、系统控制、神经网络等提供了极其重要的设计工具。

有限元分析软件系统种类较多，包括 ANSYS、NASTRAN、ABAQUS、HyperMesh 等，这些软件系统基本功能类似，各自的特色与行业应用相关。例如 ANSYS 在结构分析、电场分析及多物理场耦合方面有优势；ABAQUS 在非线性过程分析及流固耦合问题方面有特色；Fluent 在流体分析方面比较流行；HyperMesh 有很强的前、后置处理功能，在汽车行业用得最多。当然，对于上述各自系统特色的说法，可能仅是一家之言。

(3) 面向多领域物理系统建模语言 Modelica Modelica 是一种跨领域的复杂系统建模语言，具有与领域无关的通用模型描述能力，能够实现复杂系统在不同领域模型间的无缝集成。Modelica 采用的是面向对象的模块化建模技术，它将面向对象的思想引入建模过程，可对复杂物理系统通过模块化分解实现系统的简单化，以类为基本单元对系统各个独立功能模块进行数据封装，通过继承机制可使得模型得以复用。Modelica 也是一种基于方程的陈述式建模方法，它将物理系统抽象成相应的微分、代数或离散型数学方程，通过对数学方程的描述进行系统建模，而不同于通常建模过程是基于赋值语句因果演绎的算法过程，可大大减少模型推导中烦琐的步骤及降低错误率，提高建模效率及模型的可重用性。

Modelica 语言的开放 Modelica 库，包括不同物理领域的 920 个元件模型。目前已有越来越多的行业使用该语言进行自身产品模型的开发，尤其在汽车领域，如奥迪、宝马、戴姆勒、福特、丰田、大众等世界知名汽车公司，都在使用 Modelica 语言开发车辆的控制与调节系统模型。

(4) 智能算法建模支撑软件工具 伴随着大数据智能的快速发展，市场上已有大量智能算法建模支撑软件工具可供选用，如 PaddlePaddle、TensorFlow、Keras、WEKA、PyTorch 等。

1) PaddlePaddle（飞桨）以百度多年的深度学习技术研究和业务应用为基础，集深度学习核心训练、推理框架、基础模型库、端到端开发套件及丰富的工具组件于一体，是我国首个自主研发、功能丰富、开源的产业级深度学习平台，具有易用、高效、灵活和可伸缩等特点。

2) TensorFlow 最初是由谷歌大脑团队创建的，提供机器学习 JavaScript 库，可帮助构建和训练用户自己的算法模型，用于执行自然语言处理、图像识别和机器翻译等任务。由于提供大量的免费工具、库及社区资源，现已被 Uber、Twitter 和 eBay 等公司广泛使用。

3) Keras 是由 Python 编写的开源人工神经网络库，可以作为 TensorFlow、Microsoft-CNTK 和 Theano 的高阶应用程序接口，可用于进行深度学习模型的设计、调试、评估、应用和可视化，具有高度广泛性、模块化和易用等特点。

4) WEKA 是基于 Java 环境下开发的机器学习及数据挖掘开源工具软件，可通过图形用户界面、标准终端应用程序或 Java API 进行访问。WEKA 包含了一系列用于数据分析和预测建模的可视化工具和算法，广泛应用于教学、研究和工业。它支持各种标准的数据挖掘任务，特别是数据预处理、聚类、分类、回归、可视化和特征选择。

[案例 4.2] 智能建模与设计的系统平台 MWORKS

MWORKS 是我国苏州同元软控公司为我国装备制造业所打造的智能建模与设计的系统平台，可作为各行业设计、计算、仿真及分析类工业软件开发的通用底座，支持基于模型的系统设计、仿真验证、模型集成、虚拟试验、运行维护及协同研发等作业过程，现已广泛应用于我国航天、航空、能源、车辆、船舶、教育等行业，为大飞机、航空发动机、中国探月工程（嫦娥工程）、空间站、核能动力等国家重大型工程提供了先进的数字化设计和深度技术服务的支撑保障。

MWORKS 平台由三大核心软件及一系列扩展工具箱组成，包括：

(1) 系统架构设计软件 MWorks. Sysbuilder 提供需求架构、功能架构、逻辑架构和物理架构建模功能，覆盖基于模型的系统设计过程。

（2）系统仿真验证软件 MWorks. Sysplorer　提供系统仿真建模、编译分析、仿真求解和后处理功能，覆盖基于模型的系统验证过程。

（3）协同设计仿真软件 MWorks. Syslink　提供协同建模、模型管理、在线仿真和数据安全功能，为系统研制提供基于模型的协同环境。

（4）工具箱 MWorks. Toolbox　提供过程集成、试验设计与优化、PHM、VV&A、半物理联合仿真、机器学习和数据可视化等丰富的实用工具箱，满足多样化的数字化设计、分析、仿真和优化需求。

［案例 4.3］　飞桨开源深度学习平台

飞桨（PaddlePaddle）是百度研发的我国首个功能完备的开源深度学习平台。从 2012 年开始百度基于自身在深度学习领域的长期积累，自主研发，具备完全自主知识产权，于 2016 年开源并建成集深度学习训练和预测框架、模型库、工具组件等于一体的开源深度学习平台。

飞桨开源深度学习平台的结构组成如图 4.13 所示，包含核心框架、工具组件和服务平台三大部分。

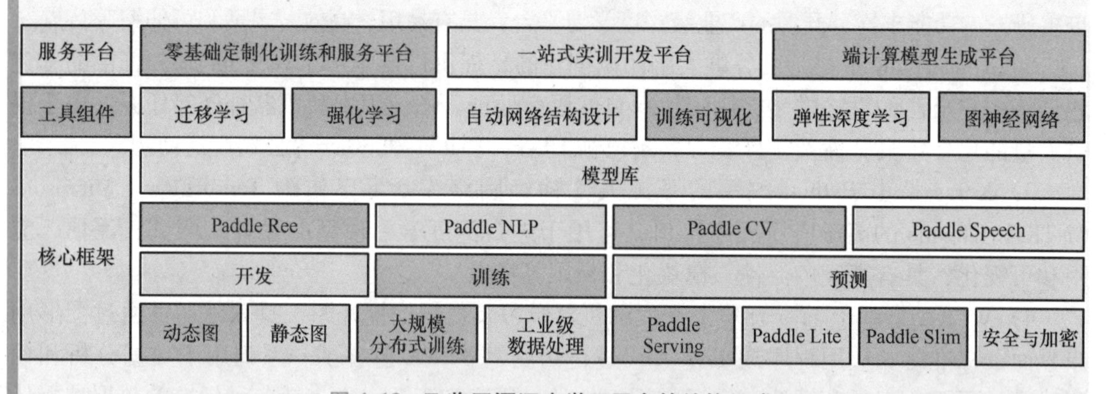

图 4.13　飞桨开源深度学习平台的结构组成

（1）核心框架　核心框架是飞桨平台的基础和核心，包括工业级的深度学习训练和预测框架，其中有开发、训练、预测及模型库等平台框架。

1）开发框架。主要提供动态图和静态图两种编程方式：静态图属于符号化编程，代码执行时不返回运算结果，需要事先定义神经网络的结构；动态图属于命令式编程，代码能够直接返回运算的结果。通常，静态图能够对编译器做最大优化，有利于性能的提升，而动态图则便于用户程序的调试。

2）训练框架。源自百度海量规模的业务场景实践，提供了大规模分布式训练和工业级数据处理的能力，同时支持稠密参数和稀疏参数场景的超大规模深度学习并行训练，支持万亿级规模参数、数百个节点的高效并行训练。面对实际业务中数据实时变化或膨胀的特点，需要对模型进行流式更新时，该框架可提供实时更新的能力。

3）预测框架。飞桨提供了针对服务器端的在线服务（Paddle Serving）和移动端的部署库（Paddle Lite）。Paddle Serving 在线预测部分可以与模型训练环节无缝衔接，提供深度学习的预测云服务。开发者可以对预测库进行编译或直接下载编译好的预测库，调用预测应用程序编程接口对模型进行预测。在移动端，Paddle Lite 支持将模型部署到 ARM、GPU 等各种硬件，以及安卓、苹果、Linux 等软件系统上。

4）模型库。飞桨开源了计算机视觉、自然语言处理、推荐和语音四大类共 70 多个官方模型，覆盖了各领域的主流和前沿模型。其中，飞桨视觉模型库（PaddleCV）提供了图像分类、目标检测、图像分割、关键点检测、图像生成、文字识别、度量学习和视频分类与动作定位等多类视觉算法模型；飞桨自然语言处理模型库（PaddleNLP）包括了词法分析、语言模型、语义表示和文本生成等多项自然语言处理算法模型。

（2）工具组件 飞桨开源了迁移学习、强化学习、自动网络结构设计、训练可视化、弹性深度学习和图神经网络等一系列深度学习的工具组件，用于配合深度学习相关技术的开发、训练、部署和应用。迁移学习工具便于用户将预训练模型更好地适配到自己的应用场景；强化学习工具提供了一系列主流强化学习模型，还提供了许多并行算法及相应的并行开发接口；自动网络设计工具是基于强化学习实现的，在 CIFAR10 数据集上准确率超过 98%，曾在人工智能领域顶级会议 NeurIPS 2018 上获得假肢挑战赛冠军；训练可视化工具支持在 Python 中使用，只需在模型中增加少量的代码，便可根据接口进行调用，为训练过程提供丰富的可视化支持；弹性深度学习工具能够支持飞桨在人工智能云上进行弹性调度；图神经网络工具可将 Python 接口用于存储、读取、查询图数据结构。

（3）服务平台 飞桨提供了包含 EasyDL（零基础定制化训练和服务平台）、AI Studio（一站式实训开发平台）和 EasyEdge（端计算模型生成平台）服务平台，可以满足不同层次开发者的深度学习开发需求。EasyDL 为企业用户和开发者提供高精度的 AI 模型定制服务，已在零售、工业、安防、医疗、互联网、物流等 20 多个行业中落地应用；AI Studio 是针对学习者的在线一体化开发实训平台，集合了 AI 教程、深度学习样例工程、各领域的经典数据集及云端运算与存储等资源，以支持高校教师及学生进行在线 AI 教学与自我学习；EasyEdge 是基于移动端部署库 Paddle Lite 所研发的端计算模型生成平台，能够帮助深度学习开发者将自建模型快速部署到设备端。

飞桨助力开发者快速实现 AI 想法，创新 AI 应用，作为基础平台支撑越来越多行业实现产业智能化升级。截至 2022 年 5 月，飞桨已累计凝聚 477 万名开发者、服务 18 万家企事业单位、创建 56 万个 AI 模型。据中国信息通信研究院最新报告显示，百度飞桨深度学习平台居我国市场应用规模第一。

4.3 智能设计仿真

4.3.1 智能设计仿真的内涵及特征

仿真（Simulation），也称为模拟，是通过对产品或系统模型的试验去研究一个实际存在或设计中的产品或系统。仿真也被认为是一种认识世界的手段，可极大地拓展和提高人们认识世界和改造世界的能力。它不受时空的限制，可观察和研究已发生或尚未发生的现象，对于一些复杂或特殊领域而言，仿真能够充分发挥其独特的作用，有时甚至是唯一的手段。

半个多世纪以来，随着仿真研究对象的日益复杂化和相关科学技术的发展，仿真技术经历了从系统局部阶段仿真到全生命周期的仿真，从单平台仿真到多平台分布式仿真，从简单系统仿真到复杂系统仿真的发展过程。仿真技术现已发展成为一门具有完整理论体系和方法论的独立学科，被广泛应用于智能制造、金融分析、气象预测、军事模拟和能源管理等领域。

根据与实际产品或系统的接近程度，仿真可分为物理仿真、半物理仿真和计算机仿真。

物理仿真是按照真实系统的物理性质构造系统的物理模型，并在该物理模型上对系统进行试验研究的过程。物理仿真的优点是直观、形象，在计算机问世之前工程中应用的基本上都是物理仿真；物理仿真的缺点是模型建造成本高，改变困难，试验条件限制较多。

计算机仿真是指对实际系统进行数字化描述，使之成为能被计算机处理的数字化系统模型，通过该模型可在计算机上对系统进行仿真实验研究。计算机仿真的优点是方便灵活、表达直观、易于理解，不需要实际的物理系统及各种模拟系统物理效应的设备和装置，也不需要试验人员进入仿真回路；但计算机仿真的缺点是数字化系统建模不易。

半物理仿真即为将系统的数字化模型与物理模型甚至实物联合起来对系统进行的试验研究。对系统中比较简单的部分或对其规律比较清楚的部分，可通过在计算机上建立数字化系统模型加以实现；对比较复杂的系统部分或对其规律不十分清楚的系统，其数字模型建立困难，则采用物理模型或实物，仿真时将两者结合起来共同完成整个系统的试验研究。

计算机仿真是以数理理论为基础，以计算机为工具，利用系统模型对实际的或设想的系统进行试验仿真研究的一门综合性技术。计算机仿真无论在时间、费用，还是在方便性等方面与半物理仿真、物理仿真相比都具有明显的优势。计算机仿真不受场地、环境和时间的限制，可充分利用计算机的特点，在产品未实际开发出来之前，利用计算机所建立的系统数字化模型，对系统在各种工作环境下进行不同的试验研究，可预先把控系统的工作性能，并可对其进行多次重复试验，可大幅缩短产品或系统的开发周期，降低开发成本，使产品质量得到保证。

然而，计算机仿真通常在可信度方面不如半物理仿真和物理仿真。计算机仿真的可信度与仿真模型、仿真方法及仿真实验数据密切相关。仿真模型对实际系统的组成、运行机理、物理化学过程的描述越细致，仿真的可信度就越高、越真实。由于计算机仿真具有省时、省力、省钱等优点，目前在科学研究、生产组织、工程开发、经济发展及社会调控等方面得到了广泛的应用。

智能设计仿真是指在原有的计算机仿真系统基础上，将人工智能技术与仿真技术进行融合，通过建立人类知识与行为描述的知识库，通过大数据学习机制自动获取和更新所需知识，以构造基于知识的仿真系统，可更好地完成仿真的既定目标。

综上所述，智能设计仿真具有以下的技术特征：

1）虚拟化。虚拟化是仿真技术最为本质的特征，其仿真过程即为对被仿真对象的虚拟镜像过程。例如，对工业机器人进行运动学仿真，可借助机器人的虚拟结构模型及各运动关节间的连接关系，通过机器人末端的运动目标，计算各个运动关节的运动规律，以此便可仿真获得工业机器人的虚拟运动过程及其运动规律。

2）数值化。数值化是仿真技术的必要特征，无论对于仿真对象的几何模型还是数理模型，最终都是通过具体的数值进行表示的。在对工业机器人进行运动学仿真时，通过机器人末端某瞬时运动的空间坐标数值，经齐次变换矩阵的计算可得到机器人各运动关节的转动角度及其坐标数值。

3）可视化。可视化是仿真技术的直观特征，目前几乎所有计算机仿真系统都提供有图形和动画显示功能，可实现对仿真对象的等效虚拟和可视化再现，可使人们能够及时把握仿真过程的实时状态，直观分析被仿真对象的动态行为。

4）可控性与实时性。可控性与实时性是仿真技术的终极目标。仿真的目的是对被研究对象的分析与优化，只有仿真过程实现可控化和实时性，才能进行连续科学化的对照和优化实验，其必要条件是要求将仿真对象的信息系统能够与仿真系统相互连接，以便将其仿真对象的现场状态的实时信息传输给仿真系统，其仿真优化的结果可对仿真对象进行实时的控制。这类仿真系统模型需要利用数字孪生技术进行建模，在虚拟空间内构成仿真对象的数字孪生体（见 4.4 节），便可实现仿真系统的可控性和实时性要求。

4.3.2 设计仿真的一般过程

设计仿真是对所设计产品或系统的一种模拟活动，通过建立和运行计算机仿真模型，来模拟所设计产品的未来使用和运行状态，并在计算机上实现对未来产品性能的实验研究。通过仿真过程，可观察及统计被仿真对象的性能特性、工作参数及预想功能的可及性，以评价所设计产品的性能特征和质量优劣。设计仿真的一般过程，包括确定仿真目标、建立仿真模型、编制仿真程序、仿真程序与仿真模型验证、仿真实验研究及仿真结果分析与评价等环节，如图 4.14 所示。

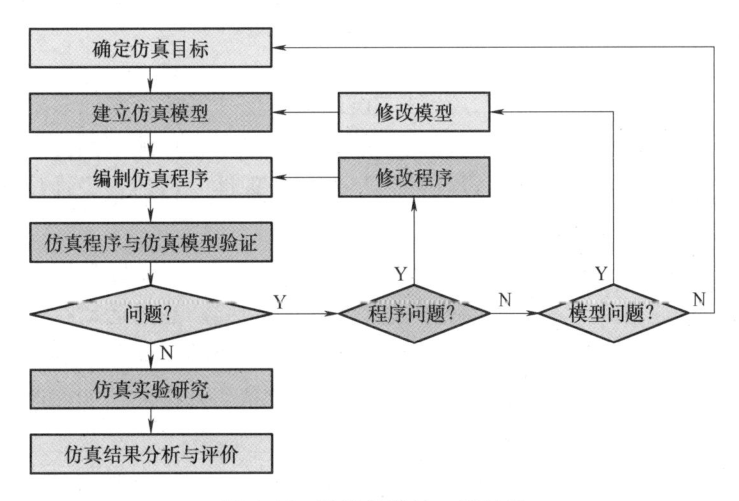

图 4.14 设计仿真的一般过程

1）确定仿真目标。进行仿真前，首先需要对仿真对象进行分析，明确仿真目标和需要解决的问题，确定描述这些目标的主要参数及评价准则，清晰地定义参数域，辨识主要状态变量和影响因素，定义仿真环境及控制变量，同时给定仿真的初始条件，并充分估计初始条件对系统主要参数的影响。

2）建立仿真模型。根据仿真目标，收集仿真对象的各类数据，以数学公式、图表、文字等形式对系统的功能、结构、行为及其约束条件进行描述，构建仿真对象的仿真模型，确定仿真模型的结构要素、变量参数和取值范围。仿真建模过程是从被仿真对象中抽取几何结构模型、数理模型等，并将之转化为在计算机上可运行的计算机模型过程。任何一个产品或系统根据仿真目的的不同，可建立多种不同的仿真模型。建立仿真模型时，应注意在保证可信度的基础上，尽可能简化模型，以便于对仿真模型的理解、操作与控制。

3）编制仿真程序。仿真模型建立之后，选择合适的仿真语言及软件开发工具，根据系统仿真模型编制仿真程序。仿真程序的编制要考虑到仿真实验环境、运行控制参数及仿真终止条件等要求。

4）仿真程序与仿真模型验证。仿真程序编制完成后，首先需要对程序的正确性及仿真模型的有效性进行验证。通过对所编制仿真程序的运行校验，可验证程序的正确性，以保证程序结构的合理性和完整性。通过仿真程序的试运行，可验证仿真模型的合理性和有效性。仿真模型的有效性将直接关系到仿真结果的可信性，只有经过验证确认后的仿真程序和仿真模型才能正式投入仿真实验研究，并获得所需的实验结果和数据。

5）仿真实验研究。仿真实验应该通过主要参数的变化来制订仿真计划和实验大纲，选定待测变量及合适的测量工具。事先制订的仿真计划和实验大纲，在仿真运行过程中还需要不时地加以修订。根据仿真的目的进行多方面的实验，得到相应的仿真实验输出结果。仿真实验的次数，应根据仿真对象的性质和对仿真结果的要求而定。

6）仿真结果分析与评价。对仿真结果的科学分析及其正确性的判断，既是对仿真系统性能的评价，也是对仿真模型可信性和有效性的检验。根据分析评价的结论，需要反复修改仿真模型，调整仿真参数，反复进行仿真实验，直至得到合适的仿真结果。

4.3.3 设计仿真的应用

通常，机械产品或系统较为复杂，产品的设计开发往往需要花费较多的资金和较长的开发周期。通过计算机设计仿真技术，可优选产品的设计方案，预测产品的运行效果，预先认知所设计产品的性能特征，提高产品设计的科学性和合理性。目前，设计仿真技术已广泛应用于产品或系统设计的方方面面。

1）设计产品的运动仿真。通常机械产品包含基础件和运动件两大类。当产品几何结构模型设计完成后，可通过对产品运动部件的运行仿真以检验产品的运动特性，包括：校验产品运动部件相互间及与基础部件之间有无结构干涉；检验产品运动范围的可及性；采用不同运动参数的仿真实验，获取产品在不同工况条件下的产品动态特性，如加速度、惯性力、离心力，以及整个结构的固有频率和振动模态等。

2）设计产品的控制策略仿真。现代机械产品或系统均为电气控制或数字化控制系统，包含较多的控制单元、执行单元及信息采集和处理单元等，通过对控制系统的控制策略仿真，可验证控制系统的硬件和软件程序的正确性，以便选用合理的控制策略和控制参数，保证产品或系统的控制稳定性和可靠性。

3）制造系统的规划布局仿真。对于制造系统的设计，针对系统所服务的对象和总体目标要求，需要设计选择系统的设备类型和数量，确定各种设备的物理系统和信息系统相互间的连接形式，进行系统的总体规划和布局设计。当系统布局方案确定之后，通过计算机仿真可从系统的不同角度和运行策略对系统布局方案的合理性进行检验与评价，评估不同方案的优劣，经不断修改和完善，以获得较为满意的设计结果。

4）制造系统的作业计划仿真。制造系统设计完成后，系统的设备配置及控制策略已经确定，此时影响系统运行效率的主要因素便是生产作业计划。通过对系统生产作业计划的仿真，可以比较不同生产作业计划的优劣，可验证系统运行过程中动态调度策略的可行性和合理性，可对系统的生产效率、生产成本及设备负荷进行分析，提前发现系统运行所存在的瓶颈，以便针对生产目标及其约束条件对系统的配置方案做进一步优化调整。

4.3.4 设计仿真的软件系统工具

目前，市场上已有大量仿真软件系统与工具可供选用，包括CAD/CAM软件系统内嵌的仿真功能模块、专用的仿真软件系统及支持仿真系统开发的软件工具等。

（1）CAD/CAM软件系统内嵌的仿真模块 常用的CAD/CAM软件系统，包括NX、CATIA、SOLIDWORKS、AutoCAD等都内嵌有不同的仿真功能模块，包括运动仿真、数控加工仿真等。

例如，SOLIDWORKS软件系统提供了“运动算例”（Motion Studies）仿真模块，该模块可对所设计产品模型进行运动仿真，如图4.15所示。应用系统的建模功能，首先设计创建产品的装配结构模型，然后激活该系统界面底部的“运动算例”仿真模块，交互选择驱动马达或驱动轴，确定其转速及仿真时间参数，该仿真模块便可根据产品装配模型各组成元件间的装配约束关系，起动马达或驱动轴进行旋转，经传动系统结构件的传输，持续驱动压力机滑块做往复上、下运动，直至所设置的仿真时间结束。

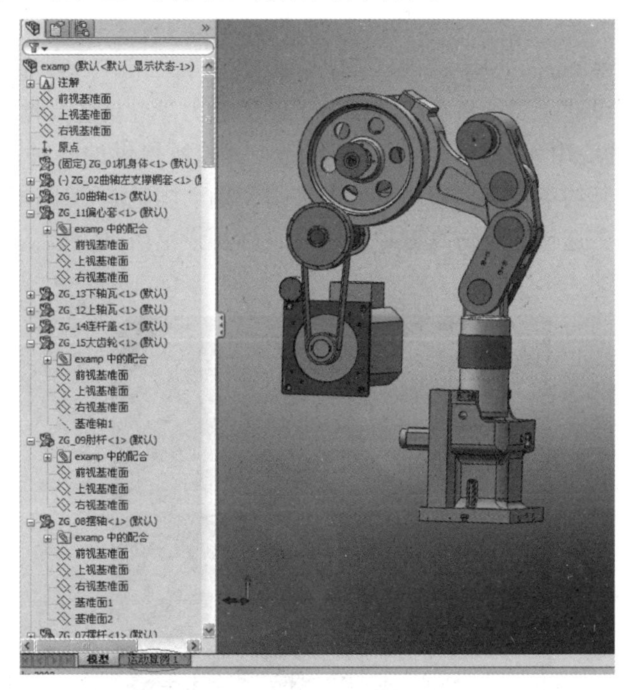

图4.15 应用SOLIDWORKS“运动算例”仿真模块进行运动仿真

再例如，NX 软件系统的数控编程 CAM 模块，提供了刀具轨迹验证仿真及机床加工仿真功能。刀具轨迹验证仿真的主要目的是检验数控编程系统自动生成的刀具轨迹的正确性和合理性，以便对刀具轨迹进行修改完善，该类仿真一般是在系统后置处理之前进行，如图 4.16所示。数控编程模块的后置处理功能，是将系统所生成的中性刀具轨迹源文件转换为指定机床能够执行的数控指令文件。对刀具轨迹源文件后置处理完成后，可通过机床加工仿真以验证所生成的数控代码的正确性和可行性，校验在实际加工环境下切削刀具与机床部件和装夹机构间的相互运动关系及产生碰撞的可能性，以降低机床、夹具和工件损坏的风险，如图 4.17 所示。

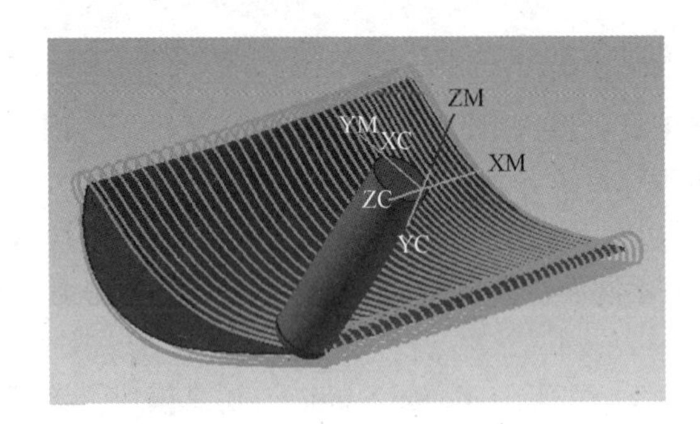

图 4.16　刀具轨迹验证仿真

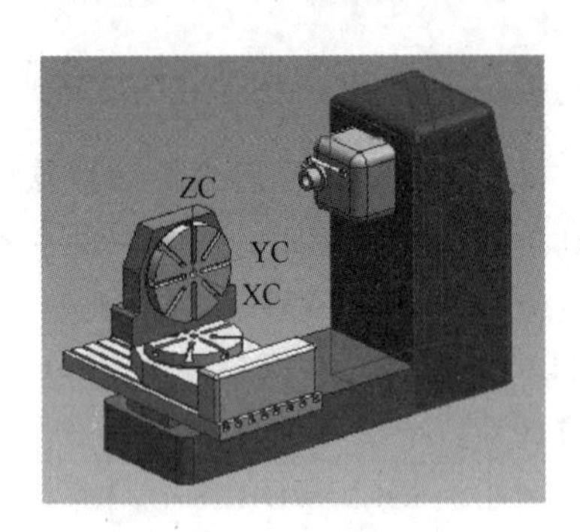

图 4.17　机床加工仿真

（2）专用仿真软件系统　目前，市场上提供的仿真软件系统遍及于机械、流体、控制、电磁、电子等各个领域，世界知名的仿真软件系统有 Autodesk 公司的机械仿真软件 ALGOR、MSC 公司的机械动力学分析系统 ADAMS、西门子公司的 AMESim、法国达索公司的 Dymola 等。

例如，ADAMS（Automatic Dynamic Analysis of Mechanical System）以多体动力学为基础，应用交互式图形环境可建立复杂机械系统的运动学、动力学分析仿真模型，具有较强的仿真功能。图 4.18 所示为应用 ADAMS 软件系统仿真工具箱所提供的各种运动模块，对机械运动系统进行运动副及其约束定义，包括旋转副、滑动副、固定副、驱动源等，以建立运动系统的运动学仿真模型，选择确定仿真对象、仿真目标，设定仿真参数，便可对仿真模型进行运动学仿真实验，如图 4.19 所示。

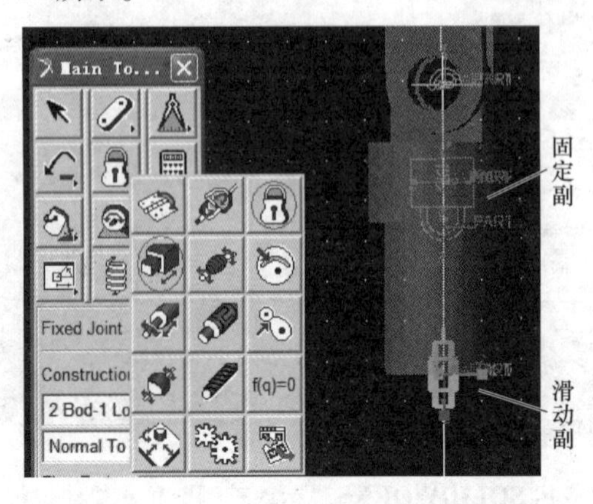

图 4.18　应用 ADAMS 软件系统仿真工具箱进行仿真建模

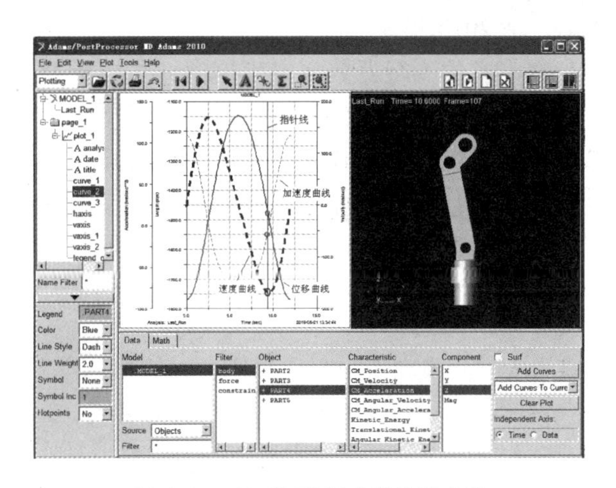

图 4.19 **ADAMS 运动学仿真实验**

（3）MATLAB 仿真语言编程工具　MATLAB 为数学分析软件系统，有较强的语言编程能力。应用 MATLAB 提供的仿真语言编程工具，可自行开发简单结构的仿真模块。例如，对图 4.15 所示的压力机传动系统进行仿真分析，可应用 MATLAB 语言进行编程建模，能够轻易获得该压力机滑块的位移、速度和加速度运动仿真曲线（图 4.20a）及压力机传动系统的运动仿真动画（图 4.20b）。

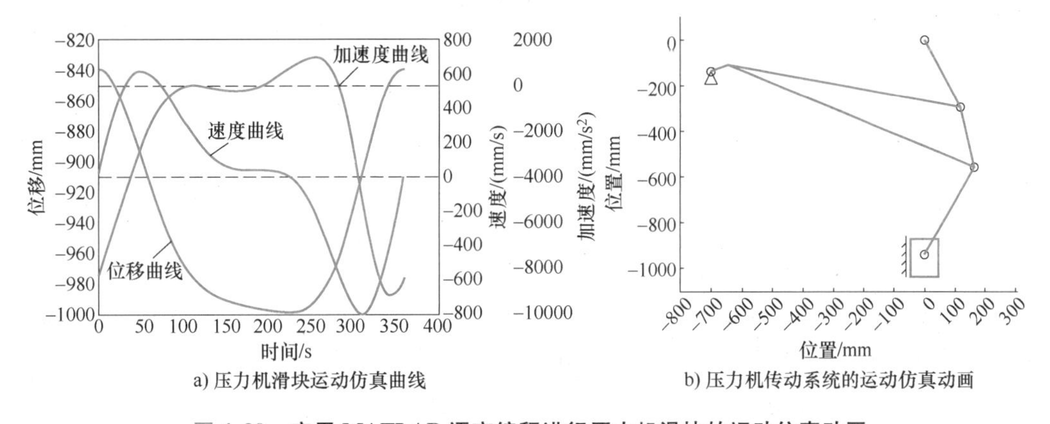

a) 压力机滑块运动仿真曲线　　b) 压力机传动系统的运动仿真动画

图 4.20 **应用 MATLAB 语言编程进行压力机滑块的运动仿真动画**

4.4 ■ 数字孪生技术

新一代信息技术和人工智能技术的快速发展，催生了数字孪生技术，而数字孪生技术为产品或系统的数字化网络化智能化设计增添了一个持续优化的智能工具。

4.4.1 数字孪生的概念

1. 数字孪生的定义

数字孪生的概念最初是由美国密歇根大学 Michael Grieves 教授于 2003 年在其产品全生

命周期管理课程中提出的。至2010年，美国宇航局（NASA）在所发布的《模拟仿真技术路线图》中提出了一种高度集成的飞行器数字孪生模型，并进行了有效的实践，该模型可对飞行器的健康状态、剩余使用寿命及任务可达性进行诊断和预测，从而引起了整个业界的关注。近年来，有关数字孪生技术的研究和应用呈现出爆发式的发展，炙手可热。在学术界，有关数字孪生的研究论文每年呈指数级增长，同时取得了较多的研究成果；在工业界，如西门子公司、PTC公司、达索公司等工业软件巨头，以及如空客集团、波音公司、特斯拉公司等知名实业公司都在积极实践数字孪生技术。数字孪生的应用范围也由产品设计领域朝着产品制造、运维和服务等领域延伸。

在我国，北京航空航天大学陶飞教授为实现制造车间的物理世界与信息世界交互融合，提出了“数字孪生车间”的概念模型，并明确了它的系统组成、运行机制及其关键技术；北京世冠金洋公司研发了航天飞行器数字孪生及其仿真平台，成功实现了数字孪生技术在卫星测控领域的工程应用。

什么是数字孪生，目前业界还没有一个公认的标准定义。

Michael Grieves教授认为，数字孪生是一组虚拟信息结构，可全面描述潜在的或实际的物理产品，在数字孪生环境下所运行的数字孪生系统主要包括三个组成部分，即实体空间中的物理产品、虚拟空间中的虚拟产品及将虚拟产品和物理产品联系在一起的数据和信息的连接。

陶飞教授对数字孪生的定义是基于由物理实体、虚拟模型、孪生数据、服务及交互连接组成的五维模型综合体。

李培根院士认为数字孪生体是“物理生命体”在其服役和孕育过程中的数字化模型，不只是物理实体的镜像，而是与物理实体共生的。

由上述专家学者给出的定义，可以认为数字孪生是通过数字化手段，在虚拟空间对物理世界实体对象的特征、行为及动态变化过程等进行描述，以构建一个与实体对象完全相同的数字孪生体（或数字孪生模型），借此来对实体对象进行模拟与监控，以便于对其行为、状态及其性能特征进行理解与预测。

上述定义中的数字孪生体，是指将物理世界的实体状态及其特征在虚拟空间进行全要素的数字化映射，构建为多物理、多尺度、超写实、动态集成的数字化模型，可以用来模拟、监控、诊断、预测及控制物理实体在现实环境下的构成状态和行为特征。对于产品而言，其数字孪生体是基于产品设计过程所生成的产品数据模型，并在随后的制造、应用和服务全生命周期过程不断与产品实体进行信息交互，以补偿完善其产品信息，完成对产品实体完整精准的描述。

2. 数字孪生的“四象限模型”

数字孪生概念可通过国内某学者所提出的“四象限模型”来更清晰地理解。如图4.21所示，该模型以用户界线为横坐标，虚实界线为纵坐标，将产品作用域分为四个象限。产品设计过程位于第一象限，产品制造过程位于第二象限，产品用户应用位于第三象限，产品数据孪生

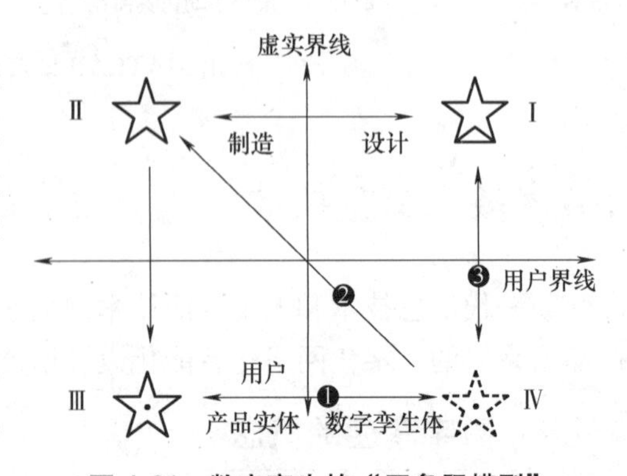

图4.21 数字孪生的“四象限模型”

体则位于第四象限。

传统的产品制造过程，当产品设计任务完成后便由设计部门将其设计结果传送到产品制造部门，所设计产品也就进入生产环节。在“四象限模型”中，产品也随之由第一象限的虚拟数字空间进入到第二象限的物理空间。在制造部门，新产品批量生产前通常需要进行物理样机的试制，以检查所设计产品的结构、工艺及其性能的正确性和可及性。若发现产品设计存在有错误或缺陷，则需将其返回到第一象限，经设计部门修改完善后再传送到第二象限。因此，在产品试制阶段，产品信息往往在第一象限与第二象限之间频繁往复的传递。

由于数字化技术的应用，数字化虚拟样机开始在第一象限出现，通过虚拟样机可对产品数字化模型进行仿真模拟，可部分甚至全部替代物理样机的试制，可基本清除产品信息在第一象限的数字空间与第二象限物理空间的流动障碍，实现产品设计与制造进程的一体化。

在产品制造完成后将交付给用户使用，此时产品便由第二象限进入第三象限的用户空间。然而，绝大部分产品进入用户空间后，便失去了与制造商的联系，成为产品信息的“孤儿”，只有在产品出现故障需要制造商维护服务时，用户手中的产品才会与制造商重新取得联系。产品信息在用户那里停止流动的最重要原因是产品信息流动成本代价较高。近年来，网络技术的普及和物联网的应用，使廉价的数据通信、万物互联成为可能，从而使数字孪生成为数字化制造最有发展前景的新技术，产品数字孪生体也自然成为“四象限模型”中第四象限的新主人。

产品数字孪生体的出现，使得产品信息流从第一象限到第四象限全程打通，从产品设计、制造到用户产品的运维全生命周期的信息流形成了一个完备的闭环。正是产品数字孪生体的出现，为产品信息流增添了以下新的流动通道（图 4.21）：

1）虚实产品间的信息流动。这是数字孪生体的最基本功能，自产品制成后交付用户使用开始，该产品的数字孪生体就已被激活，成为产品实体的“数字双胞胎”，通过附着在产品实体上的传感器不断采集产品的实时状态信息，可使数字孪生体具有与产品实体的某类特征的相似性，以表现得如产品实体兄弟般的存在，可用于对产品实体进行描述、诊断、预警和预测，甚至可对产品实体触发实际的操作与控制。

2）与产品制造商的信息流动。产品数字孪生体的出现，使制造商能够掌控用户手中的产品信息，分析用户产品的实时工作状态，预测产品的工作寿命，为用户提供及时的维护服务。通过产品大数据学习智能，制造商可为产品提供持续的产品性能优化，寻找产品新的市场商机。

3）与产品设计人员的信息流动。传统的产品设计，设计人员仅能得到产品在制造环节的信息反馈，而无法获得产品用户的动态信息。产品个性化定制只能呈现一种平均状态，产品设计参数只能设定为平均工况。产品数字孪生体可让产品用户“个性化定制”进一步走向“个性化定用”，即根据个体用户的具体使用要求进行产品性能的调节，以便更能体现出用户专有价值的实现。

3. 数字孪生体与物理实体的镜像关系

在理想情况下，数字孪生体包含了物理实体的所有信息，是物理实体在虚拟空间的镜像，通过对虚拟空间数字孪生体的运行分析，可监控、诊断、预测和控制物理实体的运行状态和行为，随着物理实体所处状态的变化，数字孪生体也动态变化。图 4.22 所示是建立虚拟空间的数字孪生体与物理空间的物理实体之间镜像关系的主要步骤如下：

1）基于物理实体机理和数字化建模工具，在虚拟空间构建物理实体的数字孪生体。

2）通过附着于物理实体的传感器及物理实体的控制单元，采集物理实体的实时动态信息，并结合物理实体历史运行数据，动态同步作用到数字孪生体。

3）在虚拟空间构建体现物理实体真实环境的虚拟环境，在此环境下对数字孪生体进行仿真优化，模拟物理实体在真实环境里的状态行为。

4）对虚拟仿真结果进行分析，将分析结果转换成有价值的信息反馈给物理实体，以优化改进物理实体的结构参数及运行参数。

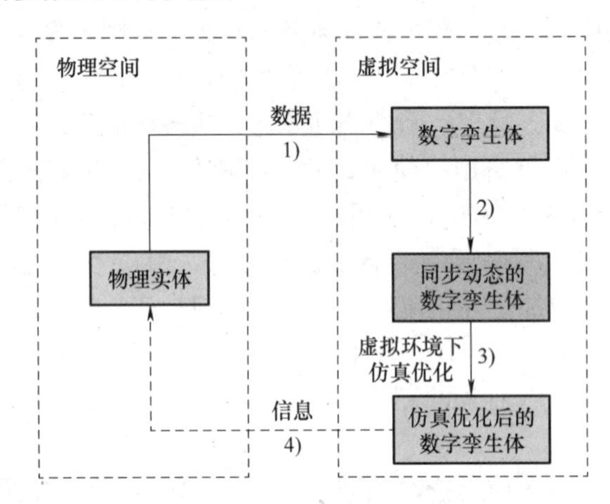

图 4.22　建立物理实体与数字孪生体镜像关系的主要步骤

4. 数字孪生的技术特征

由上述对数字孪生概念的分析，可看出数字孪生具有以下技术特征：

（1）数字孪生体与物理实体共生共存　在产品设计阶段，产品的数字化模型是产品数字孪生体的“孕育”模型；在产品实体制造完成后，其数字孪生体便伴随而生；在产品投入使用后，虚、实产品通过不断动态交互，便构成真正意义上的产品“数字双胞胎”。

（2）孪生数据源于物理实体的全生命周期　孪生数据不仅产生于物理实体的设计过程，在其制造、运行和维护的全生命周期也都在不断产生孪生数据。孪生数据不仅包含物理实体的几何、物理、性能等信息，还包含制造、运行及维护等状态信息，其信息面和信息量远超过虚拟样机的范畴。

（3）数字孪生体与物理实体不是简单的一对一关系　一个物理实体可能需要从不同视角进行描述，需要有多个数字孪生体进行镜像，以便从产品不同阶段、不同环境来分析产品实体所处的物理过程。复杂产品或系统常常需要通过不同粒度的数字孪生体进行表达，从而使产品或系统根据需要由不同组合形式的数字孪生体构成一对多关系。物理实体与数字孪生体的一对多关系可由层次型、关联型、点对点型等不同类型构成，如图 4.23 所示。

（4）数字孪生的多物理和多尺度性　数字孪生是现实世界实体多物理、多尺度的数字化映射，不仅含有物理实体的形状、尺寸等几何特性，还可能包含实体结构的动力学模型、热力学模型、应力分析模型、疲劳损伤模型及实体材料刚度、强度、硬度、疲劳强度等多种物理特性；不仅包含有实体宏观物理特性，还可能含有实体的微观物理特性，如材料微观结构、表面粗糙度等。

数字孪生技术的出现，为人们提供了一个与物理世界平行的虚拟空间。通过这个平行的虚拟空间，能够反映或镜像物理实体的真实行为和状态，能够根据物理实体数据进行自身数据的完善、融合及模型的构建，能够通过虚拟空间数据的展示、统计、分析与处理，实现对实体产品及其周围环境的实时监视和控制，以达到虚实融合、以虚控实的目的。

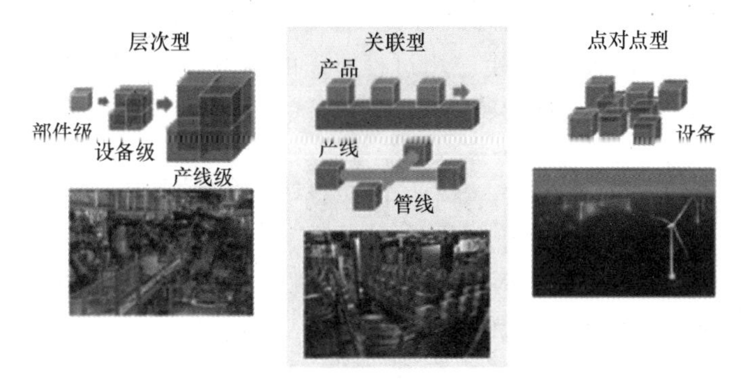

图 4.23 复杂产品或系统一对多的数字孪生体组合类型

4.4.2 数字孪生模型

数字孪生技术的首要任务就是创建应用对象的数字孪生模型。Michael Grieves 教授认为，数字孪生模型是由物理空间的实体产品、虚拟空间的虚拟产品及两者数据和信息的连接三部分组成。

随着数字孪生相关理论和技术的不断拓展及应用需求的持续升级，工程实践要求从动态、多维度、多时空尺度构建数字孪生模型。由陶飞教授领衔的北航数字孪生技术研究团队提出了数字孪生的五维模型，如图 4.24 所示。

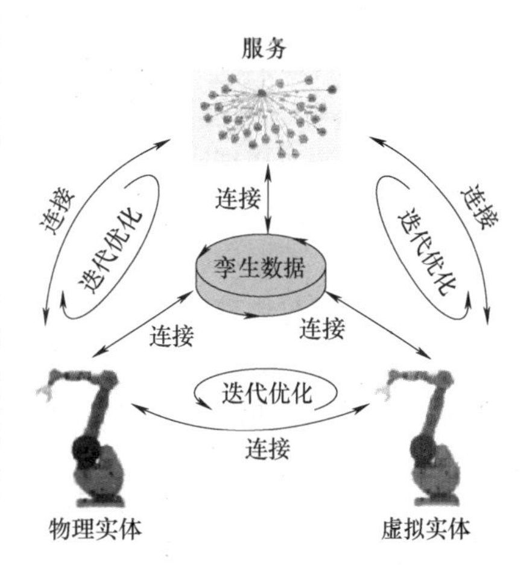

图 4.24 数字孪生五维模型

数字孪生五维模型由物理实体、虚拟实体、服务、孪生数据及各部分信息的连接五部分组成。该模型是一个通用的参考架构，可适用于不同领域和不同的应用对象，能够与物联网、大数据、人工智能等新一代信息技术融合，满足信息物理系统集成、信息物理数据融合，以及虚实双向连接和交互等多方面需求。

（1）物理实体　物理实体是该模型的构成基础，对其准确分析与有效维护是建立数字孪生模型的前提。物理实体具有层次性，一个复杂产品可细分为产品、部件和零件，制造系统按照功能及结构可分为制造单元、生产线及整个生产系统。根据数字孪生不同应用需求和管控粒度可对物理实体进行分层、分级处理建模，以构建所需要的数字孪生模型。

（2）虚拟实体　虚拟实体是由几何模型、物理模型、行为模型和规则模型等多种模型构成的，这些不同的模型可从多时空尺度对物理实体进行描述。其中，几何模型是描述物理实体几何结构及其组成关系的三维模型，与物理实体具备良好的时空一致性；物理模型在几何模型基础上增加了物理实体的物理属性和约束等信息；行为模型是描述不同粒度、不同时空尺度下，其物理实体在外部环境干扰作用下所产生的实时响应行为；规则模型是基于历史关联数据、隐性知识、经验总结及相关领域标准等，并随着时间自学习、自增长、自演化的模型，不仅可使虚拟实体具备实时判断、优化及预测的能力，还能对物理实体进行控制及运行指导。

（3）服务　服务是指对数字孪生应用过程所需的各类数据、模型、算法、仿真等进行服务化封装，以工具组件、中间件、模块引擎等形式，支撑数字孪生体内部功能的运行，以满足不同领域、不同用户、不同业务需求的业务服务。

（4）孪生数据　孪生数据是数字孪生体的驱动力，主要包括物理实体数据、虚拟实体数据、服务数据、知识数据及融合衍生数据等。其中，物理实体数据主要包括如实体的规格、功能、性能、关系等物理属性数据，以及反映其运行状况、实时性能、环境参数、突发扰动等动态过程数据；虚拟实体数据主要包括几何尺寸及装配关系等几何模型数据，材料属性与载荷等物理模型数据，驱动因素、环境扰动、运行机制等行为模型数据，约束及规则等规则模型数据，以及基于不同模型所进行的过程仿真、行为仿真、评估、分析、预测等仿真数据；服务数据主要包括如各种算法、模型及数据处理方法等功能性服务，以及如企业管理数据、生产管理数据、产品管理数据、市场分析数据等业务性服务数据；知识数据包括专家知识、行业标准、规则约束、推理策略、常用算法库等；融合衍生数据是通过对不同类型数据进行转换、分类、关联、融合等处理后得到的衍生数据。

（5）连接　连接是指实现数字孪生模型中各组成模块的互联互通，包括：

1）物理实体与孪生数据模块的连接。应用各种传感器、嵌入式系统、数据采集装置等对物理实体数据进行实时采集，通过 MT Connect（数控设备之间的数据交换标准协议）、OPCUA（OPC 统一架构）、MQTT（消息队列遥测传输）等协议传输至孪生数据模块，经分析处理后再反馈给物理实体，实现对物理实体的运行优化。

2）物理实体与虚拟实体的连接。同样，将所采集的物理实体实时数据传输至虚拟实体，用于更新、校正虚拟实体的数字模型，经虚拟实体仿真优化并转化为控制指令再下传给物理实体，实现对物理实体的实时控制。

3）物理实体与服务模块的连接。同样，将采集的物理实体实时数据传输至服务模块，实现对服务模块的更新和优化，服务模块产生的操作指导、专业分析、决策优化等结果以应用软件或移动端 APP 的形式提供给用户，通过人工操作实现对物理实体的调控。

4）虚拟实体与孪生数据模块的连接。通过 JDBC（Java 数据库）、ODBC（开放数据库）等数据库接口，将虚拟实体所产生的仿真及相关数据实时存储到孪生数据模块中，并实时读取该模块的融合关联数据及生命周期数据等驱动虚拟实体的动态仿真。

5）虚拟实体与服务模块的连接。可通过 Socket（通信接口）、RPC（远程过程调用）、MQSeries（消息处理中间件）等软件接口实现虚拟实体与服务模块之间的双向通信。

6）服务模块与孪生数据模块的连接。同样，通过 JDBC、ODBC 等数据库接口，可将服务模块的数据实时存储到孪生数据模块，并能实时读取孪生数据模块中的历史数据、规则数据、常用算法及模型等，支持服务模块运行与优化。

4.4.3　数字孪生的功能作用

近年来，数字孪生技术不断快速地演化，无论是对产品的设计、制造还是服务，都起到了巨大的推动作用。

（1）推动了产品创新 数字孪生通过设计与仿真工具、物联网、虚拟现实等数字化手段，将物理实体各种属性映射到虚拟空间，形成可分解、可复制、可修改、可重复操作的数字镜像，大大方便了对物理实体的理解，可让许多原来必须依赖真实物理实体才能完成的操作通过虚拟空间的模拟、仿真、优化来实现，更能推动产品创新。

（2）使用过程持续迭代优化 数字孪生建立了物理实体与数字孪生体的双向循环信息流动，数字孪生体可时刻跟踪产品使用情况及产品状态信息，通过数学模型仿真趋势分析，可预测物理实体使用中的异常状态，通过调整使用参数，可形成监控—分析—调整—优化的闭环，使用过程得以持续迭代优化，以应对不确定性与时变性的复杂问题。

（3）全面分析和预测能力 现有产品的生命周期管理，往往无法对表象下所隐藏的问题进行提前预判。数字孪生可结合物联网数据采集、大数据处理和人工智能分析，通过对当前状态的评估及对未来趋势的预测，来提供更全面的决策支持。例如，通过物联网对产品轴承温度及转子扭矩等数据的实时采集，结合历史运行数据，通过机器学习智能构建不同故障的特征模型，可间接预测产品驱动或传动系统的健康指标。

（4）经验的数字化 经验往往是一种模糊而很难把握的形态，很难将其作为精准判决的依据。数字孪生可以通过数字化手段，将原先无法保存的专家经验进行数字化，并提供保存、复制、修改和转移的能力。例如，针对大型设备运行过程中所出现的各种故障特征，可借助传感器的检测数据，结合专家处理经验记录，建立不同故障现象特征模型以作为不同设备故障状态判决的依据，从而形成自治判决的故障智能诊断系统。

陶飞教授从仿真、监控、评估、预测、优化和控制六个方面归纳了数字孪生的功能、应用场景和作用，见表4.4。

表4.4 数字孪生功能、应用场景和作用

数字孪生功能	应用场景	作用
仿真	虚拟测试（如风洞试验） 设计验证（如结构验证、可行性验证） 过程规划（如工艺规划） 操作预演（如虚拟调试、维修方案预演） 隐患排查（如飞机故障排查）	减少实物试验次数 缩短产品设计周期 提高可行性、成功率 降低试制与测试成本 减少危险和失误
监控	行为可视化（如VR展示） 运行监控（如装配监控） 故障诊断（如风机齿轮箱故障诊断） 状态监控（如空间站状态监控） 安防监控（如核电站监控）	保障生命安全 识别缺陷 定位故障 信息可视化
评估	状态评估（如汽轮机状态评估） 性能评估（如航空发动机性能评估）	提前预判 指导决策
预测	故障预测（如风机故障预测） 寿命预测（如航空器寿命预测） 质量预测（如产品质量控制） 行为预测（如机器人运动路径预测） 性能预测（如实体在不同环境下的表现）	减少宕机时间 缓解风险 避免灾难性破坏 提高产品质量 验证产品适应性

（续）

数字孪生功能	应用场景	作用
优化	设计优化（如产品再设计） 配置优化（如制造资源优选） 性能优化（如设备参数调整） 能耗优化（如汽车流线型提升） 流程优化（如生产过程优化） 结构优化（如城市建设规划）	改进产品开发 提高系统效率 节约资源 降低能耗 提升用户体验 降低生产成本
控制	运行控制（如机械臂动作控制） 远程控制（如火电机组远程启停） 协同控制（如多机协同）	提高操作精度 适应环境变化 提高生产灵活性 实时响应扰动

4.4.4 数字孪生技术的应用

数字孪生作为一个数字化、网络化、智能化的技术工具，不仅可用于产品设计过程，还可用于工艺规划、生产调度、质量分析及产品维护服务等产品生命周期的各个阶段。

（1）基于数字孪生的产品设计 基于数字孪生的产品设计，是在市场需求分析基础上，收集现有产品运行及服务的相关历史数据，建立产品数字孪生数据模型，利用已有产品与虚拟产品在全生命周期的虚实融合和协同作用，以超高拟实度的虚拟仿真及大数据智能等技术，分析判断现有产品需要改进或提升的功能与环境，挖掘产生具有新颖、独特价值的创新产品概念，并将其转化为详细的设计方案，以此完成创新产品的设计，如图4.25所示。

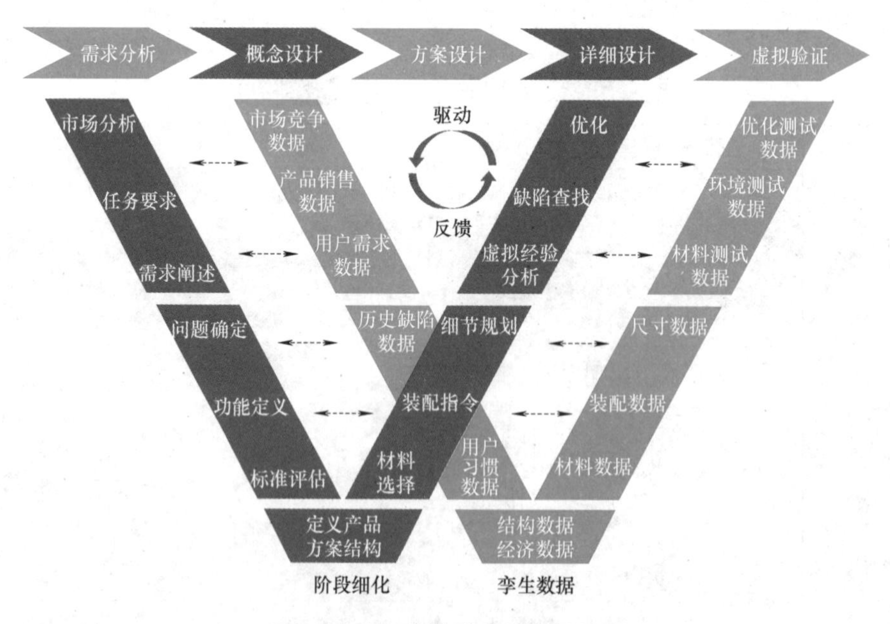

图4.25 基于数字孪生的产品设计

基于数字孪生的产品设计，可使传统设计理念呈现以下转变：

1）产品设计由个人经验与知识驱动转为孪生数据驱动。

2）产品模型由设计阶段为主的数据扩展到产品全生命周期的数据。

3）设计方式由需求被动式创新转变为基于孪生数据挖掘的主动式创新。

4）设计过程由基于虚拟环境的设计转变为物理与虚拟融合协同的设计。

5）产品验证由小批量试制为主转变为高拟实度虚拟验证为主。

（2）基于数字孪生的工艺规程设计 工艺规程是产品制造过程的重要技术文件，是进行产品生产准备、生产调度、工人操作和质量检验的依据。数字孪生驱动的工艺规划设计是通过建立超高拟实度的产品、资源及工艺流程等虚拟仿真模型，形成全要素、全流程的虚实映射、交互融合、协同迭代的优化机制，以实现面向生产现场的工艺设计与持续优化。基于数字孪生的工艺规程设计模式如图4.26所示。

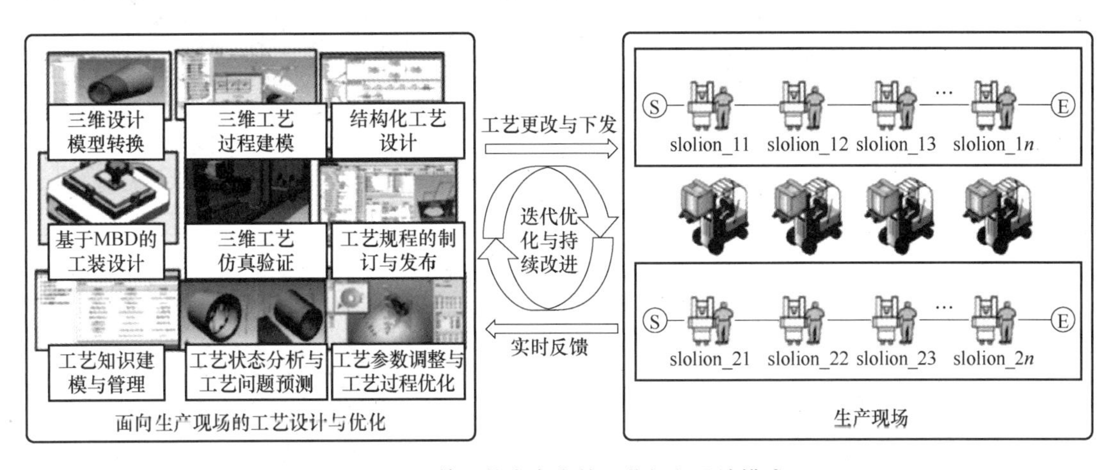

图4.26 基于数字孪生的工艺规程设计模式

（3）基于数字孪生的车间生产调度 生产调度是生产车间决策优化、过程管控、性能提升的神经中枢，是生产车间有序平稳、均衡高效生产的运营支柱。数字孪生驱动的车间生产调度，其调度要素在物理车间与虚拟车间之间相互融合和映射，以形成虚实共生、以虚控实、迭代优化的协同网络，在物理车间主动感知生产状态，在虚拟车间通过自组织、自学习、自仿真方式进行调度状态解析和调度方案的调整，快速确定异常范围，使车间生产调度系统具有生产现场变化适应能力、扰动响应能力和异常解决能力，可实现调度要素的协同匹配与持续优化。基于数字孪生的车间生产调度模式如图4.27所示。

（4）基于数字孪生的产品质量分析 基于数字孪生的产品质量分析，是指在采集物理车间各工序所承受的切削力、工作温度、尺寸精度等实时动态信息基础上，通过虚拟车间的计算仿真，来对产品现场加工质量进行分析与预测，并将产品加工过程的动态参数进行记录，以便进行产品质量的追溯。基于数字孪生的产品质量分析模式如图4.28所示。

基于数字孪生的产品质量分析具有以下特点：

1）虚拟车间构建有产品及加工工序模型、工件物理属性模型、不同类型加工质量模型、数据检测算法库等，可进行多学科全要素的生产质量分析。

2）虚拟车间仿真可与物理车间实时加工状态同步，可对加工质量进行实时分析。

3）虚拟车间可在产品加工前，对设定的加工工艺进行仿真，以验证工艺的合理性；虚拟车间可在产品加工过程中，通过实时仿真对加工质量进行优化控制。

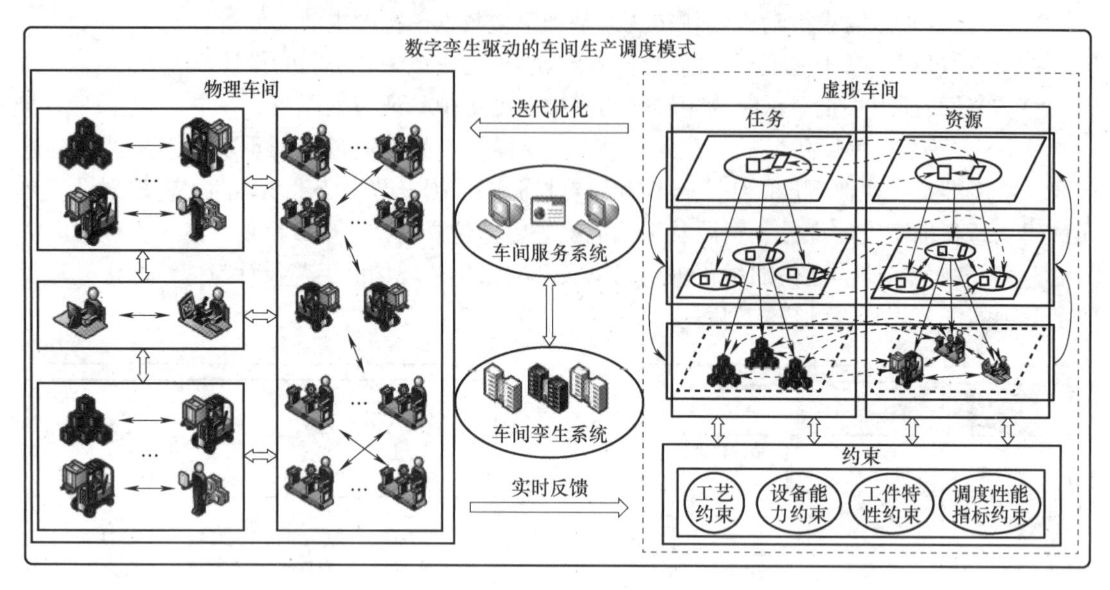

图 4.27　基于数字孪生的车间生产调度模式

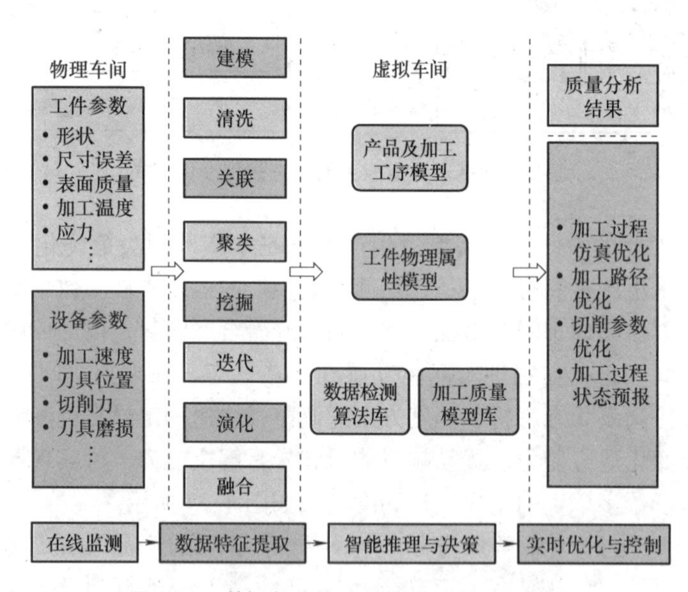

图 4.28　基于数字孪生的产品质量分析模式

（5）基于数字孪生的产品服务系统　产品服务系统是一种面向消费者进行产品服务的价值提升系统。基于数字孪生的产品服务系统是指在数字孪生技术支撑下，充分利用数字化与信息化系统，有效支持产品服务的智能分析决策、快速个性化配置、服务过程体验及快速供给等，实现资源的优化配置与融合。

目前，有关数字孪生的研究与应用尚处于发展阶段，数字孪生技术还仅应用于资产密集价值高的复杂产品，极端的运行环境，高精度、高可靠性装备系统，以及社会效率大的工程需求等方面。

本章小结

智能设计是围绕计算机化的人类设计智能，是在人机协同设计系统环境下，利用计算机模拟人类的思维方式，应用先进的信息技术与人工智能技术，使计算机拥有更高的智能。数字化、网络化、智能化技术为智能设计提供了有力支持。

当前智能设计主要研究内容包括设计知识的智能表示、概念设计的智能求解、设计方案的智能评价及设计参数的智能优化等方面。

产品设计建模是指采用一定结构形式及表达方式对产品设计方案及其特征进行描述，其建模过程是一个不断迭代完善的过程，最终形成的产品模型也是产品最终设计的结果。智能产品设计建模包括几何模型、数理模型、数据模型及算法模型等建模任务。

计算机仿真是以数理理论为基础，以计算机为工具，利用数字化模型对实际产品进行试验研究的综合性技术。通过计算机仿真可预先了解设计产品的功能特征，其仿真过程通常包括确定仿真目标、建立仿真模型、编制仿真程序、进行仿真实验、仿真结果分析与评价等环节。

数字孪生是指通过数字化手段，在虚拟空间对物理空间实体进行描述，以构建一个与实体对象完全相同的数字孪生体。数字孪生体与物理实体可在全生命周期内共生共存。通过对数字孪生体的仿真分析，可监控、诊断、预测和控制物理实体的运行状态和行为特征，可实现虚实融合、以虚控实的目的。

思考题

1. 简述智能设计的内涵与特征。
2. 目前人工智能设计领域主要有哪些智能设计方法？各自有哪些技术特点？
3. 概述当前智能设计研究的主要内容和思路。
4. 传统产品设计方法面临哪些挑战？数字化、网络化、智能化技术是如何支持产品设计的？
5. 简述产品设计建模的概念。智能产品设计建模包括哪些模型类型？
6. 什么是产品几何模型？产品几何模型又有哪些模型类型？各自模型特征如何？
7. 什么是产品数理模型？举例说明产品数理模型建模方法。
8. 什么是智能设计算法模型？简述深度学习智能算法建模流程。
9. 什么是仿真？物理仿真、半物理仿真、计算机仿真及智能设计仿真各有何含义？
10. 概述设计仿真的一般过程。
11. 举例说明设计仿真可用于哪些领域？有哪些仿真软件系统工具可使用？
12. 什么是数字孪生？概述数字孪生“四象限模型”。
13. 如何建立虚拟空间数字孪生体与物理空间物理实体之间的镜像关系？
14. 数字孪生具有哪些技术特征？
15. 数字孪生五维模型有哪些组成部分？各个组成部分的功能作用是什么？
16. 概述数字孪生技术的功能作用及其应用。

第5章 智能生产

智能生产是智能制造的主要组成部分，而智能生产的载体是智能工厂。数字化、网络化、智能化技术与先进制造技术的深度融合，将使工厂的制造装备、制造工艺、生产调度及信息管理水平发生革命性的变革。借助于跨层级的数据传输，建立制造工厂自下而上的数据通道，通过采集工厂底层现场生产数据，经分析、推理、判断与决策，可初步形成生产过程的自律性和自组织能力，可构建制造工厂的纵向集成架构，为高效、高质、节能、环保的工厂生产生态提供基础。同时，通过三维可视化数字孪生技术，物理工厂与虚拟工厂得以深度融合，通过仿真模拟工厂的生产过程与信息流动过程，工厂的生产功能与效能可得到持续提升与改进优化。

重点内容：

本章在概述智能工厂组成结构和功能架构的基础上，侧重阐述工厂生产准备阶段的全三维工艺设计、生产制造过程的制造执行系统和产品质量智能监控与预测，以及在智能工厂全生命周期的数字孪生的应用。

5.1 智能生产概述

5.1.1 制造工厂的职能及其组成结构

制造工厂的主要职能是组织产品生产，包括前期的生产技术准备、产品加工制造及后期的产品质量检测等生产任务，如图5.1所示。前期生产技术准备包括产品生产工艺规程设计、生产加工装备及工具配置等；产品加工制造过程包括零件加工、产品装配与调试等生产环节；产品在加工制造任务完成后，经质量与性能检测检验合格后交付用户使用。

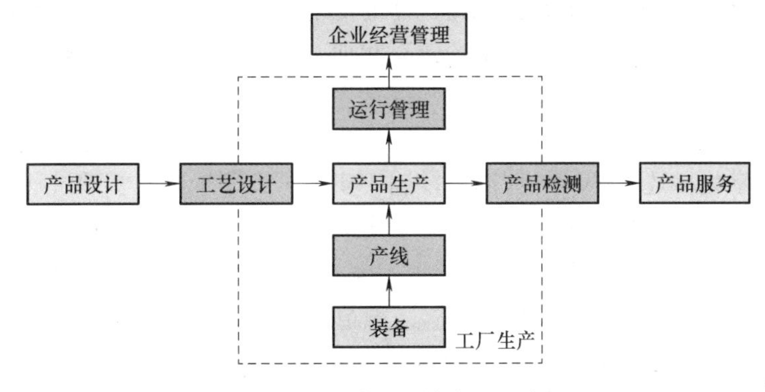

图5.1 制造工厂的主要职能

美国国家标准与技术研究院（NIST）将制造工厂的组成结构分为工厂层、车间层、单元层、工作站层和设备层五层递阶结构。在国内，通常将制造工厂自下而上划分为生产装备级、产线级、车间级和工厂级四层主体生产结构。各个层级生产主体担负着各自的生产职能，如图5.2所示。生产装备级生产主体是位于生产车间底层的一台台加工机床、物流装置及辅助装置，主要负责完成工厂产品的单工序或多工序生产加工；产线级主体由生产车间内一系列生产线或生产单元组成，各条生产线配套有不同系列加工设备和物流装置，承担着企业产品零部件系列不同工序的加工与装配；车间级生产主体是指不同类型的产品生产车间，各个车间设置有相应的生产线或生产单元，担负不同类型的产品加工及装配任务；工厂级是一个企业的主体，负责企业产品的生产和经营管理活动。

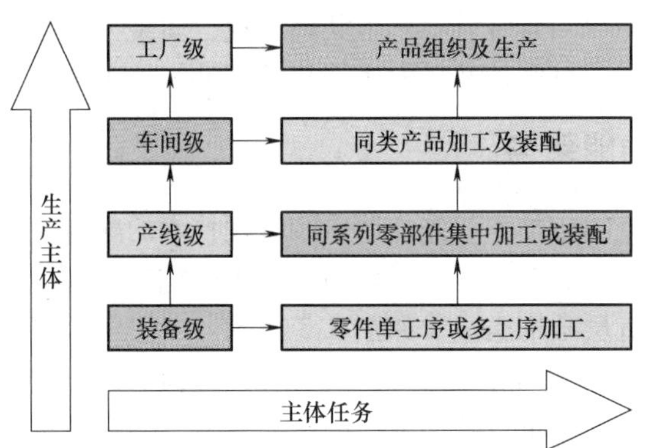

图5.2 制造工厂的生产主体及其生产职能

5.1.2 制造工厂的发展历程

（1）传统制造工厂 17世纪初，蒸汽机的发明促进了工场式制造工厂的出现，由机器替代原有纯手工生产操作，提高了产品生产的效率和质量。20世纪30年代，美国福特等公司开创了自动流水生产线，生产工序分割细化，分工作业进一步明确，显著提高了产品生产效率，降低了生产成本。这种流水线生产方式，相同工序加工设备集中设置，形成同工序加工单元，各个加工单元负责同一工序的零件加工，便于设备的互换互替及其维护，适合批量化生产。

（2）数字化制造工厂 20世纪60年代以来，随着计算机和数字控制技术的应用，制造工厂进入了数字化制造时代。由人工操作机器的传统生产方式，转变为由数控机床按照事先编写好的程序进行自动加工生产，其生产效率和加工精度均得到极大提高，产品质量的一致性也得到大幅度提升。数字化制造工厂除数控化生产设备之外，数字化技术也同时应用于工厂的物料储运系统、生产控制及经营管理系统。通过对产品信息、工艺信息、资源信息及管理信息等进行数字化描述、分析、管理与控制，实现了工厂生产与管理过程的数字化，显著提高了产品设计与制造的效率和质量，提升了企业的市场竞争力。

（3）数字化网络化制造工厂 20世纪末，随着互联网技术快速发展和广泛应用，“互联网+”不断推进制造业和互联网的融合发展。制造技术与数字技术、网络技术的密切结合，重塑了制造业的价值链，促进了制造企业从数字化制造工厂向数字化网络化制造工厂的转变。数字化网络化制造工厂将信息、网络、自动化、现代管理与制造技术相结合，大大改善了企业生产和管理的各个环节。分布式控制系统（DCS）、数据采集与监控系统（SCADA）、制造执行系统（MES）、企业资源计划（ERP）等不同层级的信息管理系统，成为制造工厂的生产单元层级、车间层级及工厂层级等信息管理与控制的系统核心工具，实现了工厂不同生产设备与管理人员及不同部门之间的信息互联互通，通过网络持续保持产品信息与生产过程信息的流动，实现了企业产品设计、工艺、管理和制造等多层次数据的充分共享和有效利用。

（4）数字化网络化智能化制造工厂 进入21世纪以来，新一代人工智能技术及工业互联网、大数据、云计算、数字孪生等新一代信息技术与制造技术的深度融合，驱动着数字化网络化工厂逐步向着“人工智能+互联网+数字化制造”智能型工厂发展。人工智能技术以机器学习智能及人机混合智能，使智能工厂信息系统的“知识”由原先仅依靠人工进行充实完善，转变为由人工与智能系统自主学习共同完成，实现人的智慧与系统智能紧密协同的企业生产自组织、自规划、自监控及自主决策与控制的智能生产过程。

5.1.3 智能工厂的功能架构

数字化、网络化、智能化技术与先进制造和管理技术的融合，驱使传统制造工厂逐步向着智能工厂转变。智能工厂的功能架构可认为由基础设施层、智能装备层、智能产线层、智能车间层和工厂管控层五层结构组成，如图5.3所示。

（1）基础设施层 基础设施层包括工业以太网、现场总线、物联网网关、传输网络等网络基础设施。其主要职能是负责智能工厂的产品数据、生产数据等信息的采集、转换、处理、计算及必要的控制。通过统一接口（如OPC UA）按照传输协议（如工业以太网）连

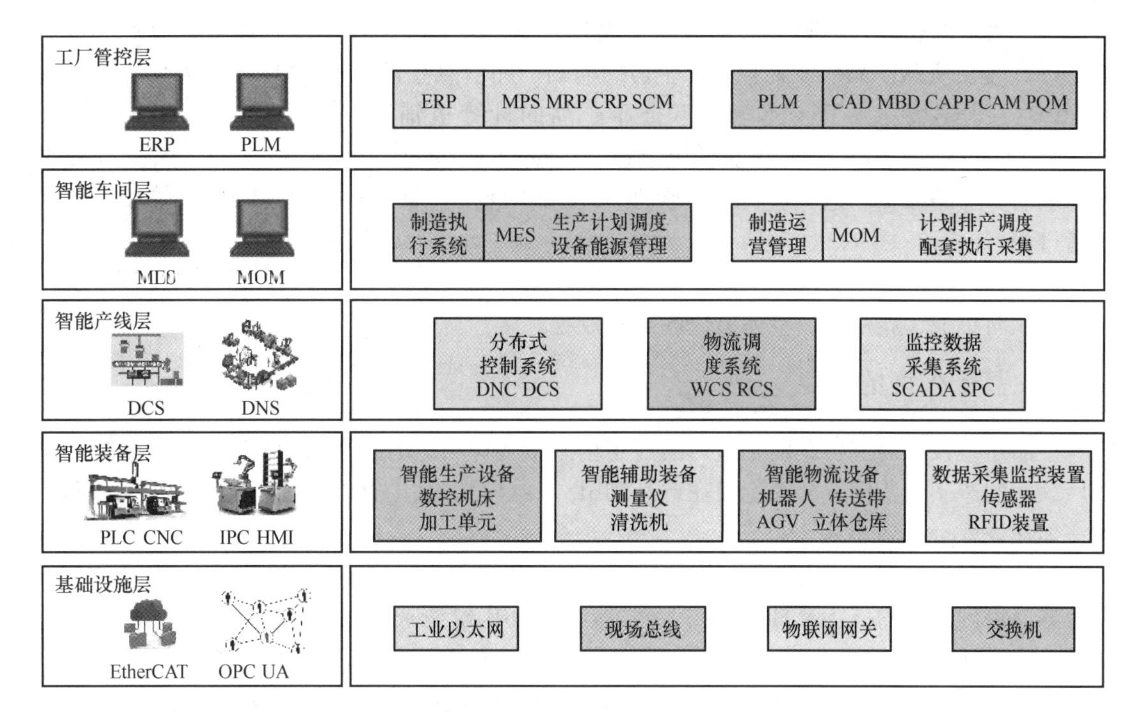

图 5.3 智能工厂的功能架构

接到生产过程的监测、控制及执行系统中。

（2）智能装备层　智能装备层包括各种不同的智能生产设备、物流设备及监控设备等。例如，各种不同类型的数控机床及测量仪、清洗机等智能辅助装备；各种不同用途的机器人、自动传送带、AGV 等智能物流设备；用于现场实时数据采集的不同类型传感器、RFID 等数据采集监控装置。这些智能生产装备是由 PLC、CNC、IPC 等不同控制单元进行控制的。

（3）智能产线层　智能产线层包括生产车间的各类生产单元、自动化生产线、柔性制造系统等，通过现场控制总线、工业以太网、物联网等网络系统，将各类智能控制单元及控制终端进行连接，构建为集成的自动化控制系统。通过分布式控制系统（DNC、DCS）、物流调度系统（WCS、RCS）、监控数据采集系统（SCADA、SPC），实现对生产车间的各类智能装备及物流系统的优化调度与控制。

（4）智能车间层　智能车间是智能工厂的生产主体，主要职能是接收工厂层的生产计划并组织高效优化实施。智能车间的主要支持系统有制造执行系统（MES）、制造运营管理（Manufacturing Operation Management，MOM）系统等。MES 是面向车间级的信息管理系统，负责车间生产任务的分配，实现车间生产的过程管理、计划管理、设备管理及能源管理等。MOM 负责车间生产过程的运营管理，具有计划排产、调度管理、物料配套、作业执行和数据采集等功能。

（5）工厂管控层　这是智能工厂的生产经营指挥系统，主要职能包括企业生产经营管理及企业产品生命周期的信息管理。工厂管控层的支持系统，主要有企业资源计划（ERP）、产品生命周期管理（PLM）系统等。ERP 为企业生产经营管理提供了一个系统化管理平台，包括企业经营决策、生产计划管理与控制、经营业绩评估等功能，将企业的物料资源、人力资源、财务资源及信息资源集成为一体，最大限度地实现企业资源效益的最大化。PLM 是负责从产品研发到报废全生命周期的产品信息管理，由 CAD 系统为企业产品构建 MBD 三维模型，基于该模型从事企业产品的计算机辅助工艺设计（Computer Aided Process Planning，CAPP）、计算机辅助制造（Computer Aided Manufactaring，CAM）、作业指导书编制、产品加工制造、项目质量管理（Project Quality Management，PQM）等整个产品制造过程。

通过上述工厂功能架构，可使智能工厂从产品设计、制造、经营、产销等各个环节实现信息的纵向集成，获得企业整体最优的经营效益。

5.1.4 基于模型的企业

产品建模技术的进步，使企业产品可用全三维 MBD 模型进行表示，使原来由二维工程图所表达的产品工艺信息全都定义在产品 MBD 三维模型上，有效促进了企业产品设计制造的一体化进程（见本书 4.2.2 节）。

为了充分发掘 MBD 模型的应用潜力，基于模型的企业（Model Based Enterprise，MBE）在业界已得到积极的推行及具体应用，通过产品 MBD 模型来定义、执行、控制和管理企业的所有生产活动，从根本上减少产品的创新、开发、制造及支持活动的时间与成本。

美国下一代制造技术行动路线图（NGMTI）对 MBE 技术架构进行了定义，认为 MBE 是由基于模型的工程（MBe）、基于模型的制造（MBm）和基于模型的维护（MBs）三大部分组成，如图 5.4 所示。其中，MBe（Model Based engineering）是将 MBD 模型技术作为工程系统生命周期中的需求、分析、设计、实施和验证的能力，突破了 MBD 模型仅作为设计这单一应用领域及范围；MBm（Model Based manufacturing）包括基于产品 MBD 模型的工艺设计与优化、产品生产制造执行、产品质量的检测检验及生产制造信息管理等职责；MBs（Model Based sustainment）是将产品和工艺设计 MBD 模型延伸到产品生命周期的维护服务阶段，并将产品维护服务过程信息反馈给产品设计模型，以便进行产品设计模型的优化升级。

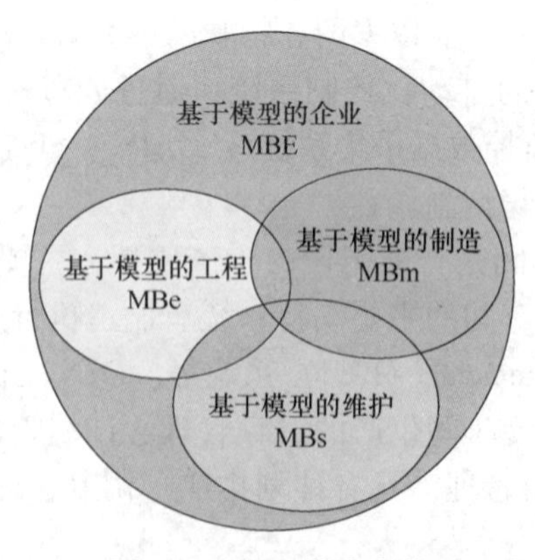

图 5.4 MBE 技术架构

我国中航工业信息技术中心与四川成发航空科技股份有限公司在合作建设的 MBE 项目中，也提出了满足企业实际需要的 MBE 技术架构，如图 5.5 所示。该 MBE 架构以产品 MBD 模型为单一数据源，通过 PDM 产品数据集成平台，力使企业产品 MBD 模型在企业各个生产环节进行传递与应用。本章仅侧重关注其中的MBm（基于模型的制造）部分。

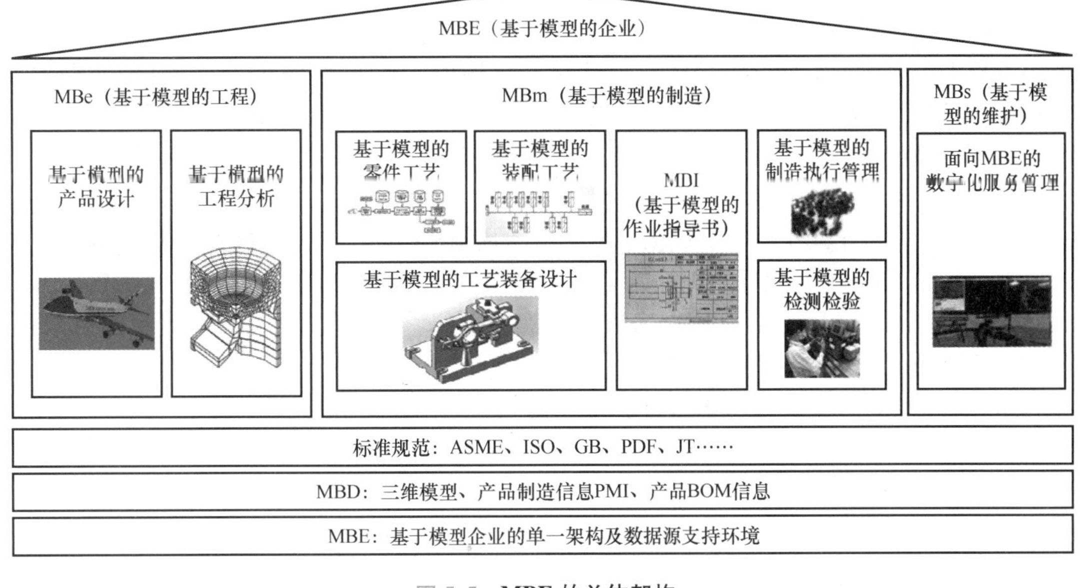

图5.5 **MBE的总体架构**

图5.5所示的MBm（基于模型的制造）部分主要包括以下技术内容：

（1）基于模型的生产技术准备 生产技术准备是在产品设计完成后、实际投入生产前所需完成的一系列生产上的技术准备工作，包括零件加工及产品装配工艺设计、工艺装备设计、生产作业指导书编制等内容。

（2）基于模型的制造执行管理 基于产品设计与工艺设计MBD模型及工厂管理层下达的主生产计划，应用MES管理工具对生产车间进行生产排产、制造执行、数据采集、报表统计等现场生产的控制与管理，并将生产现场信息实时反馈给工厂管理层，以便对车间生产现场进行实时调度与优化管理。

（3）基于模型的检测检验 基于产品MBD模型的检测检验辅助编程软件工具，生成基于产品特征的产品检测检验规划及其程序的编制，可在虚拟环境下进行检测检验仿真，优化检测检验执行文件，用以驱动检测检验装置的产品质量检测。

［案例5.1］ 法士特公司数字化网络化工厂的基本架构

陕西法士特汽车传动集团有限公司（简称法士特），是位于世界前列的商用重卡变速器生产企业，2019年公司实现销售汽车变速器100万台，产销收入双超200亿元。

法士特非常重视企业的技术进步，在公司早期装备数控化、自动化升级基础上，依据工厂实际运行和生产管理方式，全局规划并稳步推进数字化网络化建设。2004年至2012年，公司积极推广ERP系统，探索公司采购、物流、制造、销售、财务等进行统一管控。同期上线了产品生命周期管理（PLM）系统，建立了以产品结构为核心的产品数据存储和管理体系。在2013年至2018年，公司各厂区ERP系统全面上线，实现了公司业务的统一管理，实现了产品生产过程可追溯及生产过程透明化，提高了对公司生产的管控能力。

图5.6所示为法士特公司数字化网络化工厂的基本架构，由工厂级、车间级、产线级和装备级四层结构构成。

1）工厂级。主要由工厂生产管控优化系统构成，其主体为企业资源计划（ERP）系统，配套有高级计划与排程（APS）系统、产品生命周期管理（PLM）系统、结构化工艺设计（TCM）系统等，以实现企业经营活动中与产品制造和销售相关的供应链管理、订单管理、生产计划及库存管理等。

2）车间级。车间生产管控优化系统的主体是制造执行系统（MES），具有车间生产过程管理、计划管理、设备管理、能源管理等功能。配套有质量管理系统（QMS），以实现零件的质量管理。通过车间网络连接与信息集成系统，实现车间生产过程的数据采集，为车间生产过程优化与调度提供了数据支持。

3）产线级。由生产自动化控制系统和生产管控优化系统构成，实现生产线和物流的自动控制，以及零部件加工过程的优化与调度。通过对生产线各类设备的网络连接，实现生产过程数据的采集与传输。

4）装备级。由各类设备装置的控制系统组成，包括机床CNC系统、机器人控制系统、监控及物流设备控制系统等，利用数字化指令实现对各个生产设备及单元系统的操作控制，完成产品零件的加工、测量、清洗和装配等任务。

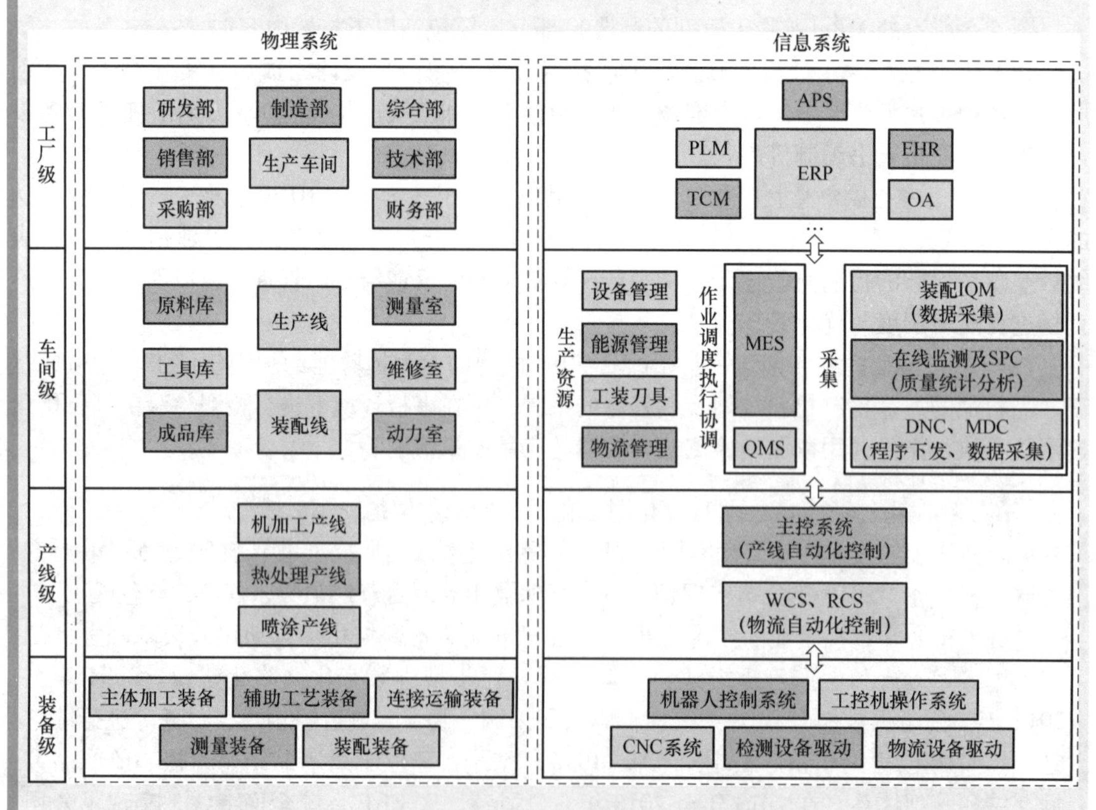

图5.6　法士特公司数字化网络化工厂的基本架构

5.2 全三维工艺设计

5.2.1 工艺设计基本任务及常用 CAPP 系统

机械制造以工艺为本。机械制造工艺是各种机械加工方法及其过程的总称，是通过不同的加工工艺装备及其相关技术从原材料开始不断改变其尺寸、形状及性能，使其成为成品或半成品的过程。制造工艺设计是产品制造过程前的生产准备工作，是根据产品加工要求和生产加工条件，完成包括产品毛坯设计、工艺路线制订、工序设计、工时定额计算、工艺设计文档生成等各项工艺设计任务。

随着数字化技术引入制造领域，计算机辅助工艺设计（CAPP）技术也得到了发展与应用。自 20 世纪 60 年代以来，CAPP 技术在半个多世纪的发展进程中先后推出了不同层次、不同类型的 CAPP 软件系统。各类 CAPP 系统尽管在功能作用和应用范围有所不同，但其结构组成基本类似，主要由零件信息描述与获取、工艺路线生成、工序设计、工艺文件管理、数据库/知识库及系统人机界面等模块组成，如图 5.7 所示。

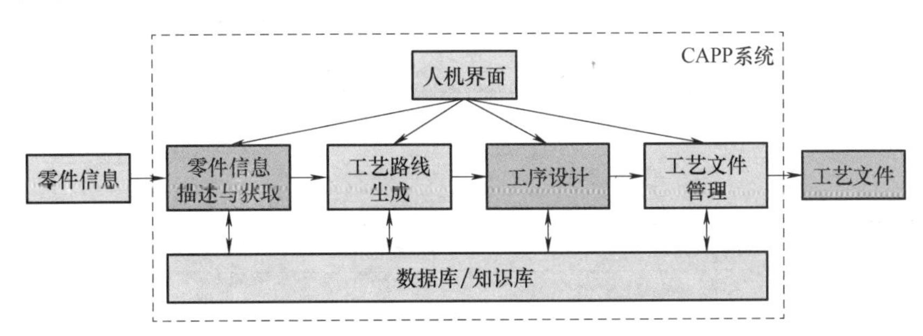

图 5.7 CAPP 系统的结构组成

目前，生产企业常用的 CAPP 系统有交互式 CAPP、检索式 CAPP、派生式 CAPP、创成式 CAPP 和 CAPP 专家系统等，这些 CAPP 系统在工艺规程生成原理及应用范围等方面有较大差异。

（1）交互式 CAPP 交互式 CAPP 是指在系统数据库支持下，工艺设计人员根据系统的提示与引导，通过人机交互方式完成工艺规程设计、工序设计等各项工艺设计任务。与传统手工设计方法比较，交互式 CAPP 系统也能较大程度地提高设计效率，减少人为差错，但仍未摆脱对工艺设计人员经验的依赖，设计结果一致性不高，设计效率也有待提高。

（2）检索式 CAPP 检索式 CAPP 是指将企业现有成熟的各类零件加工工艺文件，作为标准工艺整理存储在计算机标准工艺库内。工艺设计时，可根据零件编码在标准工艺库中检索调用相类似的标准工艺，经编辑修改以完成相关零件工艺的设计任务。检索式 CAPP 系统实际上是一个工艺文件数据库管理系统，其自动决策能力较差，功能较弱。企业的标准工艺往往为数不多，常常会遇到无类似工艺可供检索的困境，因此检索式 CAPP 的应用范围不大。

（3）派生式 CAPP 派生式 CAPP 是指以成组技术为基础，将相似零件归类成族，建立零件族的标准工艺数据库。工艺设计时，根据零件的成组编码检索所属零件族，调用该零件族的标准工艺文件，经编辑、增删及修改，得到满足要求的零件加工工艺文件。派生式CAPP系统理论上比较成熟，生成原理简单，具有较好的实用性。其不足在于其柔性和可移植性较差，复杂零件及相似性较差的零件难以形成零件族。

（4）创成式CAPP 创成式CAPP是指根据零件结构特点和工艺要求，根据系统自身工艺数据库、知识库及决策逻辑，在没有人工干预条件下，自动创成零件加工工艺规程，包括零件加工工艺路线和加工工序，是一种智能型的工艺设计系统。创成式CAPP自动化程度高、适用范围广，具有较高的柔性，是一种比较理想而有前途的工艺设计方法。然而，由于工艺决策过程经验性较强，影响因素多，存在多变性和复杂性，故目前创成式CAPP系统还只能从事一些简单的特定环境下零件的工艺设计作业。

（5）CAPP专家系统 CAPP专家系统是指将人类专家的工艺知识和经验表示成计算机能够接收和处理的设计规则，采用工艺专家的推理和控制策略，处理和解决工艺设计领域内只有工艺专家才能解决的工艺问题，并达到工艺专家级的设计水平。CAPP专家系统是一种基于知识推理、自动决策的系统，具有较强的知识获取、知识管理和自学习能力，是CAPP技术一个重要的发展方向。

上述各类CAPP系统各有特色，同时也存在各自的不足。由于机械加工工艺受到企业类型、生产批量、设备条件、人员技术等诸多因素影响，较难有一个满足多方面要求的通用CAPP系统，从而形成了在企业内多种形式CAPP系统并存的局面。表5.1列出了各类CAPP系统性能比较。

表5.1 各类CAPP系统性能比较

类型	工艺生成原理	系统特点	存在不足
交互式CAPP	在系统工艺资源库支持下，以工艺人员为主导，交互完成工艺设计	系统结构简单，易于构建，适用性好	设计效率不高，经验依赖性高，设计结果一致性差
检索式CAPP	通过零件编码检索标准工艺库中类似的标准工艺，经编辑修改完成工艺设计	系统结构简单，易于构建，操作简便，具有较高的设计效率	系统功能较弱，应用范围受到标准工艺库的限制
派生式CAPP	以成组技术为基础，根据零件编码检索所属零件族标准工艺，经编辑修改完成工艺设计	理论成熟，原理简单，易于实现，继承应用企业成熟工艺，实用性较好	适用面较小，柔性和可移植性较差，复杂零件及相似性较差零件难以形成零件族
创成式CAPP	根据零件结构和工艺要求，应用工艺决策规则和推理逻辑，自动创成零件加工工艺	自动创成工艺规程，自动化程度高，适用范围广，具有较高柔性	机加工艺决策经验性强，影响因素多，存在多变性和复杂性
CAPP专家系统	以知识库为基础，以推理机为核心进行推理决策，完成工艺设计过程	有较强知识获取和自学习能力，可达到工艺专家级的设计水平	完善的知识库建设不易

5.2.2 基于模型的工艺设计思路

前面所介绍的各类CAPP系统，均以二维工艺文件作为CAPP系统设计结果的输出，包括二维工艺卡片、二维工序图及作业指导书。与产品二维图样类似，同样存在着工艺信息理解、交流及共享等不便。

产品设计结果以 MBD 模型进行表示，大大便利了后续的产品生产活动，包括产品工艺设计过程。基于模型的 CAPP 系统（或全三维 CAPP 系统）以产品设计 MBD 模型为基础，在三维可视化设计环境下开展零件工艺路线制订及详细工序设计等工艺设计任务，其基本思路如图 5.8 所示。首先，工艺设计人员通过交互或几何推理等方法从零件设计 MBD 模型中提取零件的基本信息，包括零件的结构特征、设计尺寸、材料特性、热处理方式、加工精度与表面粗糙度等；在系统工艺数据库与知识库的支持下，设计规划零件加工的工艺路线；进行工序设计，驱动生成三维工序 MBD 模型；添加关联的工艺信息，最终完成包含全部工艺信息的三维工艺设计 MBD 模型；审查发布工艺 MBD 模型，若有需要也可生成工艺过程卡、工序卡、材料清单等传统工艺文件，以便与传统生产模式自然对接。

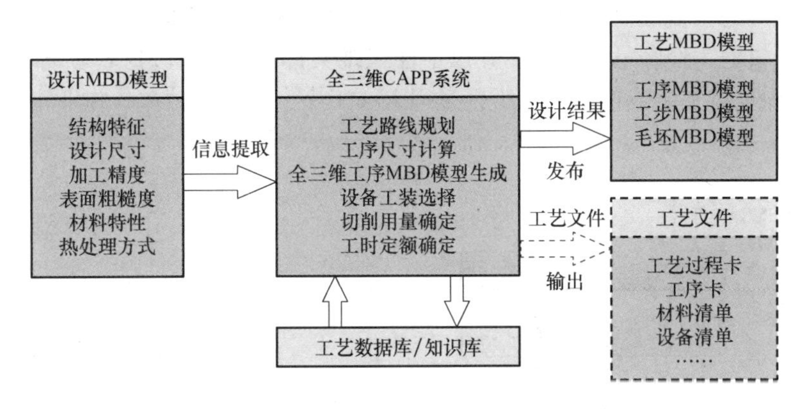

图 5.8 全三维 CAPP 系统工艺设计思路

与传统 CAPP 系统相比，全三维 CAPP 系统工艺设计具有以下特点：

1）以工艺 MBD 模型为零件工艺信息载体。全三维 CAPP 系统是以工艺 MBD 模型表达所有零件加工的工艺信息，而不再是以传统文字、表格及二维工程图等传统手段表示。

2）由工序/工步 MBD 模型表达了零件加工工艺过程。全三维 CAPP 系统工艺设计结果是以一个个工序/工步 MBD 模型表达零件加工过程的，所有工艺信息三维可视、直观清晰、易于理解。

3）易于模型的动态重构。前后工序/工步 MBD 模型的几何特征相互关联，易于实现模型的动态重构。

4）与 CAD 系统实现无缝集成。全三维 CAPP 系统直接从产品设计 MBD 模型中获取零件的工艺信息，自然易于实现 CAD/CAPP 系统的无缝集成。

5）较好的生产过程指导效果。借助三维阅读工具，便可阅读浏览三维工艺 MBD 模型，清晰直观展现零件的加工过程，易于被后续生产环节理解和接收。

5.2.3 全三维 CAPP 系统工艺设计过程

全三维 CAPP 系统工艺设计过程是指以产品设计 MBD 模型为基础，经特征识别、工艺信息提取、产品工艺规程设计、毛坯设计、详细工序设计等设计环节，最终完成零件加工工艺设计任务，并将设计结果以工艺 MBD 模型形式进行表示与发布，如图 5.9 所示。其具体设计步骤为：

1）创建或导入零件设计 MBD 模型，以此模型为基础进行全三维零件加工工艺设计。

2）应用交互式或几何推理方法自动从零件设计 MBD 模型中进行加工工艺特征的识别，提取和加工与特征相关联的工艺信息。

3）对提取得到的工艺特征进行分析，应用工艺知识库及系统工艺设计功能进行工艺路线分析与规划，制订零件加工工艺过程。

4）根据零件结构以及加工工艺特征，进行零件毛坯设计。

5）进行详细的工序设计，选择工序设备、工艺装备和刀具等，计算工序余量及工序加工尺寸、确定工序切削用量等。

6）根据加工工序要求及零件的结构特征，进行工序工艺装备的协同设计。

7）计算工时定额及材料定额。

8）组织整理包括毛坯 MBD 模型、工序/工步 MBD 模型、工装 MBD 模型在内的全三维工艺设计 MBD 模型，经轻量化处理，并以中性三维文件形式（如 3D PDF 等）发布工艺设计结果，也可根据需要生成输出包括工艺过程卡、工序卡、材料清单、作业指导书等传统工艺文件。

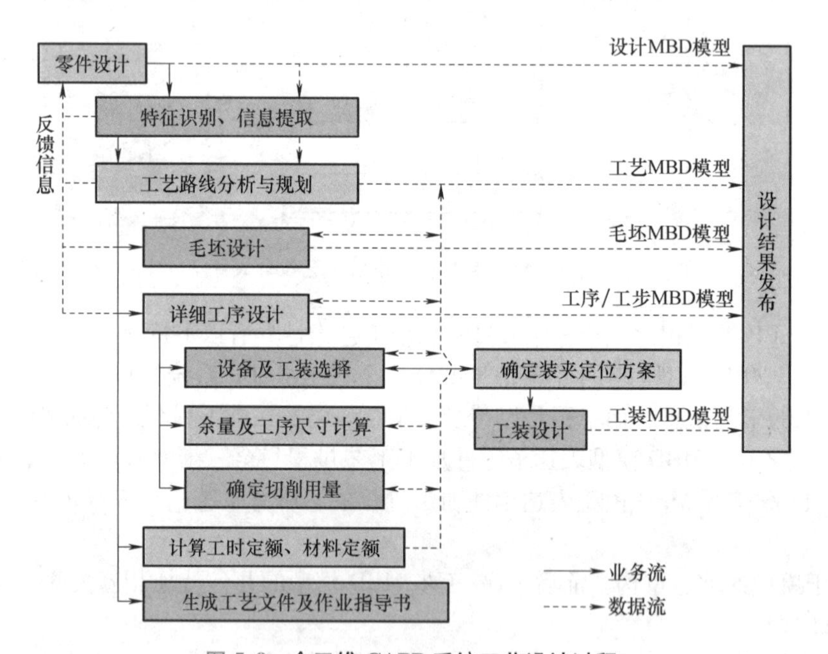

图 5.9　全三维 CAPP 系统工艺设计过程

5.2.4　工艺设计 MBD 模型的信息管理

机械加工过程所涉及的工艺种类多，各工序所包含的信息也不尽相同，为了便于后续生产环节的理解和读取，按照零件加工工序顺序及其隶属关系，可采用层次结构对工艺设计 MBD 模型信息进行组织与管理，如图 5.10 所示。在该模型信息层次结构中，第一层为零件工艺信息层，包含有零件加工工艺路线、材料特征、毛坯模型、设计模型及零件名称 ID 等管理信息；第二层为工序信息层，包含各工序 ID、工序加工机床设备、装夹定位方式、工序视图及所包含的工步数等；第三层为工步信息层，包有工步 ID、工步余量、切削用量、工时定额等；第四层为工步模型层，包含工步的制造特征、几何特征及标注特征等信息。当然，如果加工工序较为简单，则也可以没有工步信息层。

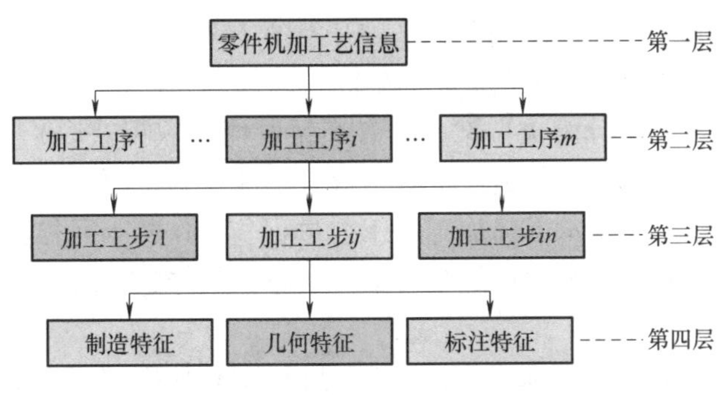

图 5.10 零件工艺信息层次结构

全三维 CAPP 系统将产品工艺设计 MBD 模型通过树状结构进行存储与管理，该工艺树的各节点信息可用 CAPP 系统的图层或视图进行表示，如图 5.11 所示。在三维可视化系统设计环境下，工艺设计人员进行各项工艺设计任务，随着设计过程推进，模型的信息得以不断扩展完善，在设计过程中可对工艺树的各个节点信息进行编辑、修改或增删，通过遍历工艺树可对产品加工工艺过程进行浏览与仿真。

这种树状结构的工艺设计 MBD 模型信息组织与管理方法，清晰简洁地表达了零件加工的工艺规程，不仅方便工艺设计人员进行设计作业过程，也便于后续生产制造人员对零件加工工艺信息的浏览和提取。

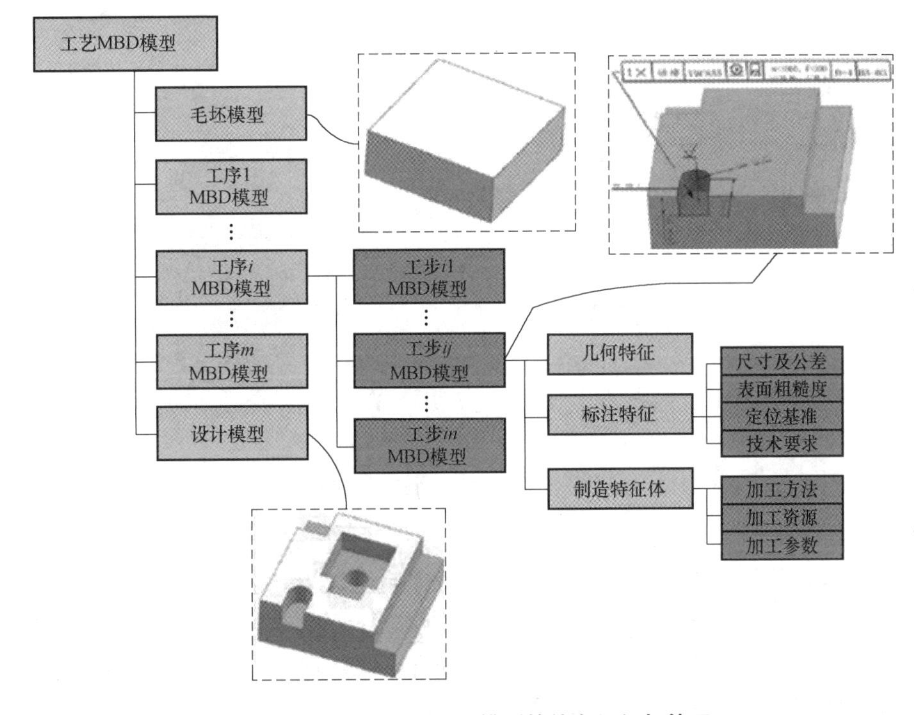

图 5.11 工艺设计 MBD 模型的信息组织与管理

[案例 5.2] 基于西门子公司软件的全三维产品工艺设计系统

基于西门子公司软件的全三维工艺设计系统是以西门子三维设计系统 NX 及产品生命周期管理（PLM）平台 Teamcenter 为基础开发的工艺设计系统，以辅助工艺设计人员完成零件的全三维工艺设计及工艺文档的生成。

该系统的零件工艺设计解决方案，具有产品设计（数据获取）、工艺设计、工艺装备设计、工艺仿真、工艺卡片与统计报表生成等功能，其主要特点是通过零件加工三维工序模型及其标注信息来表示零件加工的工艺过程、操作要求及检验项目等。作为产品生命周期的组成部分，该工艺设计过程建立在 PLM 平台之上，使其与 PLM 系统共享产品统一的数据源。

1）获取设计数据。应用 NX 系统打开产品设计 MBD 模型，通过旋转、缩放、剖切等图形处理功能查看产品 MBD 模型，通过模型 PMI 视图获取所标注的尺寸公差及精度要求等工艺信息。

2）建立工艺结构模型。在 PLM 数据平台上，构建结构化的零件工艺数据模型，并建立与工厂数据间的关联，如图 5.12 所示。

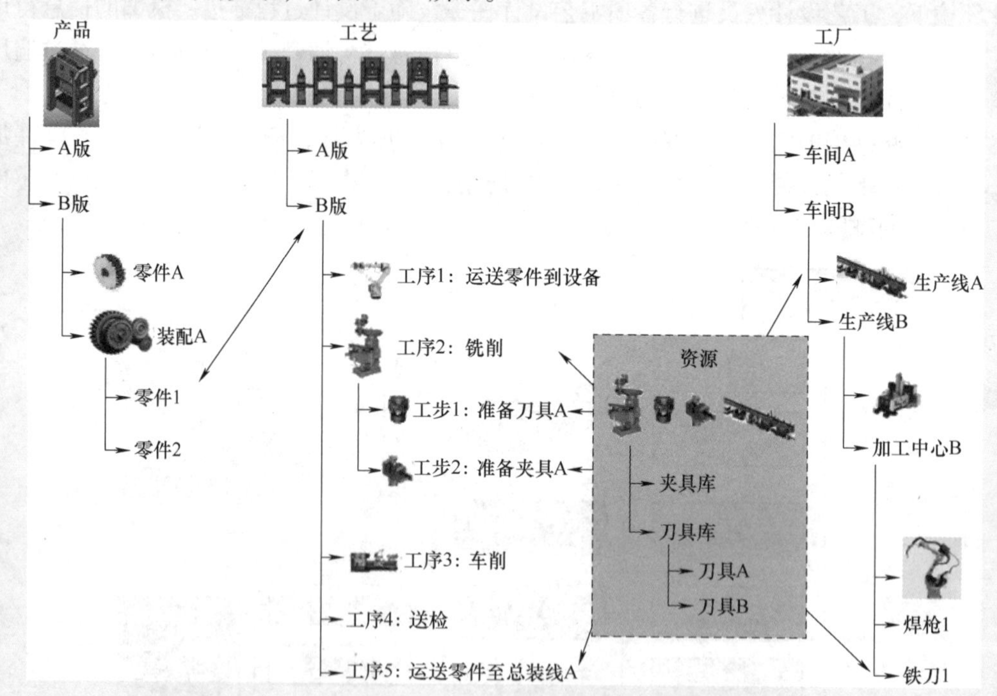

图 5.12 结构化的零件工艺数据模型

根据所构建的零件工艺数据模型，在 PLM 平台上建立工艺 BOM，每个产品零部件对应一个总工艺节点，在该节点下建立零件加工所需的工艺规程，如毛坯制备、机加工艺、热处理工艺等。对工艺规程中的每道工序配置所需要的加工设备、工艺装备及辅助物料等，并与相关生产车间相关联，如图 5.13 所示。

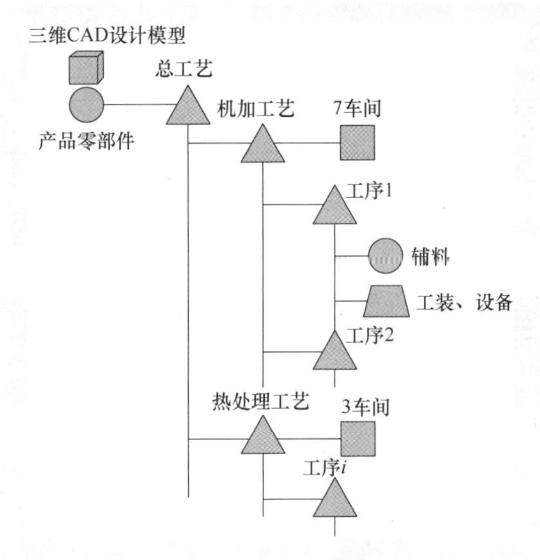

图 5.13 工艺结构树

3）建立工序 MBD 模型。关联零件设计模型，通过对零件设计模型的修改（如添加加工余量、删除不必要的孔、槽等特征），建立各个工序 MBD 模型。通过零件设计模型中的 PMI 对各工序 MBD 模型进行三维制造信息的标注，包括加工工序的尺寸公差、加工区域标识、操作说明、检验要求等，如图 5.14 所示。

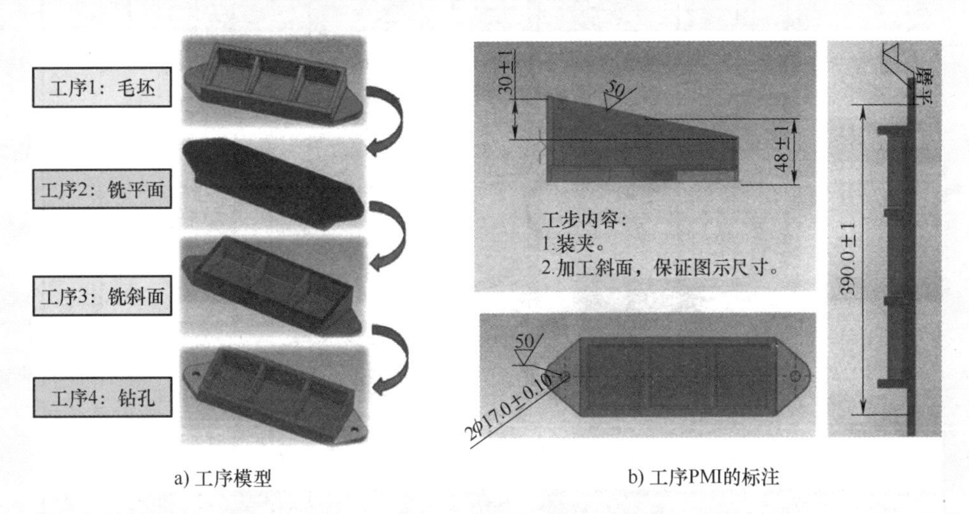

a) 工序模型　　b) 工序PMI的标注

图 5.14 工序 MBD 模型实例

4）生成加工工艺文件。零件工艺设计的结果，可通过多种形式进行发布，如 HTML、2D/3D PDF、在线作业指导书等，也可以生成传统二维工序卡片。工序卡片可使用事先定制的模板，并从系统中提取产品名称、工序 ID、所用工艺装备及设备等信息添加到工序卡片中。图 5.15 所示为某工序卡片样例。

机械加工工序卡片	产品名称	产品图号	文件编号	共1页
	力拓公司40t轴重矿石车	OCH-321-00-00-000	OCH-321-2340-6	共1页

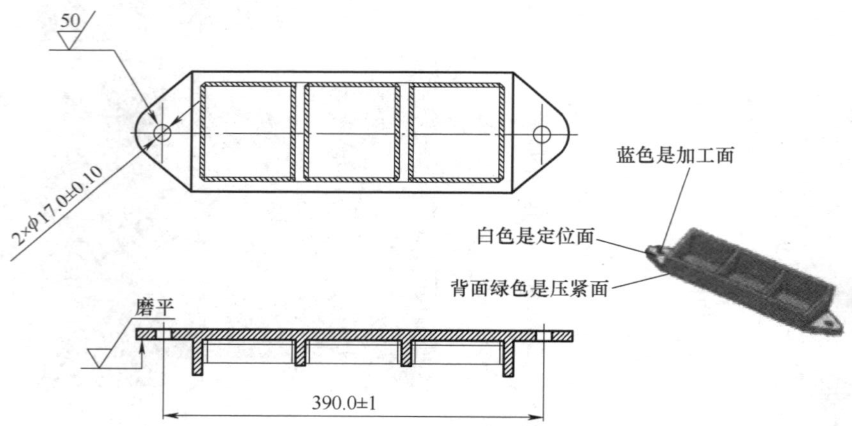

零件名称	上旁承
零件图号	OCH-321-01-07-001
工序号	3
工序名称	钻孔
材料牌号	AAR8 M.201-C锻
毛坯种类及尺寸	铸造塑料
设备 图号、名称	3050摇臂钻床
设备 编号	ZSC3301-0-2
夹具名称	夹具编号
钻模	

零件重量	切削液	工序工时 准终	工序工时 单件
2.35			

工步号	工步内容	工艺装备 工步号	名称及规格	图号	主轴转速 转/分	切削速度 米/分	进给量 毫米/转	切削深度	走刀次数
1	装夹。	2	0~150游标卡尺		300~400		0.2~0.3		3
2	加工孔，按照如图所示尺寸加工到位。	2	壁厚卡钳						
0	检查。								

会签	标记	处数	更改文件号	签字	日期	标记	处数	更改文件号	签字	日期	描图	设计	校核（组长）	标准化

冷艺格 8-2003

图 5.15 某工序卡片样例

5.3 ■制造执行系统

5.3.1 MES的内涵特征

制造执行系统（Manufacturing Execution System，MES）概念出现于20世纪90年代，属于企业生产制造层的信息管理系统，作用于生产车间的信息管理，指导车间生产运作过程，改善物料的流通性，是连接企业管理层企业资源计划（ERP）与生产制造层生产过程控制系统（Process Cortrol System，PCS）的桥梁和纽带，如图5.16所示。

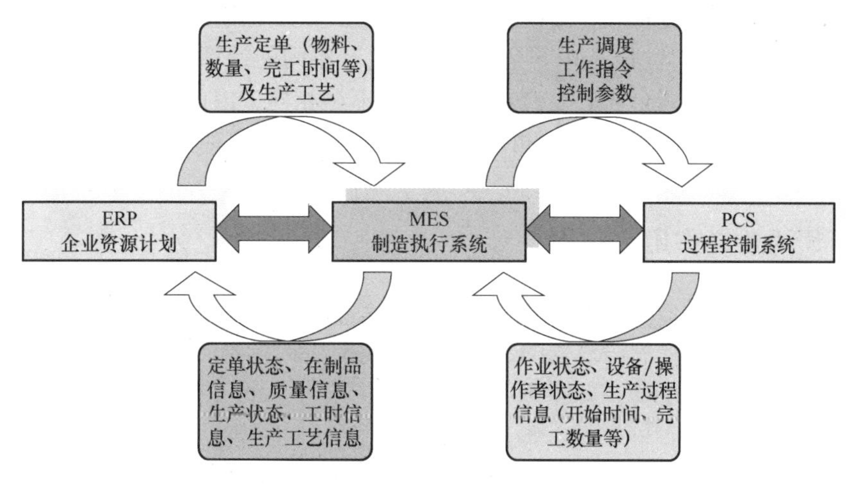

图5.16 MES的桥梁作用

国际制造执行系统协会（MESA）对MES的定义为“MES能够通过信息传递，对从产品生产订单下达到产品完成的整个生产过程进行优化管理，当生产现场发生实时事件时，MES能够对此做出及时的反应和报告，并用当前的准确数据进行处理和指导。通过对现场生产状态的快速响应，以减少企业内部的无附加值活动，有效指导生产车间的生产运作过程。通过企业上、下层信息双向的直接通信，增强企业对生产经营过程的把控，提高企业对市场响应的能力”。

MES用来帮助企业完成从订单接收、生产执行、流程控制等一直到产品制造完成整个过程的信息管理与调度控制任务，以支持企业产品生产过程高效、高质、流畅地实施。通过关联式资料库、图形化使用界面、开放式架构等技术，MES接收ERP系统下发的主生产计划、MBOM表、工艺路线、作业指导书等工艺数据，进行生产排产、制造执行、数据采集、统计报表等生产活动，为企业管理层提供科学决策所需的实时精确数据。当生产现场发生紧急事件时，能够及时提供现场紧急状态报警以及相关信息，以最快速度通知使用者。MES在生产管理过程的应用，其目的是致力于企业生产流程的优化，最大限度地提高企业生产的效益。

MES是一个企业生产信息管理架构，也是一个企业生产的信息管理系统。它将企业生产现场的实时信息与企业管理的其他信息系统相关联，填补企业管理层与生产控制层之间的鸿沟，致力于减少在制品、提高产品质量、降低生产成本及生产周期，提高企业的整体经济效益。

由此可见，MES 具有以下特征：

1）生产信息管理的中枢作用。MES 是连接企业计划层与生产控制层的桥梁，通过与计划层及生产控制层的双向信息通信，实现企业生产过程的信息集成。

2）生产信息管理的实时性。MES 能够及时收集生产现场的实时信息，进行相应的分析处理和生产调度，并将现场的生产信息实时反馈企业管理层，提高了企业生产数据统计分析的及时性和准确性，避免人为干扰，促使企业生产管理的标准化。

3）优化的生产信息管理模式。MES 可使企业实时掌控企业生产的计划、调度、质量及生产现场运行状态等信息，及时发现问题和解决问题，有效支持规范化生产管理，可实现整个生产过程的优化和精细化管理，提高企业工作效率、降低生产成本。

4）对照企业实况针对性强。MES 是一个用于生产车间的计算机信息管理系统。由于不同行业甚至同一行业的不同企业其生产组织形式均不尽相同，因此 MES 对照企业实况，针对性较强，目前尚无一个通用的 MES 可直接提供使用，需要针对企业的具体条件和要求进行开发。

5.3.2 MES 的功能作用

MES 作为车间生产信息管理技术的载体，其目标是通过对企业生产信息的可视化和规范化管理，以提高企业生产制造过程的透明度，强化对生产过程的控制及其快速响应，构筑可持续改善的企业准时化生产，如图 5.17 所示。

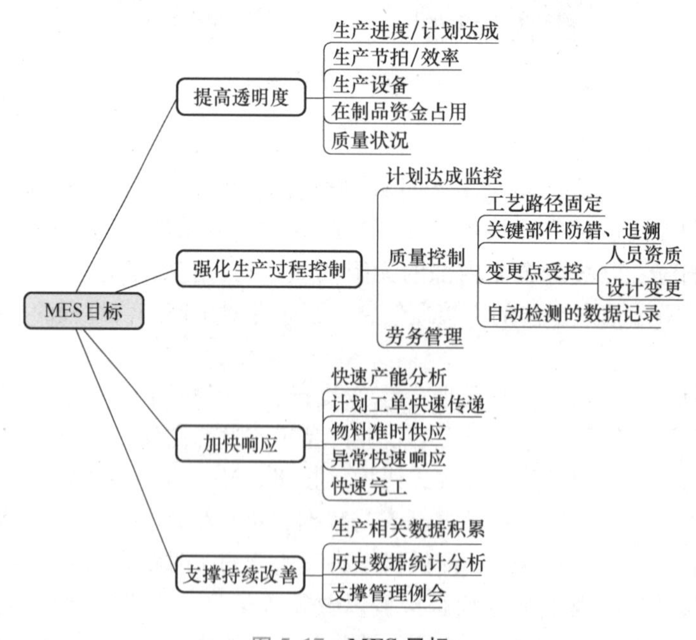

图 5.17 MES 目标

MES 能够利用自身实时监控和准确决策功能，对生产现场进行指导与管理，通过信息传递对从生产订单下达到产品完成的整个生产过程进行优化管理。通过对生产现场状态变化的迅速响应，能够有效减少企业内部没有附加值的活动，指导生产车间的运作过程，从而使企业既能提高及时交货的能力，又可改善物料的流通性能。

MES 核心在于整个生产过程的优化。在其实施过程中，需要收集生产过程中大量的实时数据，并对实时事件进行及时处理，同时又与上级计划层和下级控制层保持双向通信联系，可从上、下两层接收相应的数据并能向上反馈其处理结果和向下发布生产指令。因此，MES 不同于以派工单形式为主的生产管理及以辅助物流为特征的传统车间管理形式，也不同于以作业与设备调度为主的单元控制器，而是将制造执行系统作为一种生产模式，从生产系统的生产计划、进度安排、追踪监视与控制、物料流动、质量管理、设备控制等一体化去考虑，以最终实施制造过程自动化的一种战略。

在协同制造模式下的智能工厂体系架构中，生产是智能工厂所有活动的核心。而 MES 处于智能工厂的供应链、工程技术及生产制造三个维度的交叉处和关键点，如图 5.18 所示。在智能制造时代，MES 不再只是连接 ERP 与车间现场设备的中间桥梁，而是智能工厂所有活动的交汇点，是现实工厂智能生产的核心环节。

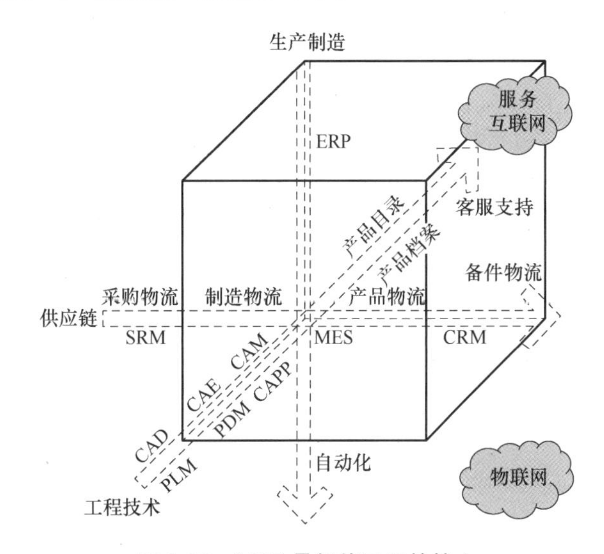

图 5.18 **MES 是智能工厂的核心**

图 5.19 列出了 MES 的功能架构，它集成了企业生产运营管理、产品质量管理、生产实时管控、生产动态调度、生产效能分析、物料管理、设备管理和文档管理等相互独立的多重功能。

（1） 生产运营管理 MES 一方面从企业资源计划（ERP）系统中获取车间的生产作业计划，另一方面接收外协订单分解后的物料需求计划（Material Requirements Planning, MRP），将两个来源的生产任务进行整合，编排车间生产作业计划，安排落实生产设备和物料，进行生产工艺的准备。在整个车间生产过程进行生产状态追踪管理，包括生产工艺、生产进度、生产设备及工具状态等。

（2） 产品质量管理 根据生产目标现场的实时记录，采集产品加工质量，进行质量分析，进行产品缺陷追踪，及时做出质量改进决策。

（3） 生产实时管控 对生产设备进行周期性和预防性的维护，通过对生产过程的监控，提供设备资源的实时状态及历史记录，若产生生产报警，及时组织生产维护人员对相关设备进行及时维护，确保生产设备正确配置和运转，保证生产过程顺利持续的运行。

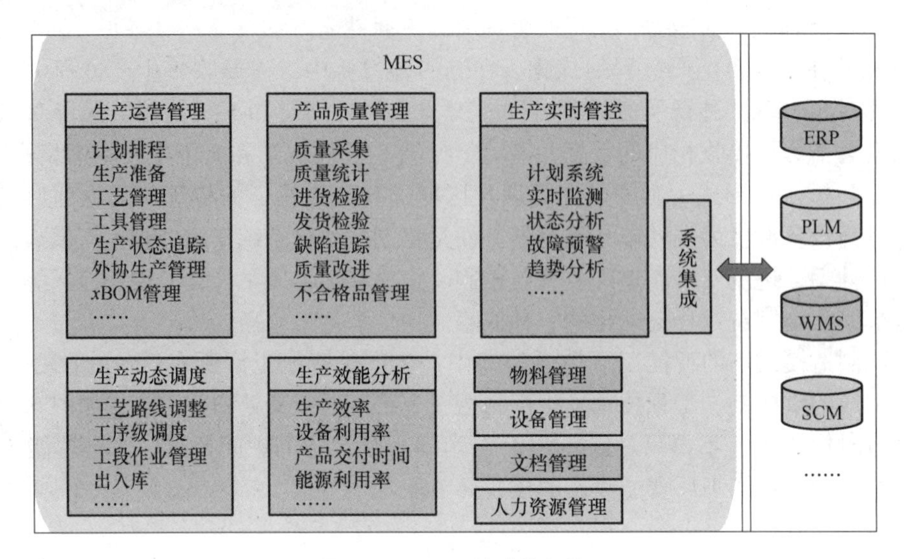

图 5.19　**MES 的功能架构**

（4）生产动态调度　生产动态调度包括工艺路线调整、工序级调度及工段作业管理等内容，这是难度级别较高的 MES 管理问题。MES 监视任何时刻的生产状态来获取每个产品的生产纪录，生产过程出现异常情况时，车间人员报警能够及时进行人工干预，调整已制订的生产进度，并按一定的顺序进行相关生产作业的调度，最大限度地减少生产过程的时间损失。

（5）生产效能分析　通过数据采集与统计，提供不同类型的现场生产数据，包括产品生产状态、生产工时、成本质量等，管理人员可随时掌握产品的实时生产进度、生产质量和生产成本。对现场生产数据与历史生产记录，以及企业目标和客户要求进行生产效能分析，分析结果包括生产效率、设备利用率、能源利用率等。

（6）其他管理功能　包括物料管理、设备管理、文档管理、人力资源管理等。MES 通过物料库存、出入库记录及在制品信息，随时跟踪掌控物料的工艺状态、数量、质量和存放位置等信息；通过对生产设备运行状态的实时监控，适时对生产设备进行保养和维护，确保生产设备的完好率；管理并传递文档资料，包括工作指令、工艺规程、加工程序、生产批量、工程更改通知等，并提供数据文档的编辑、存储和维护等功能；根据车间各类员工实际需求，进行员工的优化配置，实时更新员工状态。

5.3.3　MES 的业务流程

由 MES 的内涵特征和功能作用可知，MES 是从上层 ERP 和 PLM 系统中接收生产任务、产品数据和生产资源等信息，利用自身系统的不同功能模块进行排产和调度，生成车间层的作业计划，并将该计划下达给车间底层的生产控制系统以组织安排生产，同时收集、统计生产现场的生产数据，经分析优化后对生产系统进行调节与控制，从而形成一个闭环的动态生产控制与管理系统。

可见，MES 是一个以动态调度为核心，以生产制造信息收集管理为主要任务的生产执行过程协调与控制的系统。下面通过某企业 MES 具体控制管理流程进一步理解 MES 的功能作用，如图 5.20 所示。

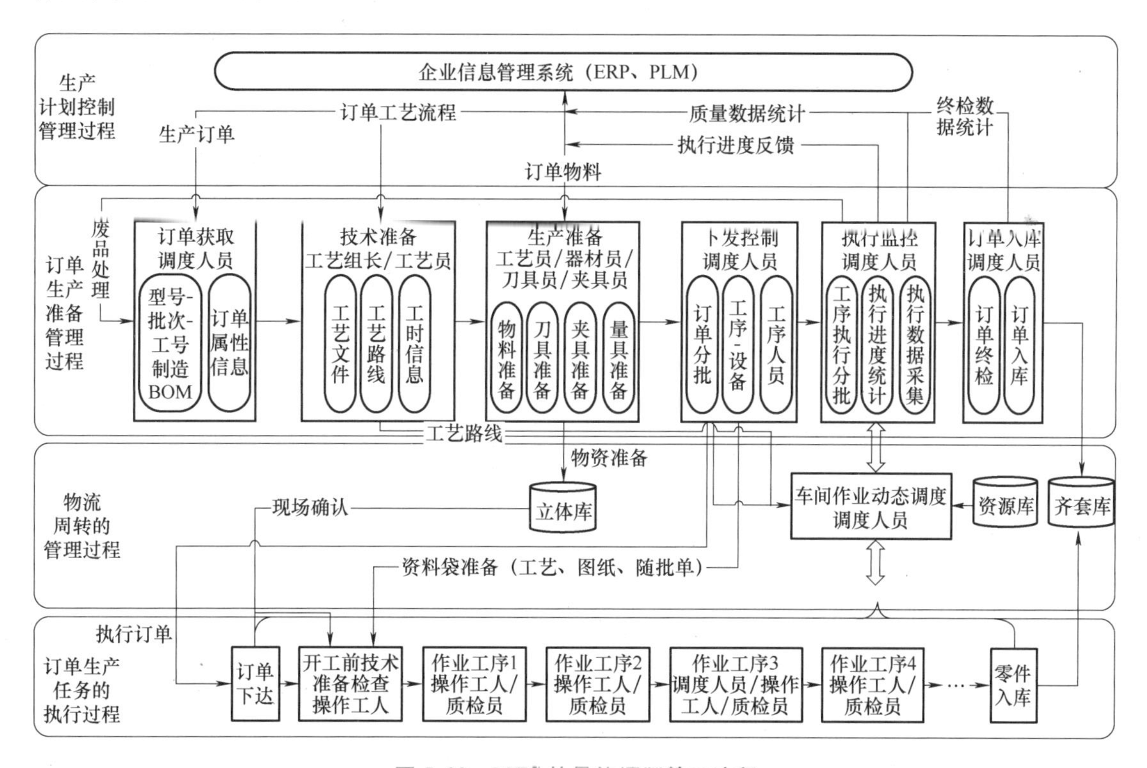

图 5.20 **MES 的具体控制管理流程**

由图 5.20 的 MES 流程框图所示，可将 MES 的具体控制流程分解为以下四个过程。

（1）生产计划控制管理过程 该过程主要由车间主任或车间调度人员负责，完成生产订单获取、生产技术准备、生产任务下发、生产监控与动态调度等，其具体过程如下：

1）从企业 ERP 和 PLM 系统中导入车间生产任务订单。

2）根据生产订单，进行生产工艺及生产设备的准备。

3）根据车间现有条件进行生产排产，分派生产任务，包括生产批次、指定生产人员和生产设备、确定生产起止时间等。

4）进行生产监控，追踪生产计划的执行，及时进行生产过程的动态调度。

5）订单任务完成后，安排订单产品入库。

（2）订单生产准备管理过程 该过程负责订单生产执行前的技术准备工作，包括生产工艺编制、生产设备及数控程序准备等。该过程任务责任人包括计划调度员、工艺组长、工艺设计人员及相关设备人员等，其具体过程如下：

1）工艺组长或计划调度员将生产订单技术准备工作分配给具体工艺人员。

2）工艺人员接收订单任务，编制生产工艺流程，任务完成后上传工艺文件并录入结构化的工艺流程。

3）计划调度员按照所编制的工艺流程，将订单任务派发给相关设备人员进行生产设备的准备，协调并反馈生产任务的准备状态。

（3）订单生产任务的执行过程 该过程任务责任人包括车间调度员、车间主任、仓库管理人员、操作工人和质检人员等，具体任务执行过程如下：

1）调度人员或车间主任对订单产品型号、批次、生产作业看板等负责监督执行，并对工序设备、作业人员及生产进程进行全面管理。

2）操作工人负责订单生产的操作实施，并上报订单开工及完工信息。

3）质检人员负责订单工序质量检查，并上报质量检查结果。

4）仓库管理人员负责生产物料、刀具、夹具及量具等物料状态的实时管理。

（4）物流周转的管理过程 根据订单工艺流程及相关条码，全面监管与当前订单相关联的工序、设备及仓储物流，实现对工艺文件、物料及夹具、刀具量具等物流周转管理，其具体过程如下：

1）计划调度人员按照生产订单作业工序，控制工艺文件的流转，检查生产设备的完好状态。

2）操作工人通过条码扫描，确认物料及夹具、刀具、量具的接收与交还。

3）仓库管理人员查询生产物资的流动状态及工具的完好程度。

由 MES 控制管理流程可见，由于各企业生产的产品对象、生产模式、工艺流程及生产条件的差异，MES 不同于 ERP、PLM 等通用信息管理系统，需要根据企业具体管理要求及生产流程进行专用系统的定制开发与设计。

［案例 5.3］ 西门子公司 MES 生产制造执行技术方案

西门子公司提出了 MES 生产制造执行的技术方案。该方案在计算机网络支持下，通过产品生命周期管理（PLM）平台 Teamcenter 和制造执行系统（MES），为企业产品生产制造执行过程提供科学的决策支持，如图 5.21 所示。

图 5.21 西门子 MES 生产制造执行技术方案

在上述方案中，MES 的业务流程如图 5.22 所示，具体如下：

1）在 PLM 平台 Teamcenter 环境下，完成产品、工艺、工艺装备的设计与验证，并将产品 BOM 及产品加工工艺规程转换为计划 BOM 和计划工艺规程送至 ERP 系统。由 ERP 系统制订企业主生产计划，形成车间生产工单与物料清单，分别发送到 PLM 系统和 MES 中。

2）PLM 综合生产工单、产品物料清单及生产工艺数据生成制造工作包，并将其下发到 MES 中。

3）MES 根据生产工单和制造工作包，进行车间生产排产及生产工艺和物料的准备，并将其下发到车间制造中心进行生产加工，同时负责生产监控、数据采集及产品检验等生产活动。

4）MES 将制造中心现场的实做数据（AS_Built）反馈给 PLM 系统，并将计划完工、物料消耗、非计划停机等信息返送给 ERP 系统。

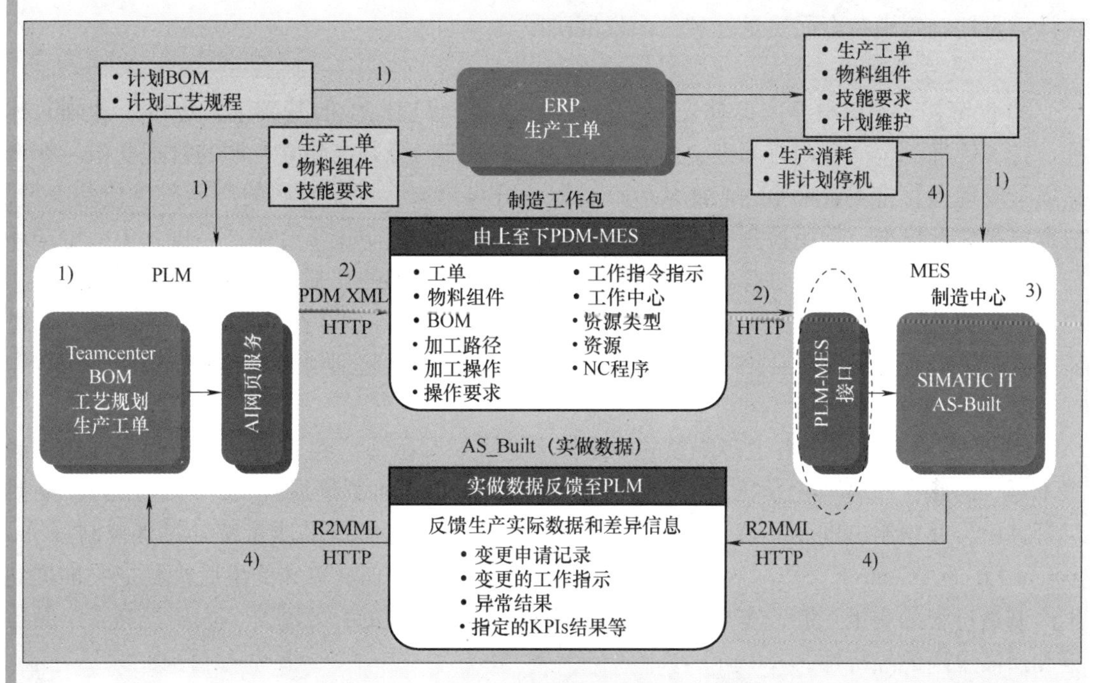

图 5.22 **MES 的业务流程**

从上述西门子公司 MES 生产制造执行技术方案的业务流程可见，该方案有效解决了产品数据在生产现场的应用；实现生产现场数据的实时反馈，具有以下实际应用价值：

1）将产品模型数据与生产过程数据紧密整合，为现代制造业的发展提供了新动力。

2）将产品模型数据和工艺数据实时下发到生产现场，可使生产操作构成更加规范便捷，可显著提高产品的生产效率和质量。

3）基于生产现场数据的反馈，可有效减少技术人员和现场操作员工处理问题的时间，提高了工作效率和质量，减少现场停工时间。

4）生产现场实做数据（AS_Built）的采集与反馈，为产品维护及对产品的改进提高带来便利。

5.4 ■ 生产过程产品质量智能监控和预测

产品质量是产品使用价值的具体体现，是有关企业兴衰的决定性因素之一。随着产品复杂化程度的不断提高，人们对产品质量的要求也越来越高。产品质量主要形成于产品设计、制造与售后服务三大环节，其中60%~70%的产品质量问题出自生产制造过程。本节在简要介绍产品质量管理发展历程的基础上，侧重介绍生产制造过程的产品质量智能监控和预测相关技术。

5.4.1 产品质量管理的发展历程

自20世纪初泰勒先生提出科学质量管理理论以来，产品质量管理经历了质量检验管理、统计质量控制管理和全面质量管理三个发展阶段。

1. 质量检验管理

20世纪初，美国科学家泰勒先生在总结前人生产管理经验的基础上，提出了计划、标准、统一管理的生产管理三原则，主张将计划与职能部门分开，建立专职的管理队伍。在产品质量管理上，将质量检验的职能从生产过程中分离出来，设立专职的产品质量检验人员，根据产品设计标准，利用检测工具对产品质量进行检验，以防止不合格产品进入下一生产环节或出厂。因此，产品质量管理便由操作者自检进入了专职的“质量检验管理”阶段。

质量检验管理实质上是一种“事后把关”的管理方法，是在产品生产加工完成后通过质量检验来发现并剔除不合格产品或废品，难以对产品质量起到预防和控制作用。

2. 统计质量控制管理

20世纪20年代，随着生产规模的不断扩大，人们开始注意到产品质量检验管理存在诸多不足。因此，1924年由美国贝尔实验室休哈特博士首先将数理统计的原理运用到产品质量管理中，并绘制出世界上第一张质量控制图，这就是著名的产品质量统计过程控制（Statistical Process Control，SPC）管理方法。SPC将产品质量管理从单纯的事后检测把关推进到生产制造过程的质量控制，实现了质量控制与质量检验管理的有效结合，大幅提高了产品质量和产品生产的经济性。

相较于质量检验管理，SPC要科学和经济得多，但仍存在许多不足之处。首先，SPC过分强调了数理统计的技术作用，忽略了人员和组织在质量管理中的作用，限制了质量管理的进一步发展。此外，数理统计具有一定的难度，使生产一线操作员工有一种“高不可攀”的感觉，影响了质量管理参与的积极性。尽管如此，SPC仍不失为产品质量管理的一种重要技术手段。

3. 全面质量管理

20世纪50年代，由美国通用电气公司费根鲍姆等人先后提出了全面质量管理（Total Quality Management，TQM）的概念。TQM认为产品质量取决于产品的设计过程、制造过程、使用过程及辅助生产过程等企业所有的生产活动，如图5.23所示。TQM强调全员参与，是力求全面经济效益的一种质量管理模式。TQM要求企业每个员工关注产品质量问题，包括企业最高决策者及生产一线员工，强调质量保障活动贯穿于从市场调研、产品规划、产品开发、加工制造、装配检测到售后服务等产品生命周期全过程。

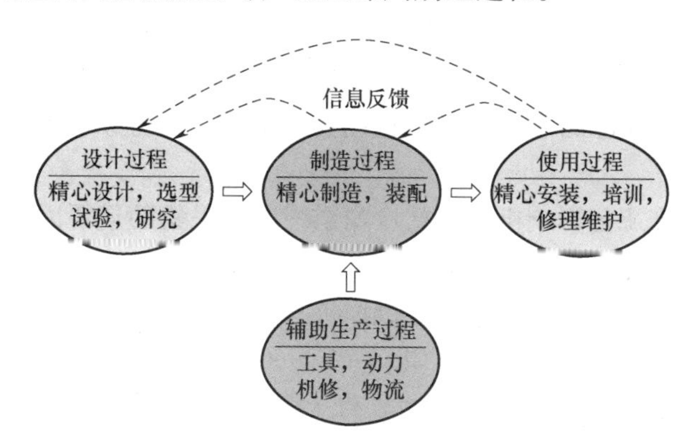

图 5.23 **TQM 产品质量管理作用范围**

TQM 最重要的特点是强调质量管理的全面性，通过一系列的组织工作，将产品质量管理由统计质量控制管理转向质量形成的全过程管理，强调企业全员、全过程和全部门参与到产品质量管理中，显著提高了产品质量的可靠性和质量管理的成本。

近年来，随着物联网、云计算、大数据等新兴技术在制造业的应用和创新发展，为全面提升企业质量管理水平带来前所未有的机遇，有力促进企业质量管理向着产品全生命周期质量管理和服务体系的进化。

5.4.2 产品质量的机器视觉检测

随着产品精度要求的不断提高及生产过程的日益复杂化，工程实践对生产过程及产品质量在线监控与检测提出了新的挑战。传统的生产过程，生产现场的监控主要是依赖于人工进行。由于受到人体机能的限制，人工监控与检测存在着效率低、易疲劳等不足，对于许多精密、微型类产品的生产过程，单凭人工已无济于事。为此，借助先进的科技手段与工具进行生产现场的监控和产品质量的检测已成必然。

1. 机器视觉质量检测的原理与步骤

机器视觉的质量检测，一般是采用 CCD 摄像机（或 CMOS 摄像机）采集检测目标的图像信息，并将其传送到专用的图像处理系统；图像处理系统根据其像素分布、亮度及颜色等信息，将其转换成数字图像；经过对数字图像的智能运算、学习识别处理来提取目标对象的相关特征，如数量、大小、面积、位置等；根据预设的阈值或模板最终获取检测结果，达到质量检测的目的。

通常，机器视觉质量检测包含以下步骤：

1）图像采集。通过工业相机或其他光学系统，采集检测目标图像，并将其转换为数字信息进行存储。

2）图像预处理。对所获取的图像信息进行预处理，去除背景噪声及多余信息，或采用图像复原技术校正因图像采集过程所造成的图像退化变形，提高所采集图像的质量。

3）特征识别提取。通过分类、统计、深度神经网络等智能分析技术，识别提取目标图像中所包含的关键质量特征。

4）判别决策。将所提取的关键特征变量进行降维处理，将特征集减小到满足最后判别决策的要求，将最终获取特征值与事先给定的阈值或图像模板进行比对，以确定检测对象是否满足特定的质量检测标准。

2. 机器视觉检测系统

一个完整的机器视觉检测系统，通常包括照明光源、工业摄像机、图像处理软硬件等部分。

（1）照明光源 光源是影响机器视觉检测系统数据采集的重要因素。生产现场环境下，被检测对象需要有合适的场景光照才能拍摄到满意的检测图像。

（2）工业摄像机 目前，常用的工业摄像机有 CCD 摄像机和 CMOS 摄像机两种类型。

CCD 摄像机又称为电荷耦合器件（Charge Coupled Device，CCD）摄像机，是由被摄目标的反射光线经过镜头聚焦到 CCD 芯片上，经 CCD 光电转换作用以形成一幅数字化图像，具有灵敏度高、畸变小、寿命长等特点，在市场上被广泛使用。

CMOS 摄像机是将所有逻辑和控制器件放在同一块硅质芯片上，采用互补金属氧化物半导体（Complementary Metal Oxide Semiconductor，CMOS）作为感光传感器，可直接将感光图像转变为电压信号，其转换速度非常快，是 CCD 摄像机转换速度的 10~100 倍，其结构简洁小巧，通常适用于高帧率摄像。

（3）图像处理软硬件 机器视觉检测系统通常基于 PC 平台，由图像采集卡和计算机存储器等硬件系统，以及不同类型的图像处理、智能运算、识别诊断等软件系统组成，其中的软件系统至关重要，关系到现场图像处理检测的实时性和检测结果的准确性。

3. 钻头磨损机器视觉检测实例

机器视觉检测系统的应用领域较为广泛，可用于生产现场实时状态的监控、产品质量的检测，也可用于紧急事件报警等。下面以制备印制电路板（PCB）过程中微型钻头磨损的机器视觉检测为例，介绍机器视觉质量检测的具体应用。

（1）PCB 制备过程中微型钻头的应用 PCB 制备过程涉及大量精密微细小孔的钻削加工，需要采用直径仅有 0.1mm 甚至 0.01mm 的微型钻头进行高速钻削加工完成，准确检测与监控微型钻头的工作状态已成为 PCB 加工过程质量控制的重要环节。这种检测过程仅凭人眼视觉观察是无法胜任的，应用机器视觉进行微细钻头工作状态的监控与检测是一种最好的选择，且具有高效、准确、低成本等优点，而不存在人工检测的视觉疲劳，可避免人为的检测差错。

（2）刀具后刀面磨损 切削刀具在加工过程中，在切除多余工件材料的同时，在高温高压作用下切削刀具后刀面承受着与已切削工件表面极其剧烈的摩擦，进而导致刀具的磨损。刀具的磨损不仅影响工件的加工精度，在极度磨损状态下往往会导致切削刀具的失效甚至引发严重的加工事故。为此，当刀具磨损到一定程度时，必须及时进行刀具的更换或刀刃的重磨，以保证刀具能够正常持续地工作。

通常，刀具磨损是通过刀具后刀面的磨损量进行度量的。尤其在钻削加工状态下，钻头是在封闭环境下工作，工作条件恶劣，其后刀面磨损与其他刀具相比更为剧烈，如图 5.24 所示。因此，在 PCB 加工过程中通过对微型钻头后刀面磨损量的检测，来反映该钻头的工作状态及产品加工质量的优劣。

（3）微型钻头后刀面磨损机器视觉检测系统 微型钻头后刀面磨损机器视觉检测系统由 LED 光源、CCD 摄像机及图像识别处理系统组成，如图 5.25 所示。CCD 摄像机从钻头正前面摄影采集后刀面磨损图像，并将其传送至计算机系统进行识别、判断，检测后刀面磨损量的大小，确认钻头后刀面磨损程度，以此判断钻头的工作状态。

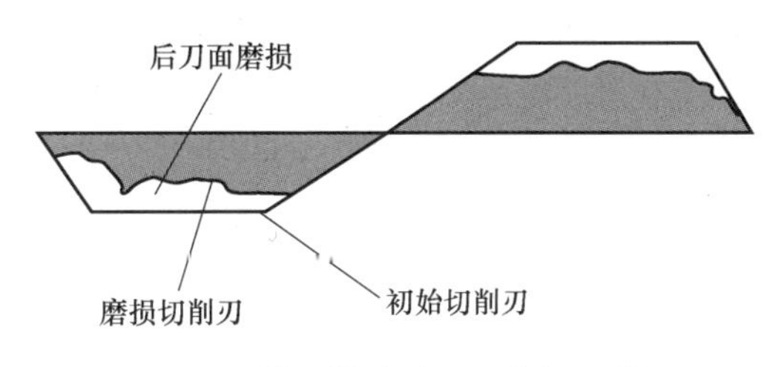

图 5.24 微型钻头后刀面磨损示意图

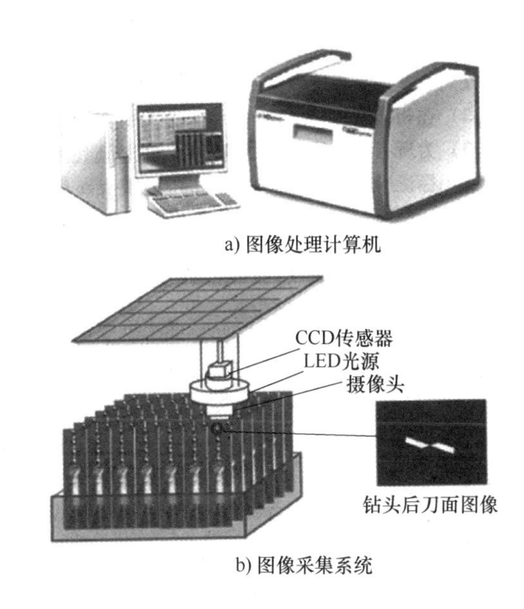

图 5.25 微型钻头后刀面磨损机器视觉检测系统

5.4.3 生产过程的质量预测

质量预测作为产品质量控制的重要手段，可提前预知不同工况下的产品质量水平，从而能够及时调整制造工艺，以避免出现质量问题从而造成经济损失，这对于提升企业产品制造水平具有重要意义。

目前，产品质量预测方法主要有两类：一类是基于统计过程控制理论的质量预测；另一类是基于人工智能的质量预测。基于统计过程控制（SPC）理论的质量预测，是通过 SPC 控制图来预测产品质量的变化的，由于生产工艺存在较多的不确定性，该方法往往难以得到预期的效果。基于人工智能的质量预测，是指应用机器学习智能算法来构建预测模型，通过数据驱动以实现对生产过程产品质量的预测。随着物联网、大数据、云计算等新一代信息技术的快速发展，数据计算能力得到极大的提高，基于人工智能的质量预测已成为当前的主流发展方向。

基于人工智能的生产过程产品质量预测，主要依赖于深度人工神经网络模型特征提取来达到质量预测的目的。经典的深度人工神经网络有卷积神经网络（CNN）和循环神经网络

(RNN)，这两者在计算机视觉识别、自然语言识别处理等领域取得了巨大的成功。但这些经典模型也存在数据采集困难、特征提取过程复杂、训练成本高等不足，属于典型的数据饥饿型模型，需要大量标注数据进行训练才能获得稳定而有效的学习模型，而在实际工业生产过程中获得大规模标注数据是不太现实的。

近年来，在经典学习模型基础上衍生出众多新型智能学习模型，如注意力机制（Attention）模型、长短期记忆（Long Short-Term Memory，LSTM）神经网络模型、双向长短期记忆（Bidirectional Long Short-Term Memory，BiLSTM）神经网络模型、最小二乘支持向量机（Least Squares Support Vector Machine，LSSVM）模型等。这些新型学习模型现已被广泛应用于过程控制、可靠性及产品质量预测等领域。

下面以东华大学张洁教授应用 Attention-BiLSTM 模型对液晶显示器生产过程质量预测为例，具体介绍基于人工智能的质量预测技术。

1. 液晶显示器生产制造工艺流程

在半导体产业中，液晶显示器（TFT-LCD）的生产制造过程十分复杂，其主体工艺流程包括阵列工艺、单元装配、模块装配三大环节。阵列工艺环节包括涂覆光刻胶、曝光、显影、刻蚀等多个循环工序；单元装配环节包括基板压合、切割、基板间液晶充注等工艺过程；模块装配环节包括偏光片、PCB 集成电路模块的组装等工艺过程。TFT-LCD 生产整套工艺过程需涉及 13 道工序，每道工序包含日期、机台 ID、机台温度、环境湿度、功率、液体流量等工艺参数，可见影响 TFT-LCD 生产制造质量的工艺参数具有多源、高维及复杂关联等特点，导致 TFT-LCD 具有产品质量控制难度大、生产成本高等制造特征。

2. 基于 Attention-BiLSTM 模型的生产质量预测方法

针对 TFT-LCD 产品生产工艺特点，采用了 BiLSTM 与 Attention 结合的复合模型对该产品生产质量进行预测。应用 BiLSTM 模型以挖掘该产品生产上、下游工艺数据的关联关系，再通过 Attention 模型来增强关键工艺特征贡献度效应，借助这种深度人工神经网络模型可有效提取其生产工艺特征，实现对该产品质量指标的准确预测，如图 5.26 所示。

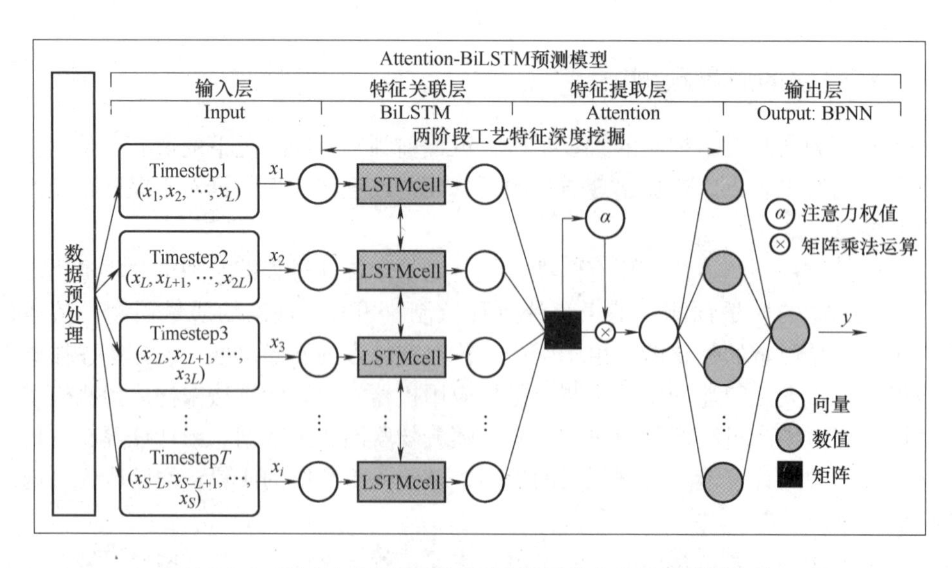

图 5.26　基于 Attention-BiLSTM 模型的生产质量预测方法

由图5.26可见，该质量预测模型由输入层、特征关联层、特征提取层及输出层构成，其中特征关联层和特征提取层是该模型的核心，通过两者的共同作用来实现工艺特征的深度挖掘。特征关联层由BiLSTM网络构成，通过模拟产品制造过程误差的复杂传递特性来捕获工艺数据间复杂关联化的工艺特征；特征提取层通过Attention网络，学习不同时刻下关联化工艺特征对最终产品质量贡献的差异，以增强对产品质量具有决定性影响的关联化工艺特征效应。通过上述处理过程，实现深层次工艺特征的挖掘，最后通过输出层BP神经网络（Back Propagation Neural Network，BPNN）实现对生产过程产品质量的准确预测。下面详细介绍该模型对产品质量预测的处理过程。

（1）数据预处理 数据预处理模块包括对缺失数据填充、噪声数据清洗及冗余数据筛选等数据处理过程。设备故障等原因往往会造成部分工艺数据的缺失，可采用该类数据的均值进行填充，以弥补所缺失的数据。对于噪声影响所产生的异常数据，需要通过数据筛选加以剔除。对于复杂产品的工艺数据，由于其度量单位多且不同数据间的差异性较大，为消除不同量纲的影响，需要对所有工艺数据进行归一化处理，见式（5.1）

$$x_{i*}=(x_i-x_{\min})/(x_{\max}-x_{\min}) \tag{5.1}$$

式中，x_i为原始数据；$x_{\max}$和$x_{\min}$为x_i的最大值和最小值；x_{i*}为归一化数据。

（2）输入层 复杂产品生产过程的工艺数据，即使经过预处理仍可能存在一定的高维特性。为避免对BiLSTM网络模型因输入时间步长过大而影响预测性能和训练效率，可通过滑动窗口技术来构造连续工艺特征数据，以此作为模型的输入。设工艺数据序列长度为S，若定滑动窗口长度为L，在数据序列S上每次截取L个连续数据，采用非重叠采样方式每次将滑动窗口向后滑动L步，便可将数据序列S离散为T（$S=L\times T$）个子序列。若BiLSTM网络模型时间步长为T，批处理尺寸为B，则Attention-BiLSTM网络模型的输入参数即为（B，T，L）三维张量。

（3）特征关联层 特征关联层采用的是双向长短期记忆（BiLSTM）网络模型。由于单向长短期记忆（LSTM）网络作为一种循环神经网络，仅能学习上游工艺数据对下游工艺数据的单向作用关系，未能把握生产过程工艺数据间本质上存在的双向影响机理，故其往往会影响预测精度。BiLSTM网络模型由两个方向相反的LSTM网络构成，其网络的双向传递过程类似于产品生产过程误差的复杂传递机理，通过输入的工艺数据可有效学习上、下游工艺数据间的复杂关联关系，以此挖掘出本质的关联化工艺特征。此外，BiLSTM网络模型并非仅输出最后时刻所提取的工艺特征而导致部分重要特征被忽略，而是输出BiLSTM网络模型所有时刻提取的工艺特征。BiLSTM网络结构如图5.27所示。

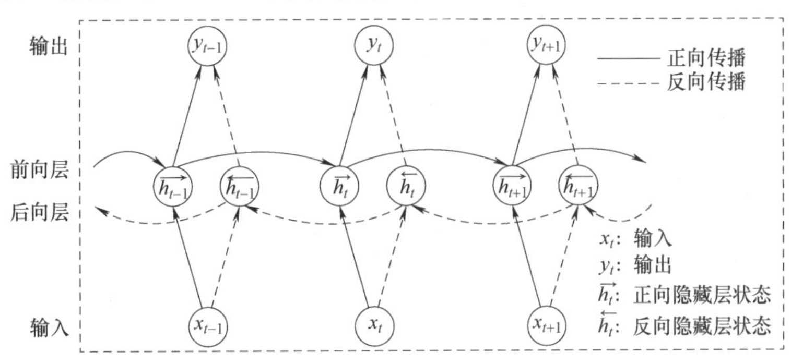

图5.27 BiLSTM网络结构图

(4) 特征提取层　为学习不同时刻下关联化工艺特征对最终产品质量贡献的差异，挖掘出深层次的关键工艺特征，在特征关联层基础上设置了一个特征提取层。

特征提取层采用注意力机制（Attention）网络，以进一步对不同时刻的关联化工艺特征分配不同的注意力权值。不同于传统 Attention 的注意力施加方式，该层在 BiLSTM 网络模型输出的 T 个时间步关联特征后，设计了 T 个共享权值偏置 Self-Attention 模块，并行作用于 BiLSTM 网络模型输出的 T 个时间步关联化特征向量，减少对质量值的外部依赖，以捕捉关联化工艺特征的内部相关性。各个 Self-Attention 模块在训练过程中自适应调整权值及偏置量，以获得关联化工艺特征的注意力权值 α，再通过工艺特征与注意力权值的加权求和，最终实现深层次关键工艺特征的挖掘。图 5.28 所示为 Attention 网络结构，其中 $\boldsymbol{K}$（k_1，k_2，…，k_T）为 BiLSTM 隐藏层输出的关联化工艺特征序列；$\boldsymbol{W}$ 为神经元节点间的共享权重矩阵；$\boldsymbol{V}$ 为神经元节点中提取的工艺特征矩阵；β 为工艺特征重要程度向量；α 为注意力权值；r 为 K 通过 α 加权求和后最终挖掘提取的深层次关键工艺特征。

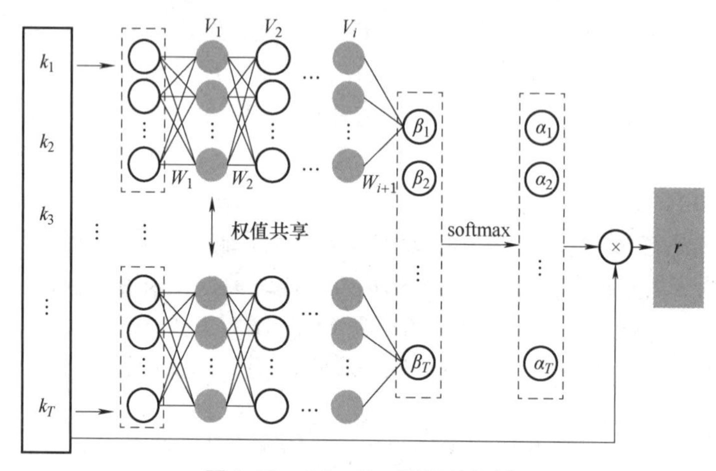

图 5.28　**Attention 网络结构图**

(5) 输出层　通过特征关联环节和特征提取环节两阶段的特征提取加工，可实现工艺特征的深度挖掘。输出层采用 BPNN 网络，主要负责最终产品质量参数预测结果的输出。

3. 预测效果评价

通过计算产品质量预测参数值 $\hat{y}$ 与实测值 y 两者间的平均绝对误差（MAE）和均方根误差（RMSE），用 Attention-BiLSTM 模型对液晶显示器（TFT-LCD）产品质量预测效果进行评价。表 5.2 列出了该模型的评价结果与其他预测模型评估值的定量分析对比。

从其评价结果可见，基于 Attention-BiLSTM 模型的产品生产过程质量预测方法具有较高的预测精度。然而，基于深度学习的生产过程产品质量智能化预测还处于起步阶段，其泛化能力及模型的鲁棒性等方面还有待进一步提高。

表 5.2　不同预测模型的实验误差对比

预测模型	平均绝对误差（MAE）	均方根误差（RMSE）
BPNN	0.147	0.182
LSTM	0.142	0.174

（续）

预测模型	平均绝对误差（MAE）	均方根误差（RMSE）
BiLSTM	0.143	0.173
XGBoost	0.111	0.166
PSO-SVR	0.069	0.139
BO RF	0.079	0.131
Attention-BiLSTM	0.068	0.118

注：XGBoost（eXtreme Gradient Boosting）；PSO-SVR（Particle Swarm Optimization-Support Vector Regression）；BO-RF（Random Forest-Bayesian Optimization）。

[案例 5.4] 西门子公司全生命周期质量管理解决方案

质量是设计出来的，也是制造出来的。产品设计与制造过程是提升产品质量的关键环节，也是产品生命周期质量管理最为关注的环节。尺寸质量是产品质量管理的核心，传统尺寸质量在很大程度上是通过各类生产工艺装备和手工修配来保障的，其质量保障成本高，出现的质量问题也往往无法有效追溯。

因此，西门子公司在产品设计、检测编程规划及产品生产不同阶段分别提供了 Tecnomatix VA™、NX CMM 和 Tecnomatix DPV 软件组合解决方案，如图 5.29 所示。

图 5.29 基于模型的全生命周期质量管理解决方案

(1) 产品设计阶段的 Tecnomatix VA™ 公差分析软件 公差分析是指通过数理统计计算方法来分析和评估装配尺寸链中零部件的制造公差及对产品关键特性的影响。Tecnomatix VA™ 是西门子公司提供的一款用于尺寸公差仿真分析的三维软件模块，通过对产品制造和装配过程的仿真来预测产品尺寸公差的贡献因子，从而判断产品设计是否满足尺寸公差的质量要求并给出可能的整改方案，实现产品设计过程的尺寸公差分配与优化。

（2）工艺规划阶段的 CMM 检测规划与编程 NX CMM 是西门子公司为三坐标测量机（Coordinate Measuring Machine，CMM）所提供的一个离线编程和虚拟仿真模块。传统 CMM 设备的检测程序，通常采用在线示教或手工编程方法，需要耗费反复调试验证的时间成本及高额的培训成本。NX CMM 软件模块基于产品设计模型的 PMI，能够自动识别测量特征及其测量基准，通过测量规则引擎自动规划测量路径，虚拟仿真干涉检查，支持测量路径的优化，经后置处理转化为实际 CMM 测量设备的操作指令代码，输出高质量零缺陷的 CMM 执行程序。

（3）产品生产阶段的 DPV 质量控制 在产品生产阶段，如何有效利用由各种测量设备所获取的产品数据，及时诊断生产过程中的质量状态，找出质量问题的根源及相应解决方案，这是所有制造企业所面临的技术难题。西门子公司为解决该难题提供了 DPV（Dimensional Planning and Validation）软件模块，该模块是一个集成生产质量信息实时跟踪、分析和发布的软件系统，具有以下功能：

1）数据处理。从工厂不同 CMM 测量设备中，由 DPV 提取相关的质量数据，将其转换为统一数据格式后储存到企业数据库，并按照用户设定的规则或阈值对不合格的质量数据即时报警。

2）数据管理。DPV 模块构建于西门子 PLM 平台 Teamcenter 之上。利用 Teamcenter 产品数据管理平台，将虚拟产品设计环境与由检测设备、检测工艺构成的实际生产环境连接，形成质量管理闭环，帮助企业实现从传统修整补救为主的质量控制转为以预防和过程控制为主的质量管理。

3）数据分析和报告。DPV 通过数理统计和深度关联分析功能，协助用户找出产品质量根源和相应的解决方案，生成各种与质量关联的报告，用于生产过程的尺寸质量控制。

4）数据共享和发布。DPV 是一个基于网络的生产质量规划验证系统，企业不同部门、不同车间以至供应商和用户都可以访问系统中的产品质量检测结果及关联报告。

由上述 VA™、CMM 和 DPV 软件模块所构建的产品生命周期质量管理，通过公差仿真分析发现产品设计阶段的潜在质量问题；通过 CMM 检测规划与程序生成，提高检测效率；通过对生产过程质量监控及关联分析，形成一个将制造结果和设计意图进行直接比对的产品质量保障体系，有效提高了企业产品质量的管理水平。

5.5 基于数字孪生的智能工厂

5.5.1 数字孪生在智能工厂全生命周期的应用

大量应用案例表明，数字孪生技术可将物理世界的实体在虚拟信息空间内进行全要素的数字化映射，用以模拟、监控、诊断、预测及控制现实环境下物理实体的构成状态和行为特征，可以更加准确、灵活、有效地支持工厂生产制造过程，降低生产成本，响应市场需求。

对于制造类工厂，数字孪生技术可支持工厂全生命周期各个阶段的镜像映射，包括规划、设计、建设、控制及升级再造等过程，可使工厂的功能内涵得以不断丰富与改进，如图 5.30所示。

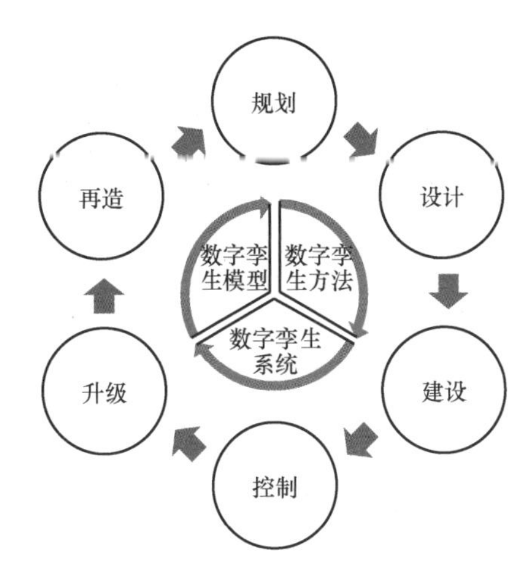

图 5.30 数字孪生在智能工厂全生命周期不同阶段的应用

1）工厂规划阶段，数字孪生的工厂镜像如同灵魂般存在，将可供参考的历史数据、生产经验及相关工程科学知识应用于工厂的规划过程，通过虚拟仿真模拟，帮助企业快速做出工厂的规划与决策。

2）工厂设计阶段，数字孪生作为未来实体工厂的预定义镜像，可为设计单位与业主之间提供有效的沟通方式和决策依据，以确保工厂设计的经济性、合理性和安全性。

3）工厂建设过程，数字孪生作为实体对象的数字化映射，可用于模拟、监控、诊断和预测工厂实体建设实施的时间进度及费用预算，以提高工厂建设的效率，缩短建设周期。

4）工厂生产控制过程，数字孪生作为与实体工厂完全对应的虚拟模型，可实时模拟现实工厂的工作状态和特征行为，实现与物理实际工厂的交互和迭代，推动自学习、自判断、自决策等智能技术在生产控制过程的应用。

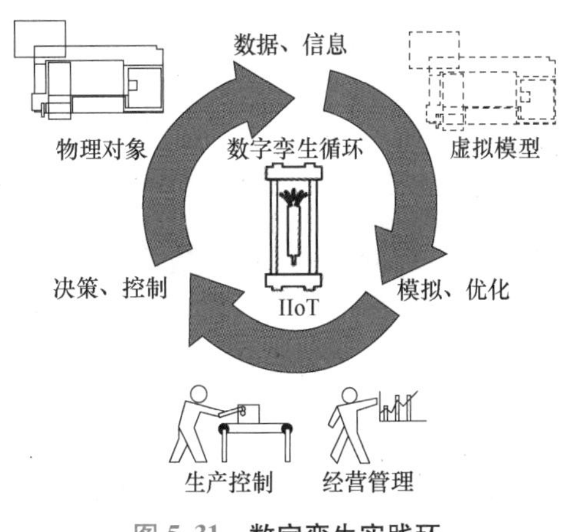

图 5.31 数字孪生实践环

5）工厂升级再造阶段，数字孪生通过与实体工厂全要素、全流程、全业务过程的数据集成和融合，实现对工厂生产计划的仿真和优化，为物理工厂的升级改造提供分析与支持。

一个现实工厂生产系统的数字孪生，实质上是包括系统的物理对象、虚拟模型及参与生产系统控制与管理的员工，通过工业物联网（Industrial Internet of Things，IIoT）将各个系统要素连接在一起而构成一个不断迭代循环的数字孪生实践环，如图 5.31 所示。在这个数字孪生实践环中，虚拟模型对其镜像的物理实体进行数字化和可视化仿真，将仿真结果一方面实时展示给生产控制和管理人员进行辅助决策，另一方面直接形成控制指令反馈至生产系统；生产系统不断接收管理操作员工及虚拟模型发来的控制指令，在执行生产任务的同时将自身的工作状态传递给操作人员及虚拟模型；操作人员根据虚拟模型的仿真结果和优化建议，对物理设备及加工对象进行实时决策与控制。

数字孪生实践环在工厂不同生命周期阶段所关注的重点可能不太一样，其数字孪生模型及其建模方法也会有所区别，但其模型架构基本相同，都是通过云平台、工业互联网、物联网等将“人、信息系统和物理系统”三要素连接起来，实现各要素相互间的通信、交互、映射与匹配。

图 5.32 所示为数字孪生工厂的基本组成要素，包括物理工厂、工厂虚拟模型及两者双向传递的生产现场各类过程数据，如生产设备数据、测量仪器数据、生产人员数据和生产物流数据等，通过这类数据可使物理工厂与虚拟模型之间的关联映射匹配。作为支持数字孪生工厂的信息技术，有工业互联网、移动互联网、物联网及云平台等；支持数字孪生分析、预测、决策等环节的实现技术，有数据挖掘、机器学习、大数据分析、模拟仿真、可视化操作、虚拟现实计算等。

在制造工厂全生命周期中，工厂规划、生产控制和流程再造三个阶段与智能制造特性最具相关性。下面将围绕这三个阶段，具体介绍数字孪生技术在智能工厂中的应用。

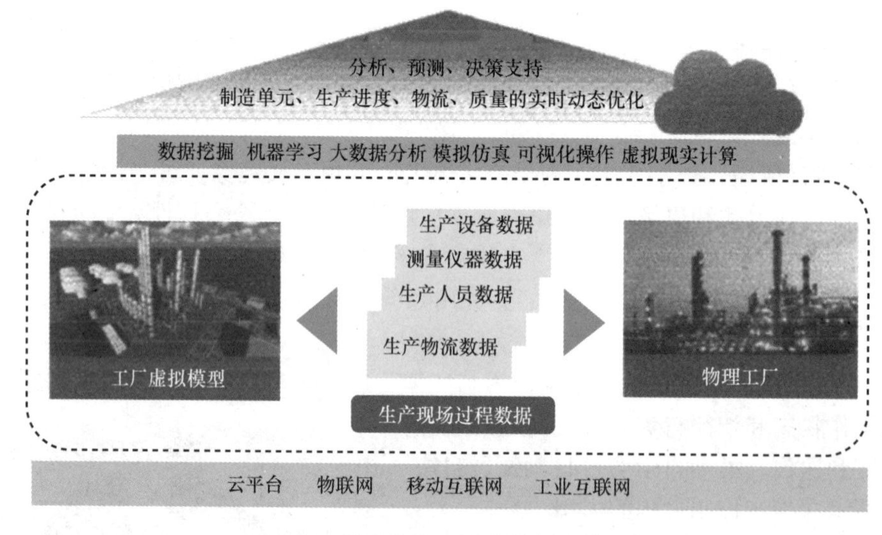

图 5.32 数字孪生工厂的基本组成要素

5.5.2 工厂规划阶段的数字孪生

1. 传统工厂规划方法面临的挑战

传统工厂规划方法通常遵循 5W1H（Why、What、Where、When、Who、How）技术和 ECRS［Eliminate（取消）、Combine（合并）、Rearrange（调整）、Simplify（简化）］四大原则。在具体实施过程中，还涉及部门领导审批、参与人员培训、现场研讨、实地运行试验等诸多环节，其规划周期长、投入人力多。

随着数字化技术的普及应用，计算机仿真分析在工厂规划阶段也得到了部分应用，但仍存在仿真数据来源的可靠性、全面性及传输效率等问题。当前，制造业面临着快速变化的市场挑战，工厂规划也必须面对多种因素的扰动，包括企业内部生产工艺阶段性和周期性的计划变动，以及企业外部上游供应链和下游市场需求的不稳定等因素影响。

因此，如何有效应用 IIoT 和数字孪生技术，建立工厂规划仿真模型，以提升工厂规划效率、降低规划成本，具有重要的现实意义。

2. 工厂规划阶段的数字孪生构建方法

大连理工大学闵庆飞教授构建了一种基于 IIoT 的数字孪生 EVA 仿真平台，如图 5.33 所示。该平台是按照美国学者所提出的离散事件系统规范（DEVS）所构建的，能够从事离散事件连续过程的建模与仿真。EVA 仿真平台提供有加工工位（Processor）、加工进程（Operation）、原料输入源（Source）、缓冲区（Buffer）和不同对象之间的连接运输线（Connection）等系统元素，每个系统元素对应有相关的属性和参数，通过调整这些属性和参数，可以复制和重建已有的模型对象。因此，借助 EVA 仿真平台可构建各类工厂生产线数字孪生模型，可根据现有工厂信息构建未来工厂的数字化模型，可通过采集已有生产线离散事件时间序列或历史数据，作为生产线数字孪生模型的输入。

借助 EVA 仿真平台，可在工厂规划阶段实现物理工厂和虚拟模型之间的有效交互，完成工厂规划阶段的分析任务，其过程如图 5.33 所示。工厂规划人员可用较短的时间在 EVA 平台上搭建一个简洁有效的工厂规划 EVA 仿真模型；通过工业物联网（IIoT）及历史数据可获得模型仿真所需的必要数据，包括生产线运行参数、工作节拍、平均故障间隔时间（Mean Time before Failure，MTBF）、平均修复时间（Mean Time to Repair，MTTR）、设备性能参数等，这类数据经程序化处理后可直接作为模型的输入；对工厂规划模型进行仿真，将仿真结果提供给规划人员以作为判断决策的依据。经多次仿真迭代循环，最终完成工厂规划的基本架构。

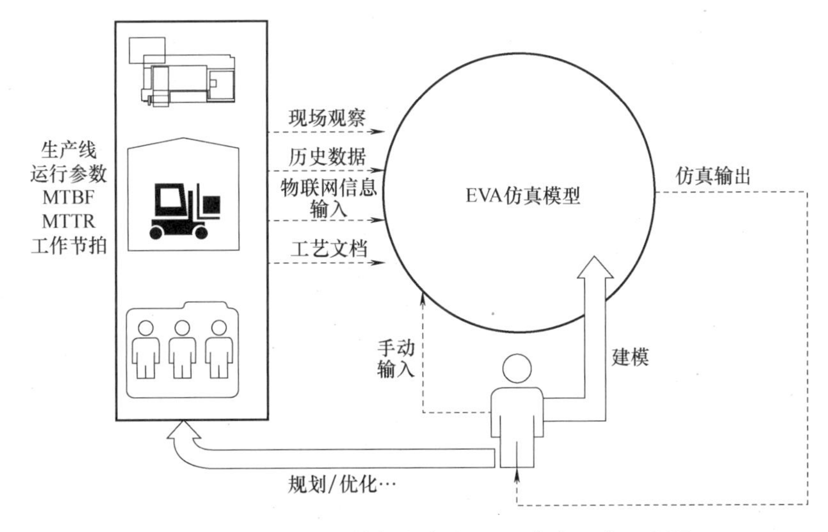

图 5.33 基于 IIoT 的数字孪生 EVA 仿真平台示意图

现代制造企业通常已具有较高的自动化生产水平，其通信网络和接口技术也比较成熟，通过 IIoT 可获得大量现有或类似工厂生产线上 CNC、PLC、RFID 等控制设备的实时数据。企业所累积的丰富历史数据，也可为新工厂的规划提供大量成熟的技术方案。为此，基于

IIoT 及企业历史数据的数字孪生工厂规划，在目前工业环境下已具备基本的技术条件和物质基础。

在制造类工厂的规划阶段，通常需要生产线工艺流程一类的关键指标，如生产节拍、瓶颈工艺参数等，通过 IIoT 可采集现有或同类工厂生产线的生产工艺和控制参数，包括设备的运行状态、能源消耗、加工过程指标、在线指令等时序性数据。借助边缘计算技术在生产现场源头对所采集的数据进行初步清洗、筛选和整理后，用于所规划模型仿真所需的核心参数，使规划模型的仿真接近真实工厂的工作状态。通过改变仿真模型变量可得到不同的规划方案，经过技术指标的评估便可得到最优的规划结果。

3. 基于数字孪生的工厂规划流程

利用 EVA 仿真平台，可设计一套基于数字孪生的工厂规划流程，如图 5.34 所示。

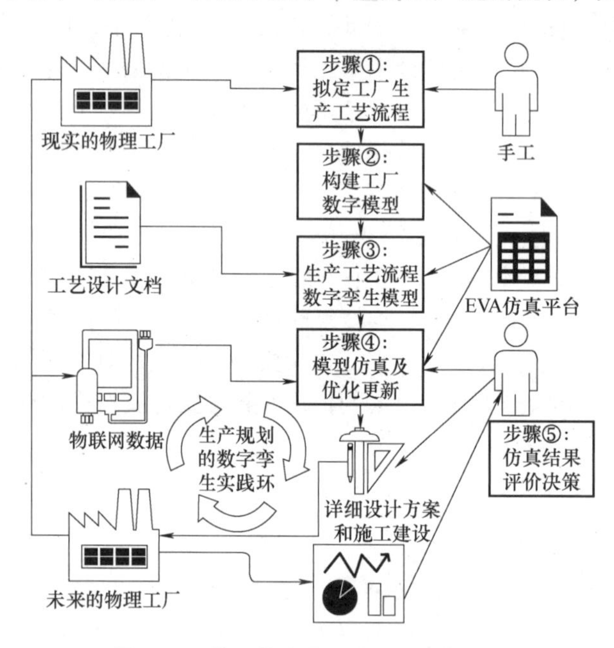

图 5.34　基于数字孪生的工厂规划流程

1）拟定工厂生产工艺流程。规划人员针对新建工厂的生产任务，对类似产品制造工厂进行现场调研，拟定工厂生产工艺流程方案，简要描述车间布局、物流路线、原材料输入、中间缓冲区及最终产品输出等工厂基本布局、生产模式及其关键工艺指标。

2）构建工厂数字模型。根据所拟定的工厂生产工艺流程，在 EVA 平台上构建所规划工厂的数字化模型，该模型应具备 EVA 仿真框架运行的基本元素，包括加工工位、加工进程、原料输入、缓冲区等。

3）建立生产工艺流程数字孪生模型。根据工厂规划的工艺文件及可供参考的同类工厂历史数据，修正调整生产流程数字模型，在 EVA 平台上建立所规划工厂生产流程的数字孪生模型，并设置仿真所必需的变量与参数。

4）模型仿真及优化更新。利用 IIoT 采集现有工厂生产线实时数据和历史数据，进行数字孪生模型仿真，根据仿真变量优化更新运行过程相应的模型参数，使模型逐步完善，接近物理工厂的实际状态，以便将该数字孪生模型视为未来物理工厂的镜像。

5）仿真结果评价决策。将不同方案的仿真结果关键指标作为工厂规划评价和决策的依据，包括生产线各工位、缓冲站、输送单元的生产负荷及生产线存在的工艺瓶颈等，经反复修正满意后作为最终优选方案，提交设计部门进行下一步的工厂详细设计。

5.5.3 生产控制阶段的数字孪生

1. 生产控制建模的准确性、时效性及可持续要求

生产过程的控制与优化是制造型企业经营管理的重要组成部分。市场竞争的加剧及市场需求的波动，对企业生产过程的可控性提出了更高的要求。采用哪种技术和手段对生产过程进行控制与优化以适应生产环境的变化，是企业追求的一贯目标。

传统企业生产过程的控制往往是凭借操作管理者的经验进行人为现场调度与实施，一直存在着随机性和滞后性问题，难以得到预想的效果。一些流程型企业或采用基于机理的模型进行生产控制，这些机理模型通常是静态的、理想化的，而实际生产过程往往会有较多异常因素的干扰，如原料成分波动、环境因素变化、设备老化等，不太可能一直按照理想模型状态运行。因此，传统生产控制方法始终存在着准确性低、时效性及可持续性差等不足。

工业物联网、大数据等新一代信息技术的发展和应用，加速了物理世界与信息世界融合进程，基于数字孪生的生产过程控制与优化，为企业智能制造技术的发展与应用提供了新的途径。

2. 基于数字孪生的生产控制与优化

图5.35所示为基于数字孪生的生产过程控制与优化的系统架构。在该系统架构中，除包含物理工厂、虚拟工厂以及两者间双向数据映射关联外，还包括机器学习、模型评估及驱动物理工厂运行的业务系统等组成要素。通过上述组成要素构成了一个工厂生产过程控制与优化的数字孪生实践环，借此可实现工厂生产过程的持续性优化运行。

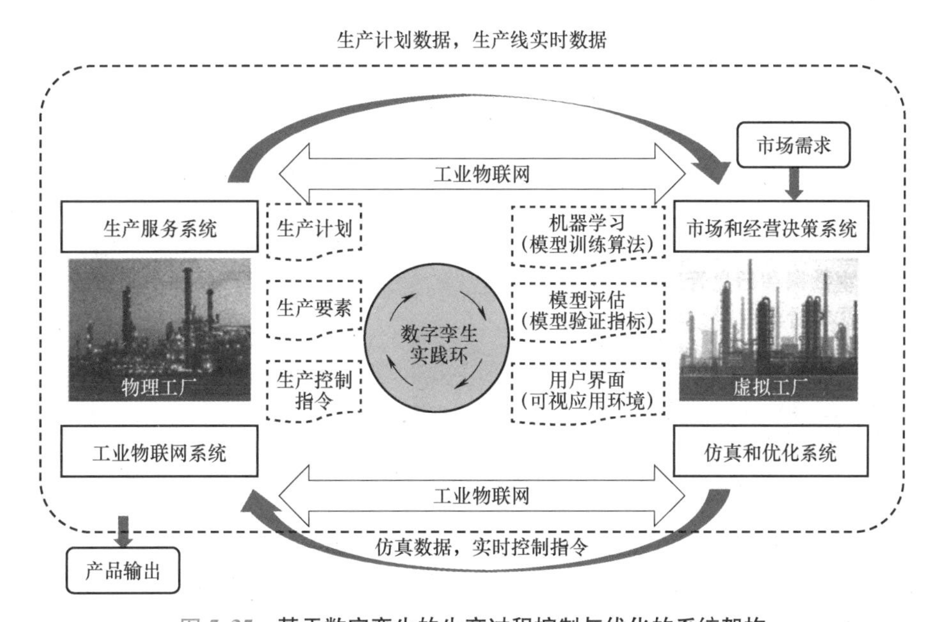

图5.35 基于数字孪生的生产过程控制与优化的系统架构

在图 5.35 所示的数字孪生实践环运行过程中，虚拟工厂不断收集物理工厂生产线的实时数据，并利用该实时数据及历史数据进行模型的仿真与优化，其仿真优化结果可转换为物理工厂生产的指令，以便对生产线的控制逻辑或运行参数进行及时调整与控制。

下面对该数字孪生实践环中一些信息支撑系统进行简要介绍。

（1）生产服务系统 该系统主要用于企业生产信息的管理与控制，包括 MES、LIMS、DCS 及实时数据库等信息模块。其中，MES 用于生产现场的信息管理与动态监控，可为数字孪生模型提供生产计划、排程控制、材料及能源消耗，以及生产设备状态等现场生产数据；LIMS（实验信息管理系统）可为数字孪生模型的训练提供产品和中间质量数据；DCS（分布式控制系统）直接用于工厂生产线的运行控制，可为数字孪生实践环提供生产线的实时控制参数；实时数据库为数字孪生模型的训练和验证提供所需要的实时和历史数据。

（2）工业物联网 工业物联网（IIoT）包括各类传感器、RFID、在线测量工具、监视器、记录仪、电气电子电路及工业互联网等。IIoT 是数字孪生实践环的重要组成部分，目前 IIoT 通常已具有一定的边缘计算和自动分析功能，可在现场源头对所采集的数据进行在线预处理及相关分析。

（3）市场和经营决策系统 该系统包括 ERP、PLM 及 PIMS（战略与绩效分析系统）等，用于制订与管理企业生产经营管理计划及其实施过程。

（4）仿真和优化系统 该系统包括 APC（先进过程控制）和 RTO（实时优化）等生产控制与优化系统。APC 具有建模及高级别的计算功能，可为企业生产过程提供先进的控制优化手段。RTO 能够响应各种干扰因素及过程变化信息，通过实时在线计算以确定最佳控制指标，为工厂生产提供在线诊断和操作决策信息。

（5）基于工业大数据的机器学习系统 这类系统具有工业大数据的采集、处理、学习建模和验证评估等智能学习功能。

3. 生产过程控制数字孪生模型的构建

基于机器学习的生产过程控制数字孪生模型构建，包含以下主要步骤，如图 5.36 所示。

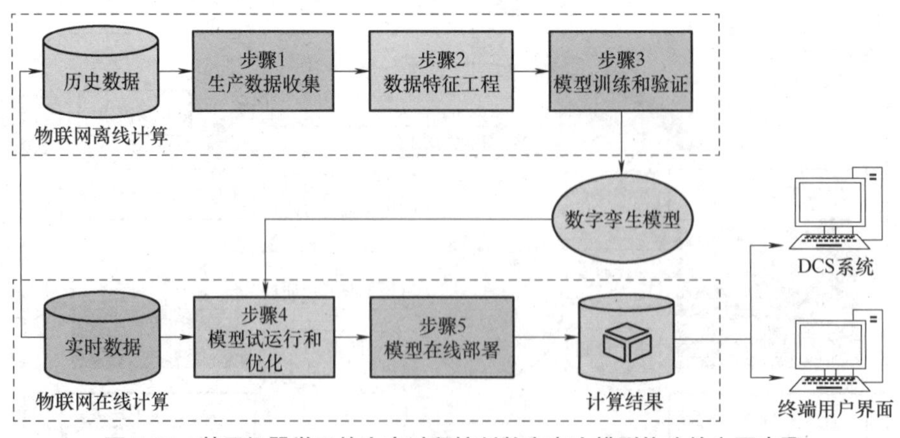

图 5.36 基于机器学习的生产过程控制数字孪生模型构建的主要步骤

1）生产数据收集。在既有历史数据的基础上，收集包括工厂生产线的控制流程、指令数据、生产线实时状态参数等有关工厂生产的具体数据，以及来自 IIoT、传统业务信息系统等相关数据，以用于数字孪生模型的训练验证和仿真优化。

2）数据特征工程。包括数据清洗、转换及与数字孪生模型相应的数据处理，以便解决如下问题：①统一时间序列的数据频率；②时间序列数据间的时间滞后；③相关性分析，以降低数据维度；④分析相关因素，重构稳定时间序列数据；⑤根据现有时间序列数据创建新变量，以扩展所需特征指标维度。

3）模型训练和验证。将已收集数据分为训练集和验证集，分别用于对学习模型的训练和验证，评估其准确度、拟合误差、确定系数等评价指标。

4）模型试运行和优化。试运行是数字孪生模型进行实际部署前的一个非常必要的步骤，主要考虑两个方面：一方面，安全生产高于一切，只有健康安全的模型才能投入实际生产使用；另一方面，模型训练验证所使用的主要是历史数据，必须在实时数据环境下重新验证其有效性，并做出必要的调整与更新。根据试运行测试结果对模型进行进一步优化，在线部署的最终数字孪生模型应是实际生产线的实时镜像模型。

5）模型在线部署。数字孪生模型在线部署过程，一方面通过 IIoT 与工厂现有业务支撑系统（如 MES、DCS 等）建立起信息连接，以获取数字孪生模型的实时生产数据源；另一方面通过 IIoT 将数字孪生模型仿真优化结果作为控制调整指令输出传送给生产线控制系统，也可以通过可视化操作界面由系统操作员将优化结果用于生产过程的调节。

当在线部署完成后，系统便可基于数字孪生模型和 IIoT 提供的实时数据，按照生产过程控制的数字孪生实践环进行连续迭代寻优，以获取最优控制参数维持生产系统的运行，保持虚拟工厂的镜像数据与物理工厂实际生产数据的同步，如图 5. 37 所示。在数字孪生实践环运行初期，需要有大量的人工干预，涉及较多初始化及模型调整完善过程。在模型正常运行循环过程中，大多数任务应由系统在物理工厂与虚拟工厂之间自动转换执行完成。

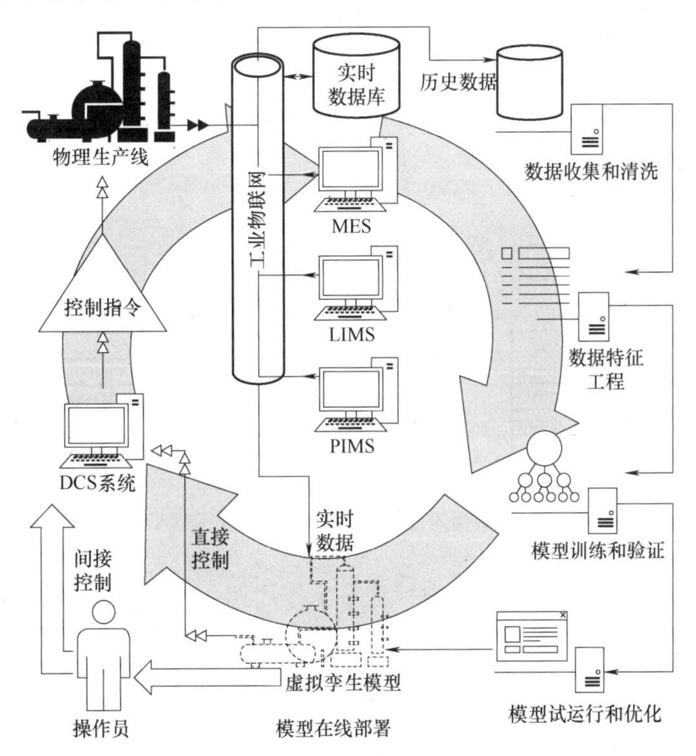

图 5. 37 基于机器学习的数字孪生实践环

5.5.4 流程再造阶段的数字孪生

制造型企业在新一轮工业革命中面临着更加激烈的竞争环境，迫切需要应用快捷有效的方法来提升企业的核心竞争力。精益生产理念是提升企业竞争力的一种比较实用的方法，通过价值流程图（Value Stream Mapping，VSM）分析来减少生产过程中的一切浪费，以降低生产成本，实现精益生产的企业目标。然而，VSM 分析属于一种粗粒度分析工具，其细化程度有限，存在判断的主观性和精确性等不足。若将数字孪生技术与精益生产方法结合应用于工厂生产流程的再造，将是一种新的尝试。

1. 价值流程图（VSM）

VSM 是丰田公司精益生产系统框架下的一种用以描述产品物流和信息流的形象化工具，其目的在于辨识和减少生产过程中的浪费。VSM 记载着企业产品生产的所有流程，包括从原材料进厂直到终端产品离厂的整个流程，其中每一个环节均包含有工作周期、宕机时间、在制品库存、物料流动和信息流动等活动状态。

图 5.38 所示为一家名为阿克米工厂生产冲压件产品的 VSM，其客户为大道装配厂，每月产品的需求量为 18400 件。图中带箭头的实线为信息流，虚线及空箭头为物料流，共有 6 个由矩形框所标注的主要生产节点，三角图标所标注的是在制品库存点。

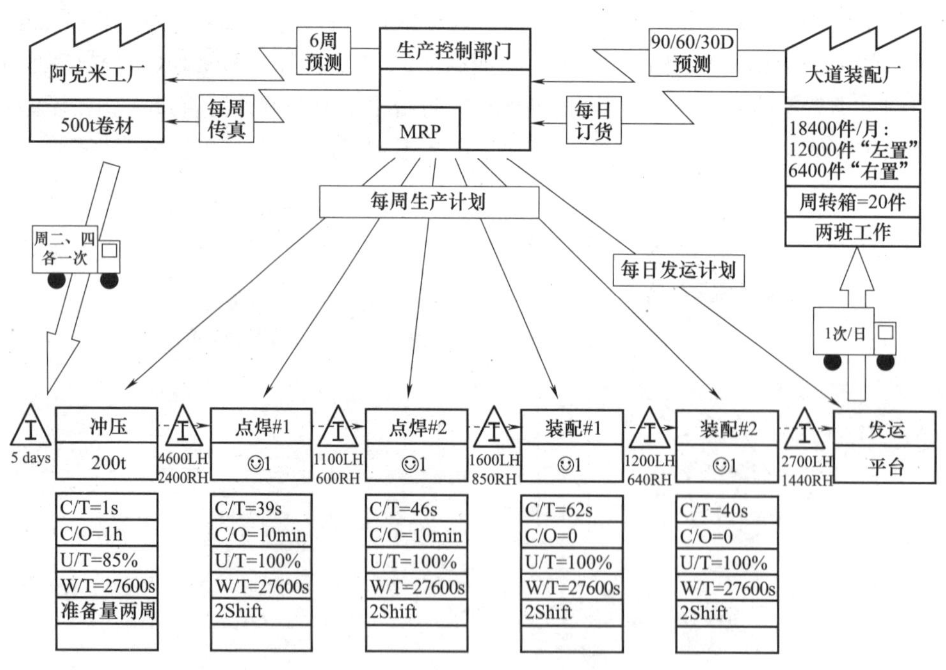

图 5.38 某生产工厂产品的价值流程图（VSM）

在 VSM 中，每个生产节点矩形框内标注有工作周期、换型时间、有效工作时间等生产参数。例如，图 5.38 所示点焊#1 生产节点，其工作周期（C/T）为 39s（秒）、换型时间（C/O）为 10min（分钟）、设备可靠性（U/T）为 100%、有效工作时间（W/T）为 27600s（秒）、两班制（2Shift）。每个三角形库存节点下方标注有在制品库存量，如在电焊#1 节点后的在制品库存为 1100LH（左置件）及 600RH（右置件）。

可见，通过 VSM 有助于观察和理解企业生产过程中物料流和信息流的工作状态，易于分析各个生产环节的增值和非增值活动，从而发现是否存在浪费，以及需要改进的地方，同时也便于生产员工了解企业当前的生产状态，以提供参与企业生产改进的机会。

企业应用 VSM 进行生产流程分析时，首先要挑选出典型的产品作为调查分析对象，绘制其物料流和信息流的“当前现状图”，然后对该现状图与理想状况图进行分析比较，以便发现当前生产过程中存在的问题和浪费点，针对所存在的问题提出改进措施，并以精益生产理念为指导制订企业生产流程的“未来状态图”，从而可使企业生产管理水平得到不断改进与提高。

VSM 分析是一种提升和改善企业生产管理的有效工具，可帮助企业实现精益生产目标，但也面临多方面挑战。例如，对当前问题的评估含有主观判断因素，缺乏量化数据的准确描述；新改进方案可能会带来难以提前预测的新问题；VSM 仍然是一种粗粒度分析工具，其生产过程的细化程度有限，尤其对于工序较多的生产流程只能进行区块化的描述；其时间轴线的生产周期不代表实际节拍时间，不能做准确的生产线性能分析。

IIoT 及大数据等信息技术的发展和应用，大大降低了现场数据获取和生产过程仿真的难度，为数据孪生与传统精益生产 VSM 分析相结合用于企业生产流程再造提出了一种可行方案。

2. 生产流程再造阶段的数字孪生技术应用

基于数字孪生的精益生产 VSM 分析方法应用于企业生产流程的再造过程，是在传统 VSM 分析基础上通过生产流程数字孪生建模与仿真，通过准确计算生产流程相关性能指标以构建未来 VSM，从而实现流程再造的精益目标，其过程如图 5.39 所示。

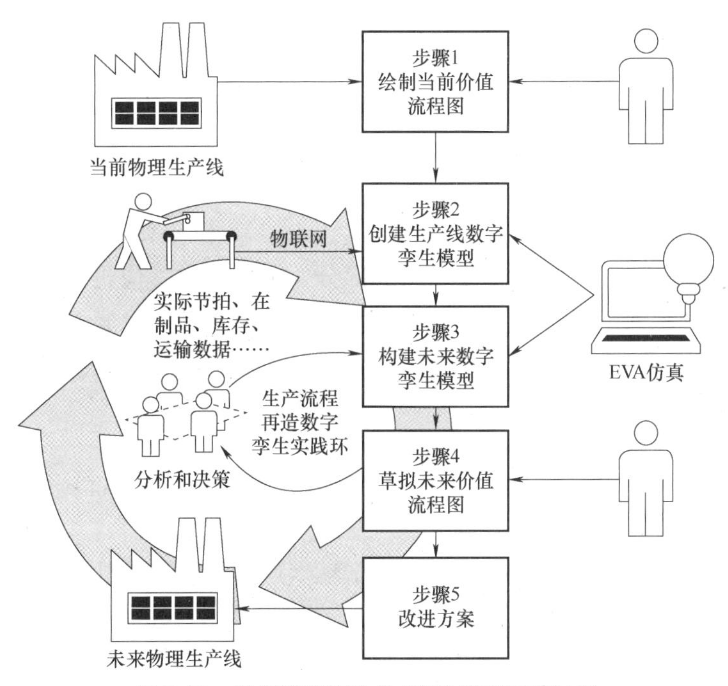

图 5.39　基于数字孪生的 VSM 流程再造过程

1）根据企业生产流程实际状态绘制“当前 VSM”，并对当前 VSM 进行流程分析。

2）通过 IIoT 收集生产线现场生产参数及仓储数据等实时数据，以作为仿真输入，创建生产线数字孪生模型。

3）根据生产线数字孪生模型对现有生产流程进行仿真分析，根据仿真结果找出现有生产流程存在的不足和浪费点，提出改进建议，构建未来生产流程的数字孪生模型，再次对重构后数字孪生模型进行仿真分析。

4）比较先、后模型仿真结果关键性指标，草拟“未来 VSM”，并将草拟的未来生产流程方案提交给“流程再造决策小组”进行分析讨论，检查其方案的可行性和完整性；若所有关注的问题都得到解决且新方案可以接受，则进入下一步，否则返回步骤 3）重新迭代循环。

5）根据“未来 VSM”方案，最终决策确定工厂生产流程再造计划。

基于数字孪生的 VSM 流程再造过程，具有以下优势：

1）建模和仿真更为容易。其过程不需要参与者拥有较丰富的生产领域专业知识。

2）可有效分解复杂问题。在数字孪生模型中，复杂问题可被分成若干小问题进行分析，针对每一小问题所构建的模型被模拟改进后，进行耦合集成，在更高层次上进行建模分析。

3）可以聚焦特定问题进行仿真，简化处理其余对象。例如，当被关注的是某工位生产节拍而不是在缓冲区停留时间，可将缓冲区简化为模型工位间输送线的负载容量进行处理。

［案例 5.5］ MAYA 工厂催化裂化装置生产控制数字孪生的应用

1. 背景

MAYA 工厂成立于 2014 年，拥有年产 200 万 t 联产芳烃催化裂化装置、180 万 t 焦化装置和 180 万 t 柴油加氢装置的生产能力，主要产品有汽油、柴油、液化石油气、丙烷、丙烯和硫酸等，如图 5.40 所示。工厂生产流程主要由操作员控制，根据生产规程和经验，负责对生产监控系统进行操作回应。

2017 年底，MAYA 面对市场需求和价格波动的挑战，以催化裂化装置为试点启动了提高工厂产能的智能控制项目，旨在通过基于机器学习的智能控制提高轻质油（汽油和柴油）产量指标。

2. 控制建模及模型训练

催化裂化装置是石化生产线的重要组成部分，是典型的反应再生系统，其生产控制过程包括 5 个主要设施中的 40 个可控制点和 370 个不可控制点，该项目通过生产过程的智能控制以提升轻质油输出产量比例指标。

首先，项目根据生产工艺特点建立优化控制模型，即

$$Y=F(X_{t\pm\{\Delta\}}+Z_{t\pm\{\Delta\}})$$

式中，Y 为轻质油产量；X 为 40 个可控制点参数；Z 为 370 个不可控制点参数；$t\pm\{\Delta\}$ 为变量间时间滞后。

应用现场生产数据训练模型 F，使其与工厂生产实际状况最佳吻合。为提高机器学习效率，对来自生产现场的大数据进行处理，关注与控制目标密切相关的指标，剔除冗余指标，以降低控制数据的维度，进而达到提高模型训练效率的目的。

模型训练完成后，在线部署数字孪生信息系统，应用现场数据对生产线进行仿真模拟，并不断为生产系统提供实时控制优化建议。

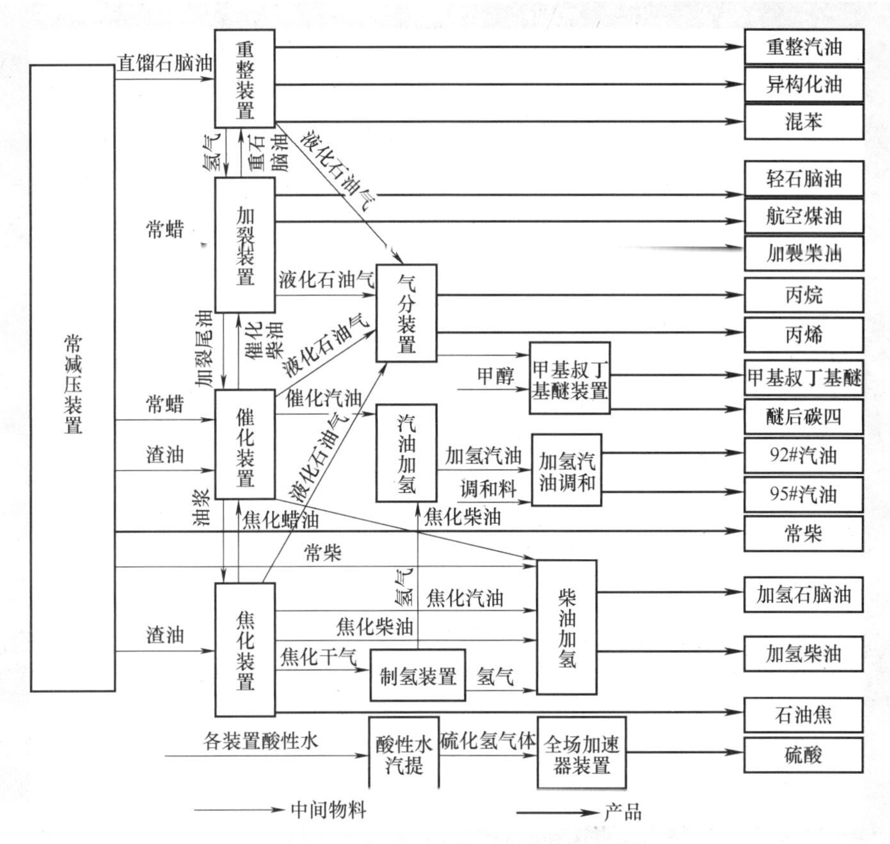

图 5.40 MAYA 工厂的生产单元及流程

3. 效果分析

为了验证数字孪生模型在线部署后的效果，本试点项目进行了 3 批次实验，每批次实验周期持续 4 周。前 2 周为对照组，是由操控人员根据其经验使用传统控制方法进行生产；后 2 周为验证组，要求操控人员采纳数字孪生模型的优化建议进行生产操作。

表 5.3 列出了轻质油产率的实验结果；图 5.41 为以精制蜡油作为进料时其轻质油收率的比较曲线图。实验结果表明，智能优化控制方法可以将轻质油收率提高 0.2%~0.5%。若以该厂年产 110 万 t 汽油催化装置核算，0.5%收率的提升可每年产生净效益 986 万元。可见，汽油收率很小的提升也可为企业带来巨大的经济效益，数字孪生技术可为企业生产带来显著的经济价值和生产效益。

表 5.3 轻质油产率的实验结果（2018 年）

序号	进料	对照组	对照组收率	实验组	实验组收率	收率增加	t 值
1	精制蜡油	6 月 3 日—6 月 16 日	48.25%	6 月 17 日—6 月 30 日	48.77%	0.49%	-9.152
2	精制蜡油+尾油	7 月 1 日—7 月 14 日	46.18%	7 月 15 日—7 月 28 日	46.36%	0.18%	-4.692
3	精制蜡油+凝析油	8 月 4 日—8 月 17 日	46.81%	8 月 18 日—8 月 31 日	47.13%	0.32%	-7.130

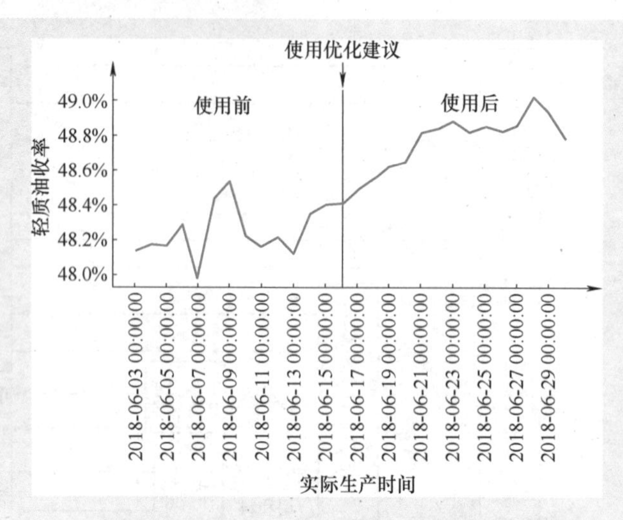

图 5.41　使用控制优化方法前后实验组轻质油收率曲线比较

本章小结

智能生产的主要载体是智能工厂；制造类工厂的主要职能包括生产技术准备、产品生产制造及产品质量检测等生产任务；智能工厂的组织架构通常包括基础实施、智能装备、智能产线、智能车间、工厂管控五个层次。

生产技术准备的主要任务是产品工艺规程设计，常用传统 CAPP 系统包括交互式、检索式、派生式、创成式、CAPP 专家系统等基于二维工艺文件的 CAPP 系统。基于模型的 CAPP 系统又称为全三维 CAPP 系统，其工艺文档是由一系列三维工序 MBD 模型进行描述，可实现 CAD/CAPP/CAM 系统的无缝集成。

MES 是属于车间制造层的企业信息管理系统，担负着车间生产运行管理、产品质量管理、生产动态调度及物料、设备、员工管理等职能，具有连接企业管理层与生产制造层的纽带作用，也是实现工厂智能生产的核心环节。

产品质量主要形成于设计与制造过程；产品质量管理经历了质量检测管理、质量统计控制管理及全面质量管理等发展过程，生产过程的产品质量智能监控和预测已成为现代企业质量管理的重要发展方向。机器视觉的质量检测，是通过对所采集的数字图像进行智能运算、识别，提取目标对象的相关特征以作为质量检测的判别准则。基于人工智能的质量预测可提前预知不同工况下的产品质量水平，对提升企业产品制造水平具有重要意义。

数字孪生可用于模拟、监控、诊断、预测现实环境下物理实体的构成状态和行为特征，可应用于工厂全生命周期的各个阶段，尤其在工厂规划、生产控制和流程再造三个阶段，与智能制造特性最具相关性。

思考题

1. 就近调查了解我国一般制造类工厂的生产职能和结构组成，并结合本书及相关资料阐述制造型工厂的发展历程。

2. 概述智能工厂的层次结构及各层次具体的功能作用。

3. 简述基于模型的企业（MBE）的含义及其技术架构，在MBE技术架构中所包含的MBe又包含哪些技术内容?

4. 常用的CAPP系统有哪些类型? 比较各自的功能特点。

5. 阐述基于模型的CAPP系统（或全三维CAPP系统）的工艺设计思路及具体设计过程。

6. 全三维CAPP系统是如何对工艺设计MBD模型信息进行管理的?

7. 简述MES的概念内涵、系统特征、功能作用及具体的业务流程。

8. 概述产品质量管理的发展历程。

9. 通常机器视觉质量检测系统包括哪些组成部分? 其检测原理和步骤如何?

10. 学习了解当前生产过程质量预测的研究和应用现状，有哪些主要方法和工具手段?

11. 阐述数字孪生工厂的组成要素，以及数字孪生在智能工厂全生命周期各个阶段的应用。

12. 简述图5.33所示的数字孪生EVA仿真平台组成原理，借助于该平台如何构建工厂规划的数字孪生模型?

13. 阐述基于数字孪生的生产过程控制系统架构，需要有哪些企业业务信息系统的支撑?

14. 如何构建基于机器学习的数字孪生模型? 在工厂生产控制过程中该模型又是如何运行的?

15. 价值流程图（VSM）包括哪些基本内容? VSM分析为何能够作为精益生产的有效工具，起到降低企业生产成本、提高生产效率的作用?

16. 数字孪生是如何在工厂流程再造阶段发挥作用的?

第6章 智能服务

重点内容：

本章在介绍智能制造服务相关概念的基础上，侧重讲述数字化、网络化、智能化技术对制造服务的赋能作用、智能制造服务数据采集与建模及预测性维护等智能服务技术。

智能服务是智能制造的重要组成部分，可使服务性企业和制造企业能够围绕最终用户进行产品的延伸和拓展，使产品制造过程更能贴切用户的具体需求。通过智能服务可及时获取产品制造过程及其应用现场数据，借助于智能化服务工具，可为用户做出及时准确的服务决策，使产品制造过程及最终用户产品能够更加可靠、高效地运行。

随着数字化、网络化、智能化技术飞速发展，制造企业的服务能力有了极大的提高。通过数字化、网络化、智能化技术，制造企业能够从产品制造过程及产品最终用户中得到海量、实时、多源的产品数据，这些数据不仅可以作为企业提升产品质量、降低生产成本、缩短交付时间的依据，还能在产品全生命周期内与用户进行互动，增强与用户关系的黏性，为用户提供更好的服务。

6.1 ■智能服务概述

6.1.1 智能制造服务的相关概念

智能制造服务是指在大数据、云计算、工业互联网等新一代信息技术及人工智能技术的驱动下，实现制造服务技术的智能化，以使更好地满足客户的个性化需求。借助于信息化技术，企业可将制造服务资源虚拟封装到互联网信息平台，驱使制造与服务两者的深度融合，促进传统制造业向服务型制造新型产业模式转变。通过大数据分析和智能学习，企业可以挖掘产品全生命周期潜在的服务需求，并与相关制造服务资源进行优化匹配，进而提升制造服务的运行效率。

为了厘清服务型制造的相关概念，下面对有关服务的术语进行定义与辨析。

（1）服务　服务是以满足客户需求为目的，在服务提供者与客户之间所产生的一系列增值活动。制造业的服务包括产品研发设计、加工制造、销售维护及提供相关物流等类型的服务内容。进一步可将制造业服务分为以下三类：①提供产品服务，是指将制造企业的服务能力直接运用于产品生产；②产品支持与状态维护服务，是指用于产品销售后对用户产品的支持与维护，包括产品装配、技术支持、保养维修、运行监测等；③价值增值服务，是指在企业生产能力和服务管理能力综合优化的基础上，最大限度地为用户产品实现价值的增值。

（2）制造业服务化　传统制造型企业通过运营模式的调整和业务重组，由出售单一“产品”转变为出售“产品”+“服务”，通过逐步加大服务在企业整个产品价值链中的比重，使企业升级为综合问题解决方案的制造服务提供商。

（3）服务型制造　服务型制造是一种新型产业制造模式，是由制造业服务化和服务活动工业化两者融合发展的结果。服务型制造包含“面向产品制造的服务”和“面向产品服务的制造”两个方面。“面向产品制造的服务”是指产品生产企业为实现自身制造资源的高效配置和核心竞争力的提升，将低附加值的生产任务进行外包，自身仅维持对重要工序或核心零部件的生产，这种承接外包业务的企业所提供的服务即为“面向产品制造的服务”；“面向产品服务的制造”是指服务提供商结合用户的需求，将服务模式引入产品生命周期，对产品从设计开发到报废回收整个环节进行改造，为用户提供个性化、系统化需求服务的制造过程。上述服务型制造的两个方面可统称为制造服务，前者为服务企业为制造企业提供的制造服务，后者为制造企业为终端用户提供的制造服务。

（4）智能制造服务　智能制造服务是指将互联网、大数据、智能计算等新一代信息技术应用于产品生命周期制造服务的各个环节。智能制造服务模式是指基于工业互联网和智能化技术，将企业已有的制造服务资源进行虚拟化封装，通过各种智能服务终端实现各类服务活动的运行与管控；通过新一代信息技术，获取与分析服务企业、制造企业和终端用户等服务主体在制造服务活动中的交互关系和业务需求，对制造服务资源进行智能化描述、设计、配置、评估和管理，在需求的时间、向特定的对象提供所需的定制化服务，以充分满足市场和用户动态、多样及个性化的服务需求。

6.1.2　智能制造服务的体系架构

智能制造服务的体系架构如图 6.1 所示，包含设备层、数据层、交互层、技术层和应用层五层结构。

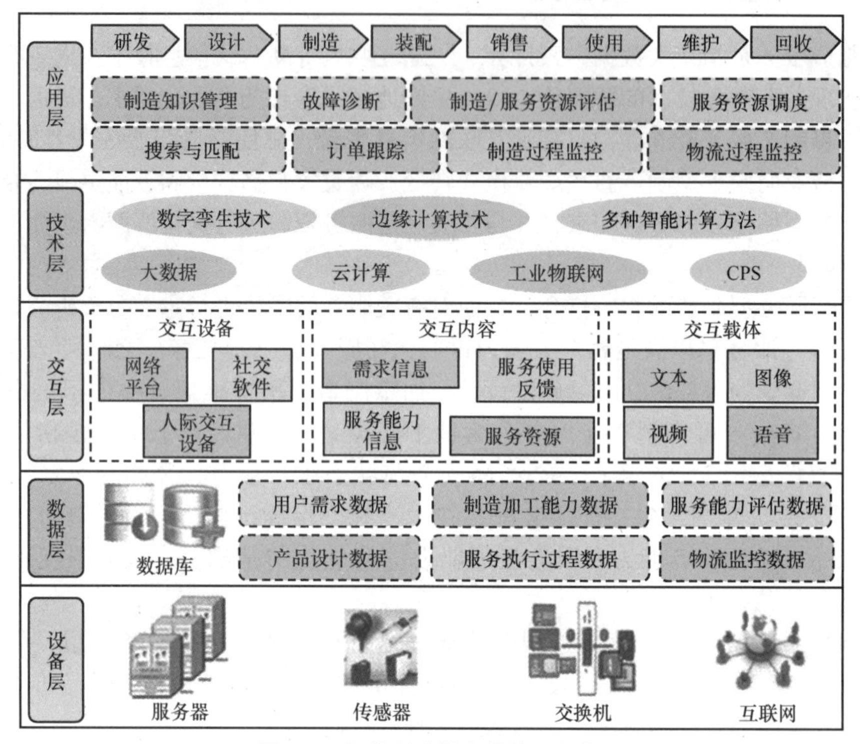

图 6.1　智能制造服务的体系架构

（1）设备层　设备层为智能制造服务提供了硬件支持，包括服务器、传感器、交换机、互联网等硬件设备。

（2）数据层　数据层包括制造服务数据的采集、存储与管理，充分合理利用大量历史数据和实时制造服务数据，便于智能制造服务功能的实现与实施。

（3）交互层　交互层是以服务实施为目的，为服务提供商、制造商及最终用户提供双向交互接口，包括文本、图像、语音、视频等不同的信息媒介。

（4）技术层　技术层是智能制造服务整个架构的核心，其主要功能包括服务数据的采集、用户服务需求的挖掘和识别、用户需求特征库的创建，以及具体服务事务的管理、调度、匹配与决策等。

（5）应用层　智能制造服务的应用是指产品全生命周期各类服务的应用，包括产品需求分析、研发设计、加工制造、运营配置、物流管理、维护回收、服务评估等。

在智能制造服务架构中，各层次信息相互传递与协作，通过基本服务数据的交互和协调处理，使各类智能制造服务活动得以高效高质量的运行。

6.1.3　智能制造服务技术的应用

前面已提及，在服务型制造产业模式下，其服务类型有服务企业为制造企业提供的服务及制造企业为终端用户提供的服务等不同形式。因此，智能服务不仅仅是产品销售后的产品维护服务，而应是产品生命周期全过程的所有服务，包括以下方面。

（1）市场调研与需求分析 在产品需求分析阶段，可为用户提供市场调研、趋势分析及可行性分析等服务。通过互联网、大数据、云计算等信息化技术，对市场需求海量数据进行分析，挖掘其中有效需求，掌握市场未来趋势，拉近企业与市场的距离。在此基础上，建立服务需求模型，应用大数据智能算法对企业服务能力与用户需求进行匹配，以获得用户需求与企业现有服务能力间的差距，提出解决方案，以更好地满足用户的服务需求。

（2）研发设计 不同于传统产品设计模式，智能制造服务将服务理念融入了产品设计环节，以提高企业产品创新设计能力，包括：①设计任务的外包或众包，支持构建产品设计环节的MRO（Maintenance，Repair，Operation，维护、维修、运行）服务系统；②将已有的设计知识和技术资源以知识服务形式提供给服务用户；③由设计者自身兴趣所驱动的开源设计和创客设计。

在进行研发设计服务时，可采用模块化的产品设计开发思路，按不同形式的服务模块、产品模块和功能模块等实现灵活定制承包，缩短研发周期。同时，采用分析推理等智能技术从历史设计项目中提取知识点和创新点建立设计知识库，以供查询调用，提高设计效率，降低设计成本；可采用计算机辅助设计、机器学习等技术支持产品快速设计和可视化开发，帮助服务对象实现可视化MRO服务。

（3）加工制造 在加工制造环节，包含有加工信息、制造知识、现场管理、数字化制造、生产过程监控、物流配送等多方面服务内容。通过合理选择CPS、物联网、大数据及智能计算技术，可实现以数据驱动为特征的智能化加工制造服务。例如，在生产任务规划方面，对需求订单进行分类或合并，实现基于工艺流程优化的智能规划；在生产状态监测方面，可采用RFID技术、信号感知技术、图像/视频识别等数据采集技术，收集分析复杂工况下设备运行的实时数据，提高企业加工制造及时化服务水平；在产品质量管控方面，可应用数据挖掘、机器学习等智能算法进行质量问题的分析、预测、寻优等质量管理服务。

（4）库存与物流 依托大数据和物联网等技术可实现企业库存及其物流智能化管理，进行物流路径及仓储规划、物料订单的智能派送、输送货物与车辆的智能配置等智能化服务，以提高物流运行效率；可采用分布式库存控制策略，进行货位优化组合与分配，运用动态批量模型来解决库存限制和物料滞留等问题，以提升仓储的利用效率，降低物料储运成本。

（5）服务需求配置与运行 可采用云计算技术对被封装的服务资源和服务请求进行动态配置服务与管理，以最优的配置满足用户需求，包括服务资源建模、服务功能配置、服务约束和服务属性配置等。服务运行时，对服务项目、服务提供商、服务行为及流程等方面实现智能化的服务匹配、报价、跟踪等信息管理；通过物联网采集生产过程的实时数据，监控服务运行的状态，支持制造服务过程的实时分析、诊断与维护。

（6）维护与回收 包括产品或制造设备的远程维护和故障诊断、备件配送、维修调试、拆卸回收等服务内容。建立故障诊断知识库，故障出现时可在知识库中检索、比对历史故障数据，提高故障根源诊断的效率，提出解决方法和维修措施。

[案例 6.1]　三一重工 ECC 客户服务平台

三一重工是工程机械领域中国排名第一、全球排名第二的企业集团，其主导产品包括混凝土机械、挖掘机械、起重机械、筑路机械、桩基机械、港口机械和风电能源设备等，其产品业务覆盖全球 150 多个国家和地区。

为了更好解决产品售后维护问题，2008 年三一重工率先研发了 ECC（企业控制中心）客户服务平台，通过工业互联网可将所有公司客户中的产品设备运行参数回传到 ECC 进行集中监控与管理，可以对数千千米之外的挖掘机进行精准定位，并实时监控机器的运行状况。为此，公司出厂的每台设备都将在该平台上留下数据，从而构筑起三一重工产品设备在线服务管理的大数据基础，能够提供远程的客户运维服务，以避免或减少因产品设备故障给客户带来的损失。

近年来，三一重工重新优化改进了早期的 ECC 平台，并将腾讯云的云计算能力融合到 ECC 系统功能中，可将分布在全球的 30 万台设备接入平台系统，实时采集数量巨大的运行参数，远程监测庞大设备群的运行状况，可实现对公司的用户设备的常规维护管理。此外，通过对关键设备参数的监控，开展预测性维护，对设备健康状况实行有效的管理，并根据不同设备对应的特性进行定制化的维护。ECC 平台功能如图 6.2 所示。

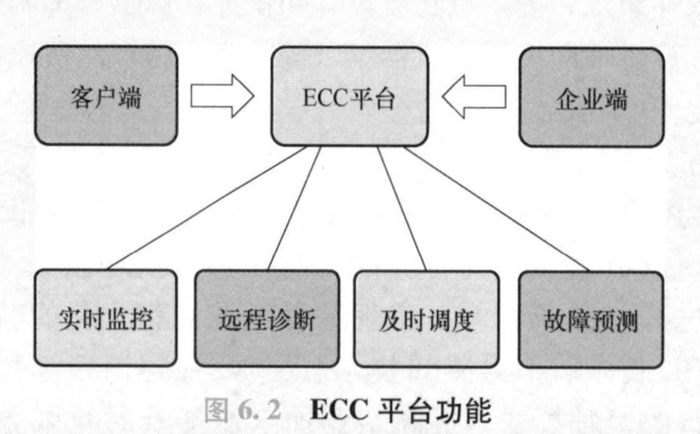

图 6.2　ECC 平台功能

三一重工通过 ECC 客户服务平台，可实时监测客户设备的运行状况，可在故障发生前就提醒客户将可能发生的故障排除，提高了设备的使用寿命和健康程度，减少了客户的损失，将以往“被动”服务变为“主动”服务，更好、更快地帮助客户解决设备运行中的问题，并通过大数据对客户潜在需求进行挖掘，以便设计更加符合客户需求的产品，更好地提升客户服务水平及资金风险的控制。

6.2 ■ 数字化、网络化、智能化技术对制造服务赋能

数字化、网络化、智能化技术作为智能制造的赋能技术，也有力地推动着企业服务水平和服务能力的提高，可为企业产品和用户提供更多、更好的服务。

6.2.1　数字化产品服务

国际研究机构 AMR 调查研究报告指出“高效的产品服务保障可为企业带来 40%~80%

的利润”。因此，如何利用数字化技术，为企业产品提供优质的服务以获取企业最大利润，已成为企业产品管理的一个重要方向。

应用数字化技术，建立企业产品服务 MRO（维护、维修、运行）系统，在产品整个生命周期内规划产品服务，优化服务的运行，通过创建企业产品电子技术手册、可视化产品实物展示与分析、维护维修仿真分析等手段，来提高企业产品服务能力，最大限度提高产品服务的运行效率。

（1）创建企业产品电子技术手册 为了便于企业产品服务活动，可应用数字化技术创建企业产品电子技术手册。结合三维图册制作工具，可在手册中提供基于产品 MBD 模型的相关技术内容，包括产品目录管理、产品结构组成、产品爆炸图、仿真动画及关键技术管理等，以满足产品操作、产品维护和产品应用培训等各种不同的服务需求，并且能够随着产品版本的变更而实现同步更新。

（2）产品实物可视化展示与分析 在对用户产品进行服务管理时，可通过产品 MBD 三维可视化模型，查找显示相关零部件在产品中的位置与功能作用，以及与其关联的其他产品实体，进行与产品质量或故障问题的关联分析，找出产品故障最佳排除办法或产品质量的提升方案。

（3）产品维护虚拟仿真 复杂产品三维数字化维护仿真，可为产品维护操作员工提供一个现场虚拟环境来验证和评价产品维护方法及其过程，探讨研究维护拆装的可达性和可操作性，优化操作流程，验证维护工艺装备的合适性。通过虚拟仿真，可协助评估人体在特定工作环境下的行为表现，例如动作时间评估、工作姿态评估、疲劳强度评估等，可快速分析人体或视野可触及范围，从而制订维护维修的最佳操作方案。

（4）产品技术数据包（Technical Data Package，TDP）延伸到维护现场 可充分利用当前数字化移动设备，把产品服务所需的 TDP 快捷延伸到维护现场，使现场服务人员可采用灵活的方式查阅产品维护维修所需的操作指南、设计资料及各种必要的交互式电子手册，同时可把现场维护维修事件、产品实物实际状态等信息返回到企业 MRO 系统，以提高服务人员的服务效率与服务质量。图 6.3 所示为基于平板电脑的产品技术数据包。

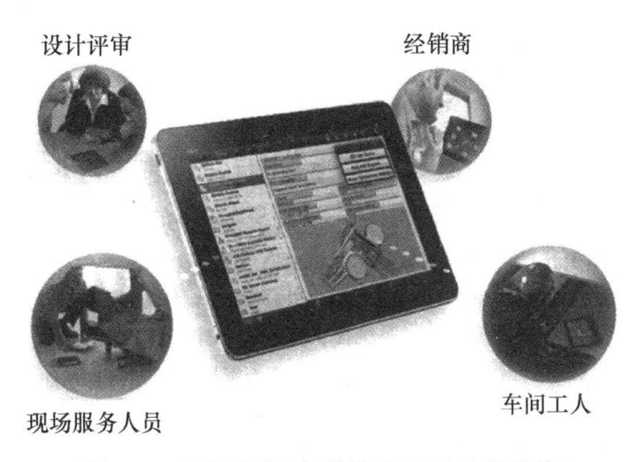

图 6.3 基于平板电脑的产品技术数据包

6.2.2 网络化营销服务

网络化营销是指产品的生产端与市场端通过互联网直接进行沟通，使企业产品能够快速响应用户多样化需求，可改善企业和用户间衔接的效率和服务质量，以增加产品的附加值，延伸产品的价值链，同时也显著降低了企业销售成本，可为企业带来更高的经济效益。网络化营销服务有力推动着电子商务的发展及产品市场销售模式的转型。

1. 电子商务

电子商务（简称电商）是通过互联网所进行的各种商业活动，包括生产企业与消费者及企业相互间所进行的买卖活动，是市场营销的数字化、网络化和智能化的发展基础。

电商销售方式大大简化了产品生产、销售及物流过程，节省了中间商务成本，降低了产品用户价格；用户可享受如信息咨询、预测性维护、远程升级等售后服务的支持；改变了用户与生产厂商之间的信息隔阂，能够及时反馈用户对产品及服务的需求，促使生产厂商由“以产品为中心”向“以用户为中心”经营理念的转变，为用户提供更好的产品服务。同时，电商销售也有助于生产商快速掌握市场动态，提高用户需求的准确度，实现“以销定产”，可有效解决企业产品积压等传统问题，提高企业经营的经济效益。

例如，美国戴尔公司是以生产、设计、销售家用计算机及办公计算机而闻名于世。早在1996年戴尔便开始推行电子商务经营模式，通过网络接受客户的订货和安装服务需求，如图6.4所示。公司为所销售的每台服务器、台式机、笔记本电脑等贴上标签编号，当客户需要技术服务时，通过网站报上标签编号，技术人员便可快速提取产品相关资料以提供相应的服务。目前，戴尔在全球范围内有一半以上产品销售和技术服务是通过电子商务实现的。

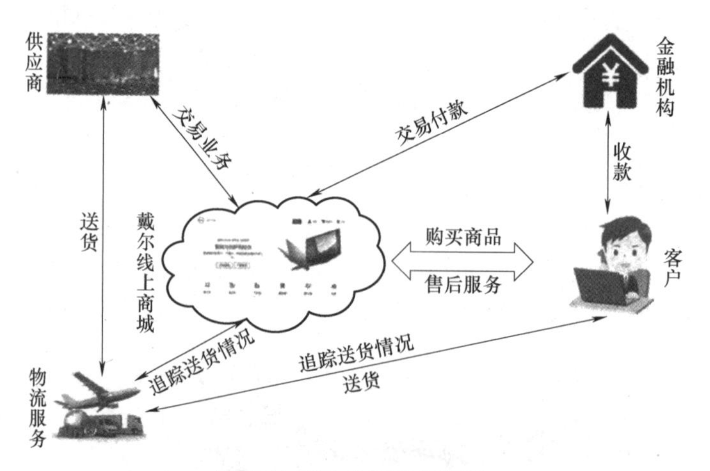

图6.4　戴尔电子商务逻辑

网络化的电商销售，可为企业带来以下市场竞争的优势：

1）深刻改变了制造企业和用户的关系，用户能及时反馈对产品及其服务的需求，有利于企业提高产品的用户满意度。

2）由电子商务替代传统产品销售模式，节省了企业产品交易服务过程的巨额中介费用，以及企业产品销售的时间成本、经营成本和运输仓储成本，可取得收益递增的企业利润，使企业能够准确、及时响应市场需求，实现“以销定产”，有效解决企业产品积压等传统问题。

3）电子商务的实施有助于企业快速把握市场未来趋势，促进企业产品的创新升级，提升市场占有率和竞争力。

2. 新零售模式

电子商务优点突出，但也存在难以满足客户体验等不足。随着消费水平的提高，人们在追求产品“物美价廉”的同时，也要求享有舒适的交付体验和完善的售后服务。为此，不少制造企业将产品线上与线下营销优势相互融合，建立从供应商到消费者的完善销售服务链，推出“线上电商+线下体验”的新零售理念。

自零售业进入电子商务时代，消费者在商品交易中的主动权得到大大提升。因此，线下实体店在巨大市场压力下，也积极融入“互联网”发展洪流，以消费者为中心，转变经营理念，重新设计实体店的环境，以迎接产品销售领域的新零售模式。

新零售模式代表着产品零售与消费全新时代的到来，对零售行业的价值链具有颠覆性的影响。例如，安踏体育用品有限公司是我国领先的体育用品企业，主要从事体育用品的设计、开发、制造和市场销售，包括运动鞋、服装及配饰等。在 2012 年之前，安踏在产品市场销售中普遍运用“品牌商→经销商→零食商→消费者”批发分销模式，在品牌商与消费者之间存在着层层阻隔，相互间信息不透明，导致安踏品牌对市场反应迟缓，市场分析不准确，时常造成库存积压等现象。自 2012 年起，安踏开始布局新零售市场战略，以消费者体验为导向通过线上线下紧密结合的方式开展公司销售模式的变革。

为此，安踏专门设立了一个电子商务公司，包含品牌、商品和后台支持等部门机构，对线上销售的商品配有优秀的企划和设计人员，在后台配置了信息、物流、客服及管控等技术支持，并与互联网公司阿里进行深度合作，将原有的直营销售网点、经销商网点等实体店改造成“智慧门店”。当客户跨进“智慧门店”时，安踏“优 Mall”高清摄像系统便能判断客户性别和年龄特征，在店内大屏幕上展现相关的品牌信息；当客户取鞋试穿时，其动作会被鞋底的射频识别（RFID）系统感知和记录，以统计该品牌的拿取率和试穿率，再与该品牌最后购买数进行比对，以判断该品牌对顾客的吸引度；当客户最终购买时，工作人员手持一体化设备扫描商品条码，购买和支付便即刻完成；倘若店内没有某款产品，则可在安踏云货架上搜索下单，随后便可将客户所需产品直接送达指定地点；购买结算后，客户此次消费被记录到后台客户关系管理（CRM）系统中，在 CRM 系统中存放着客户线上、线下所有渠道的消费记录。随着 CRM 系统数据的积累，客户消费特征逐渐清晰，从而可作为安踏精准营销的数据基础。

安踏“智慧门店”以消费者体验为中心，通过“人、货、场”商业要素的重构，推动企业产品线上与线下营销的深度融合和联动，推进企业面向消费者的商业模式转型。

安踏品牌运销模式的转型，赢得了客户和市场，最终帮助安踏在体育用品领域取得国内排名第一、全球排名第三的市场地位。

由此可见，新零售模式具有以下市场特征：

1）精准消费。消费者最理想的消费是每一次消费都能够符合自己的心意。理想消费条件主要反映两点：一是充分可选的消费对象物；二是最低的选择成本。在新零售时代，市场供给充裕，商品触手可及，消费者能以最小的成本得到最称心的目标。也就是说，消费者每一次消费都能够遵从内心，而受外界引导影响的情况将越来越少。对商家而言，需要对消费者或市场有精准的商品定位及精准的营销手段和方略。

2）平台分散化。无论是传统零售还是电子商务，市场走势都体现出分散化规律。对于传统零售业，是由制造商→批发→商场→品牌店→专卖店形式的分散化；在电子商务市场，是从淘宝上的批发，然后到天然、京东等综合平台，在这类综合平台垄断下不断出现以专业定位的库存运营（如唯品会）等形式进行分散。目前，越来越多的大品牌开始自建官网电商平台，市场的分散将会持续深化，最终形成泛在平台的局面。

3）产品对消费者更加透明。在传统零售模式中，消费者面对的是渠道商，而看不到渠道商后面的品牌商、制造工厂、技术和资本方。而在新零售模式下，商家的资本运作、技术比拼、加工工艺、营销推广技巧、渠道能力都很透明、主动地展现在消费者面前，也成为影响消费者体验和决策的因素。因此，任何一个产品环节都不能出现大问题，否则有可能被消费者看作隐患，或被竞争对手当作攻击的突破口。

6.2.3 产品效能增值服务

增值服务是在提供产品基本服务的基础上，为用户提供更多的优质服务或利益，以满足更多用户期望。产品作为一定功能的载体，为用户带来的效能是其价值的本源，产品效能增值服务现已成为产品服务的重要组成部分。

现代的机电产品多为数字化网络化智能化的 CPS 结构产品，除通过产品物理结构更新外，更容易通过其信息系统为用户提供多种形式的产品效能增值服务。

（1）产品效能升级服务 在产品出售给用户后，通过产品嵌入式系统的升级可大幅改变产品的功能和服务效能。产品系统软件的更新现已成为产品升级服务的主要形式。软件更新非常灵活、便利，简单的几行代码就有可能会显著改善产品的性能特征。例如，移动终端操作系统的升级，可以消除原有系统存在的漏洞，添加新的产品功能；特斯拉电动汽车借助于所配置的车载摄像头、超声波探测器和雷达，能够感应并记录周围路况数据，通过升级软件系统可使车辆的驾驶模式由手控驾驶转换为自动驾驶。

（2）产品内容增值服务 相较于传统产品的功能特性，智能产品可使客户拥有量身定制的产品内容增值服务。制造企业通过智能产品增加数字化、智能化的服务内容，构建实现产品效能最大化的平台及生态系统，从而最大限度地满足客户需求并锁定客户，使其在新一轮的市场竞争中脱颖而出。以电视行业为例，电视产品的竞争已经从早期以硬件为主的竞争向应用服务竞争转变，以提供的内容增值服务作为企业产品销售的新亮点。例如，小米公司在其电视产品中预装了基于 Android 系统深度定制的 MIUI 操作系统，通过人工智能驱动+内容优先的信息流 UI（用户接口）设计，最终导向是深度内容理解和人工智能精准推送，为客户提供围绕数据、应用、出行、娱乐等全景深、高品质的数字化生活体验，从而使小米电视市场销售量跃居行业前列。

（3）基于平台的系统运营增值服务 系统运营服务平台依托于所建立的客户需求和市场供给智能化决策系统，为供需双方建立起直接连接和互动关系，使客户在透明化的环境中享受到供应商所提供的有效管理和控制的“效能服务”。例如，陕西汽车控股集团有限公司（简称陕汽）基于“天行健车联网”智能化汽车物流服务运营平台，为全国数百万购买了其重型商用货车的用户提供运输金融、货源信息匹配、运输过程监控、燃油加注优惠、车辆故障检测与远程维护等各种服务，使得每一个货运需求者和货运服务者都能在无形中享受到“天行健车联网”平台所提供的智能服务。该平台既降低了货运需求者和货运服务者的车辆出行成本，又提高了车辆出勤率，使整个物流服务的盈利能力获得极大的提升。客户购买的不再仅仅是一台商用重型货车，而是一套完整的物流服务整体解决方案和盈利模式。陕汽通过该平台透明化的信息服务，整合了分散化的客户资源，既为客户创造了价值，也为自己带来了巨大的经济收益。以往出售一辆重型货车只带来一次收益，提供智能化增值服务之后，客户在整个商用货车经营周期内的每一个环节、每一千米的运行，都会为陕汽集团带来源源不断的收益。

[案例6.2] 罗·罗公司航空发动机产品的效能增值服务

罗尔斯·罗伊斯公司（简称罗·罗公司）是英国一家航空发动机制造商，在20世纪70年代公司规模还比较小，在全球航空发动机市场所占份额还不到5%。面对激烈的产业市场竞争，罗·罗公司于20世纪80年代开始探索公司服务化转型，积极推进效能增值的商业服务模式，最终使其成为目前世界三大航空发动机生产商之一。

（1）航空发动机产业特点 航空发动机是飞机的组成核心，是飞机的心脏，需要在高温（20000℃）、高压（2.5MPa）、高转速（10000r/min）、高负荷、缺氧、振动等极端恶劣环境下正常运行数千小时。航空发动机研制难度大，需要复杂的总体设计，适应极端环境下的复合材料和高精度加工工艺，其研制周期长、技术交叉密集、制造工艺复杂、投资规模大、进入门槛高，是典型的技术与资本密集型产业。因此，航空发动机制造业被誉为世界工业皇冠上的明珠。

航空发动机的运行有两大特点：①维护费用占比高；②需要实时监测。例如，2007年全球飞机引擎年销售总额为350亿美元，而飞机保养维护市场（MRO）则高达1170亿美元。

智能化是航空发动机产业发展的重要方向，其目的是致力提高发动机运行的控制水平以及运行监测和故障诊断能力。通过机载实时诊断系统和自动测试设备等智能技术，提高对发动机性能状态、故障监测、无损探测和寿命管理的能力，提高发动机的使用寿命和安全保障性。

（2）罗·罗公司的商业服务转型 从20世纪80年代以来，罗·罗公司不断探索公司的服务化转型，通过推进面向服务的商业模式创新、打造服务品牌、推进跨国并购等途径，在服务化转型道路上迈出了坚实的步伐。

1）推动商业模式创新，建立集设备和服务于一体的产品体系。在激烈市场竞争中，罗·罗公司作为一个后来者在把握产业发展趋势的同时，非常注重商业模式的创新，高度关注产品的服务，认为“销售每一台引擎就会产生一次重大的服务机会，通过服务可保障公司的收入”，“服务在为客户增加价值的同时，也会增加自己未来可以预见的收入”。1995年，罗·罗公司开始实施“绩效保证式合同供货（PBC）”新的商业模式，即在对用户出售发动机的同时提供发动机保养和在线化的维护服务。PBC模式的核心是按照双方协商认可的发动机单位飞行小时进行付费，为发动机用户支援和维修提供一个优化的解决方案。

罗·罗公司PBC商业模式的关键，在于对发动机能够进行在线动态监控、故障诊断和维护支持，否则难以承受发动机维修服务的不确定性所带来的巨大商业损失。新的商业模式给罗·罗公司带来了巨大的商业利益，最大限度地保证了业务的可靠性，提高在役发动机和飞机的资产价值。通过优化服务方案满足了客户个性化需求，使航空公司更有效地利用资源，专注于自己的核心业务。新商业模式的巨大成功，使罗·罗公司不断抢占了普惠和GE公司同行的市场份额，致使罗·罗公司从20世纪70年代在全球航空发动机市场不到5%的份额，提高到目前的40%左右。

2）打造服务品牌，完善面向服务的产业链。面对全球航空发动机市场的新商业模式，罗·罗公司为不同客户提供了三种不同的服务形式：①全面维护，这是罗·罗公司为满足不同的客户需求提供的一种灵活服务，包括发动机动态在线监控、故障诊断、维修支持和配件管理等，“全面维护”协议与客户确定的是一种长期的伙伴关系，合同期通常是10~15年，也可覆盖发动机的全寿命期；②公司维护（Corporate Care），为用户提供从零部件管理到发动机大修的一整套发动机维护服务，包括发动机管理计划、发动机状态监测等，可以让客户清楚地了解这项维护的成本开支，并预测发动机未来的飞行时间；③项目管理方案，这是罗·罗公司在军用航空服务领域提出的服务理念，根据军队需要而提供的定制化服务解决方案，包括基础服务支持、初级服务支持、高级服务支持、全面服务支持和延伸服务支持等。

罗·罗公司不断延伸服务产业链，包括离翼服务支持、信息管理、运行服务支持和库存管理等，服务品牌及商业模式的不断创新，为公司带来了更多更大的收益。

3）开展跨国并购，建立面向全球的发动机维护服务体系。罗·罗公司在商业模式转型的同时，还通过全球并购以建立航空发动机维护和及时响应服务体系，为发动机民用机队提供全方位的支持服务。例如，罗·罗公司在全球主要航空机场建立了全资和合资企业，构建了全球化的航空发动机服务网络。目前，罗·罗公司有8000多名员工分布在世界主要航空港，为本公司的航空发动机提供各种形式的服务。

（3）罗·罗公司商业服务转型效果 目前，罗·罗公司已跻身世界三大航空发动机生产商之列，其竞争优势不断增强，在全球航空发动机市场上由一个跟随者转变为领跑者，其客户包括120个国家的600家航空公司，大型发动机产品已占全球市场的50%之多，已成为全球领先的公务飞机发动机提供商。罗·罗公司通过商业模式的创新，提高了企业的核心竞争力，作为绩效保证式合同的积极实践者，其产品服务模式得到了客户的广泛认可。

6.3 ■ 智能制造服务数据采集与建模

智能制造服务是由服务企业、制造企业、终端用户的各种制造服务活动构成，包括生产制造活动、数据采集、产品或系统运行过程监控与维护等。各类服务活动的宗旨则各有侧重，服务企业主要通过监控把控服务活动的执行及其服务效果，制造企业侧重于企业产品的生产工艺流程，终端用户主要跟踪产品功能的实现等。无论是何类服务活动，都需要根据服务对象的现场工况数据及服务对象的工作模型进行不同服务的实施与监控。因此，需要借助物联网技术构建功能完善的智能制造服务数据采集系统，需要针对服务对象的作业过程构建数字化服务模型。

6.3.1 智能制造服务数据采集系统

智能制造服务数据的采集是实现智能制造服务高质量运行的基础，需要有一个功能完备的数据采集系统的支持。物联网作为智能制造的赋能技术，为智能服务提供了有力的支撑。

通过对智能制造系统中的不同加工设备配置CPS功能节点，对各种工序流程配置RFID装置，对生产现场操作管理人员配置社交传感器（Social Sensor，S^2ensor），可以构建一个“人、机、物”互联互通的物联网络系统，为智能制造生产现场数据的采集提供一个必要的基础设施。

1. 面向加工设备工况数据采集的CPS功能节点配置

制造服务的智能化，要求生产设备具有基于CPS技术（参见本书2.2.1节）的功能配置，通过不同传感器、执行件、控制器及通信网络等功能组件，可对生产加工设备实现“感知-计算-通信-反馈”等智能控制，通过不同感知装置及相关接口，以采集生产设备或产品的运行数据、工作状态、加工环境等实时生产数据。

生产加工系统的每个CPS功能节点，都是由机械装备本体、不同传感器、控制/执行单元、人机交互（HMI）界面、网络网关及应用模块组成，如图6.5所示。这些CPS功能节点拥有唯一的资源标识，具有自我感知、自我学习、自我决策和控制等功能，可实现单个设备的自治运行及多个设备的协同控制作业。CPS节点中的机械装备本体是该节点的主体单元，其他功能模块均围绕其主体进行配置；不同传感器模块是由依附于主体单元的一系列传感器构成；控制/执行模块由PLC、嵌入式系统及执行机构等控制单元组成，用于生产指令的控制执行与调节；人机交互界面用于控制指令及参数的输入，可对CPS节点进行人为的干预与管理；网络网关模块融合多种网络协议与连接，包括以太网、ZigBee网、Wi-Fi等，以实现CPS节点与其他控制节点的互联互通；不同功能的应用模块包括数据采集、计算处理、传输存储与共享等，以实现CPS节点的功能配置、规则化运行、实时状态监控、自主决策与健康管理等。

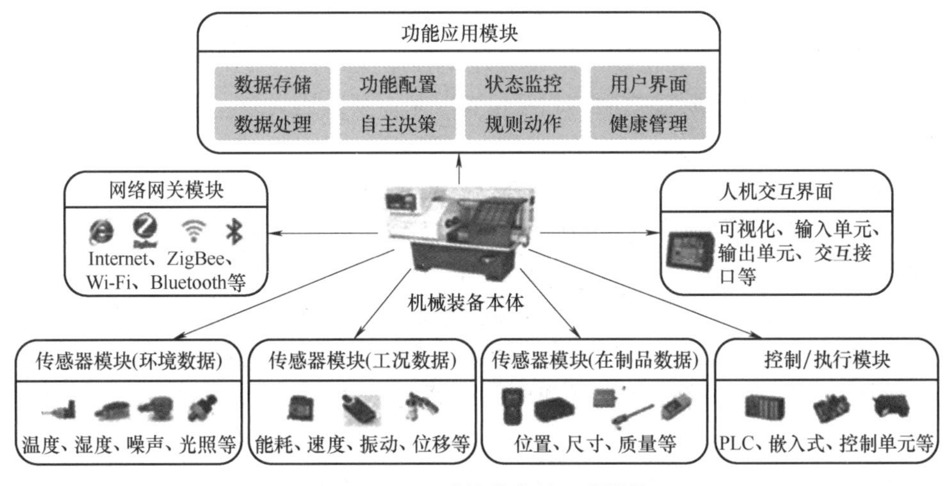

图6.5 **CPS功能节点的组成模块**

通过对生产制造系统一台台加工设备配置不同CPS功能节点，可实现各种智能制造服务功能：在生产执行过程，CPS可接收系统所发送的指令，能够按照给定的加工程序控制设备的运行；在制造服务过程，CPS能够自动采集生产设备及生产现场的实时信息，实现生产设备的运行监测、远程诊断、优化调节等生产过程服务；因环境扰动造成生产中断时，CPS可与附近节点进行通信协调，将该节点的生产加工任务分发到附近节点进行临时替代生产，直至中断恢复为止。

2. 面向工序流程数据采集的RFID配置

RFID技术可为生产制造系统中不同加工工序工位，以及如机器人、AGV等物流资源配置相应的RFID装置，通过RFID可实现对生产系统的工序流程、物料流及生产现场数据进行有效采集。

RFID装置主要由RFID读写器和RFID标签两部分组成（参见本书2.1.1节）。图6.6所示为在生产系统的每个加工工位配置一个RFID读写器，对每个在线的加工工件绑定一个RFID标签，借助RFID读写器发出的无线射频信号，在其探测空间内可读取RFID标签的信息。因此，RFID探测空间与加工工位便可构成一一对应的映射关系，由贴有RFID标签的工件与加工工位间的相互位置关系也可构成"进入-停留-离开"不同状态关系，继而可映射为生产系统不同工位设备的"空闲准备""加工执行"和"加工结束"的生产过程状态。

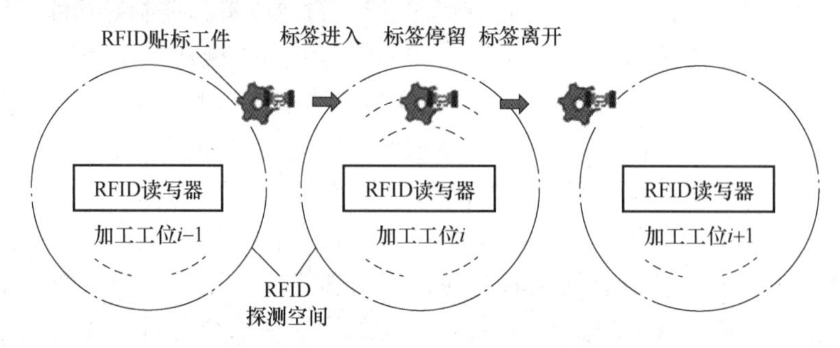

图6.6 **RFID读写器与RFID标签相互间的逻辑关系**

RFID读写器可设置为固定于加工工位的固定模式，也可设置为安装于运输小车或叉车等运载工具上的移动模式。无论是固定模式还是移动模式，均可用如图6.7所示的状态模型，以表示RFID读写器与标签之间的相互位置关系，其表达式为

$$O\ (S_{in},\ S_{stay},\ S_{out},\ E_{in},\ E_{out},\ t_1,\ t_2)$$

式中，S_{in}、S_{stay}、S_{out}为标签进入、停留和离开状态；E_{in}、E_{out}为进入和离开状态改变时的触发事件；t_1、t_2对应于事件E_{in}、E_{out}的触发时间。

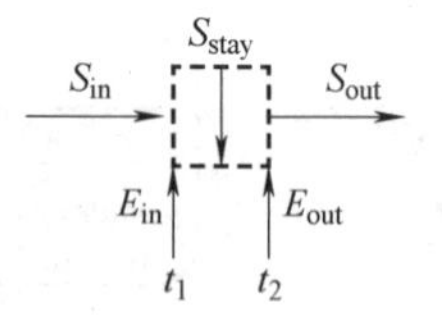

图6.7 **RFID识别系统状态模型**

3. 面向生产社交数据采集的社交传感器配置

为了实现生产系统各个CPS功能节点与生产现场的操作管理人员相互间的互联互通，物联网技术提出了社交传感器（Social Sensor, S^2ensor）的概念，通过S^2ensor以实现智能制造系统中"人、机、物"生产社交的协同管理。通过物联网将S^2ensor集成到智能制造系统，可增强生产系统各CPS功能节点的感知与生产社交的交互能力。

（1）S^2ensor概念 S^2ensor是指在产品加工制造过程，用于人-人、人-机之间进行社交活动，并对社交过程的主观和客观数据进行采集、计算、处理和存储的一种软硬件结合体。S^2ensor是以智能手机、平板电脑及可穿戴无线移动设备等不同种类的移动智能终端作为硬件载体，并通过QQ、微信、微博及其他APP应用系统作用于各种社交活动，通过大数据智能可对社交数据进行有效摘取、处理和分析应用。将不同类型的S^2ensor通过移动网络绑定到生产系统的相关操作管理人员或CPS节点上，便可与各个CPS功能节点、RFID装置共同构成“人、机、物”互联互通的物联网系统。

与其他智能传感器相比较，S^{2}ensor 具有一定特殊优势。普通智能传感器只能采集、处理与输出传感数据，而难以处理不同类型的混合数据，不能进行人机相互间的社交活动。S^{2}ensor 可在任何时间、任何地点为操作管理人员提供与制造服务相关的大部分信息。通过 S^{2}ensor，可以获取来自客户的需求数据、来自供应链企业的生产供应数据、来自企业内部操作管理者的生产指令，以及来自生产设备的工业现场数据等。通过 S^{2}ensor 生产社交功能，可帮助人与设备进行无缝协同，可弥补相互间能力的不足。

（2）S^{2}ensor 应用场景 S^{2}ensor 可用于 H2H 交互、H2M/M2H 交互以及 M2M 交互等不同的社交场景，如图 6.8 所示。

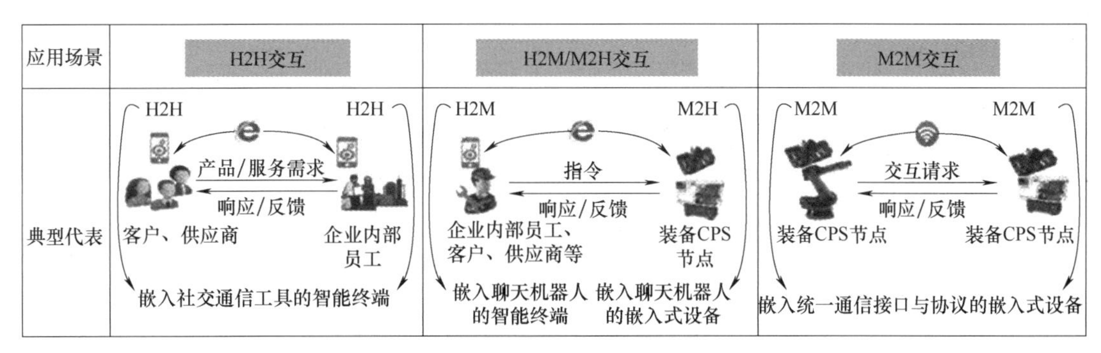

图 6.8 S^{2}ensor 应用场景

1）人-人（H2H）交互场景。H2H 包括客户、供应商及企业内部员工之间的点对点交互或群体交互。在该场景下，智能手机、平板电脑、可穿戴设备等智能终端可作为 H2H 社交传感器，进行需求沟通、订单生成、生产进展、信息反馈等商务社交活动。

2）人-机（H2M/M2H）交互场景。H2M/M2H 作用于企业内部员工与 CPS 节点间的交互活动。将 S^{2}ensor 分别配置在操作管理者和 CPS 节点上，通过 S^{2}ensor 操作管理者可将生产任务指令下达到 CPS 节点，并接收 CPS 的反馈，从而使操作管理者与生产制造系统构成一个相互融合的整体。当然，H2M/M2H 也包括经授权的企业外部客户、供应商与企业内部 CPS 节点间的交互。

3）机-机（M2M）交互场景。M2M 作用于 CPS 节点控制系统相互间的信息交流，在 CPS 节点控制系统中集成有如 MQTT、MTConnect 等通信协议或接口，以此实现 M2M 社交传感器功能。

4. 物联网支持的智能制造服务数据采集系统

通过 CPS 节点、RFID 装置及 S^{2}ensor 的有效配置，可构建一个在物联网支持下的智能制造服务数据采集系统。通过不同类型的传感采集装置与物联网络设备，可将各类生产设备、物料储运系统及操作管理员工进行无缝连接，为智能制造服务模式下的数据采集、协同交互提供了有力支持。

在企业物理层，由私有网关将生产系统中的不同加工设备与不同类型传感器、执行件、控制器等进行连接，形成一个个 CPS 节点；由公有网关及网络通信协议可将生产车间内的各个 CPS 节点、RFID 装置进行连接，实现工厂车间内的物理资源互联互通；再由不同类型的网络资源和 API 接口可实现跨越工厂的企业制造资源互联互通，可实现企业生产现场数据的传输、存储、计算、应用与共享，如图 6.9 所示。

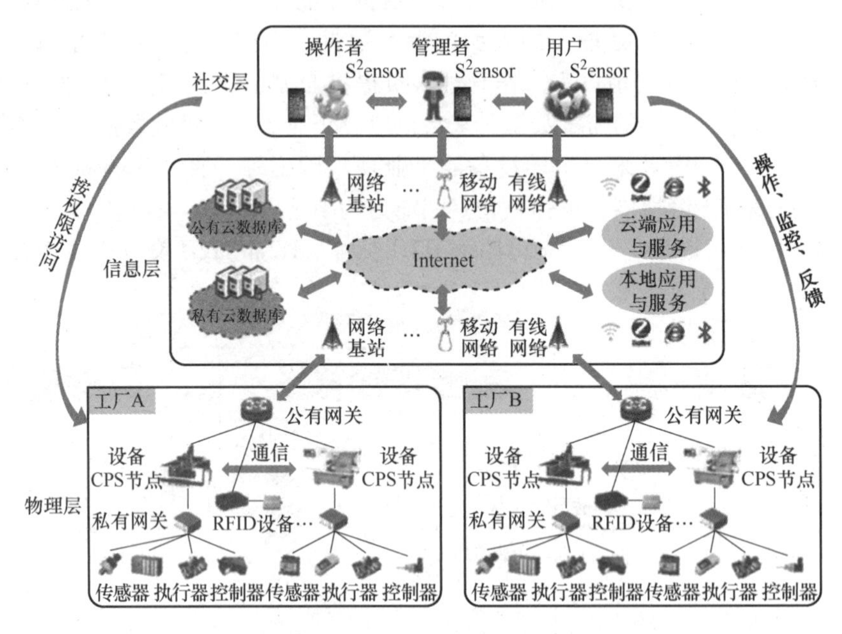

图 6.9　物联网支持的智能制造服务数据采集系统

上述数据采集系统的构建，为企业智能制造服务创造了良好的基础条件。通过生产现场大数据的采集与分析，可挖掘生产系统的性能特征，以获取产品生产波动、产品质量波动、生产故障发生及设备维修维护规律性信息，能够为企业和用户生产提供更为高效的智能服务。

6.3.2　智能制造服务对象模型

智能制造服务活动是作用于一个个具体服务对象，如生产加工系统、设备单元、工业机器人、运载工具等。在分析生产制造系统工作流程的基础上，可按照服务需求将整个生产系统分解为一个个单独的工作单元，对各个工作单元分别进行服务活动建模，然后将各单元服务模型相互连接，便可构成整个生产制造系统的服务模型。

1. 加工单元服务建模

在智能制造服务活动中，不同的服务对象其结构的组成和工作原理均不尽相同，所担负的功能作用也不相同。例如，生产线中一个个加工单元是以数字化加工机床为主体的，负责企业产品某工序的加工，可能配套有工业机器人为其上、下料服务；运载设备负责物料的传送；物料库为原材料、半成品或产成品负责存储服务等。因此，需要分别为这些智能制造服务对象各自建模。下面仅以生产线加工单元为例，介绍单个服务对象模型的构建。

假设某生产加工单元有三个区域，分别为待加工缓存区、加工服务区和已加工缓存区，每个区域配置有自身的 RFID 读写器，形成各自的探测空间，如图 6.10 所示。在该生产线上每一个加工工件绑定有 RFID 标签，当粘贴有标签的工件进入该加工单元，将依次经过上述三个区域，加工完成后最终被运载工具输送到下一个加工单元。

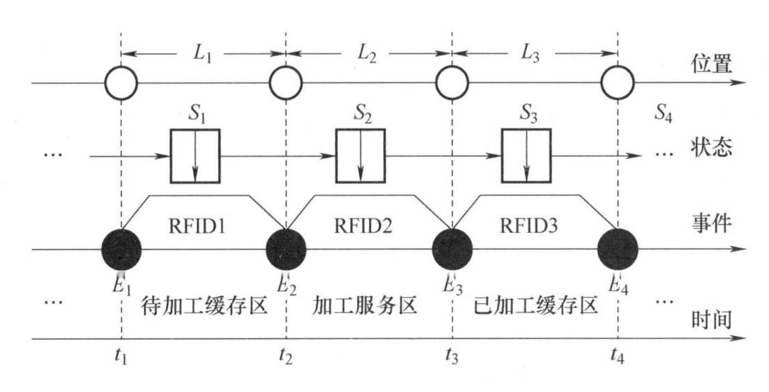

图 6.10　加工单元 RFID 事件驱动的服务模型

如 6.3.1 节所述，RFID 读写器与 RFID 标签之间相对运行会产生进入与离开两个事件（见图 6.7），当贴有标签的工件经过该加工单元时也将产生数个相应的事件，根据事件发生的时序关系将形成一个序列事件，由该序列事件的驱动完成整个加工单元的制造服务活动，包括停留等待、上料加工、加工完毕、卸料待运、搬运离开等不同服务。因此，可建立由 RFID 事件驱动的加工单元服务模型，通过该模型用以描述加工单元所包含的各种状态信息，包括事件发生时间、加工服务耗时、停留时间、工件状态、在制品数据等生产现场的服务信息。

在图 6.10 所示的加工单元服务模型中，可用 4 个事件 E_1、E_2、E_3、E_4 进行描述，分别表示贴标工件进入单元、开始加工、加工完毕和工件离开，以及事件发生时间 t_1、t_2、t_3、t_4，工件待加工状态 S_1、在加工状态 S_2 和加工完毕状态 S_3，以及对应的工件工作位置 L_1、L_2、L_3。其表达式为

$$O_{\text{单元}}=(E_{1\sim4},\ t_{1\sim4},\ S_{1\sim3},\ L_{1\sim3})$$

以同样方法，可为生产系统的其他制造资源分别建立由 RFID 事件驱动的不同服务模型。

2. 生产线服务建模

智能制造系统是由一条条生产线构成的，而生产线又是由一个个加工单元通过运载工具相互连接而成的。因此，以生产线为对象的服务模型可由一个个加工单元模型相互连接构成。

为满足不同生产加工要求，生产线上各个加工单元通常有互替式、互补式及混合式等多种配置形式，如图 6.11 所示。

（1）互替式配置　互替式配置是一种并联式配置结构，生产线上各加工单元功能可相互替代，工件可随机输送到任何一个空闲单元上加工，若某个加工单元发生了故障，其生产线仍能维持正常的生产，整个生产系统具有较大的工艺柔性和工作稳定性，但这要以设备的冗余为代价。

（2）互补式配置　互补式配置是一种串联式配置结构，生产线上各加工单元功能是相互补充的，各自完成特定的加工任务，工件必须按照规定的工艺顺序经过每一个加工单元，整个系统配置的经济性较好，但其中任意单元的故障均会引发整个系统的停工。

（3）混合式配置　在一些复杂工艺生产线中，常常对关键工序的加工单元采用互替式配置，而一般工序段则按互补式配置，这样可发挥两者各自优势。

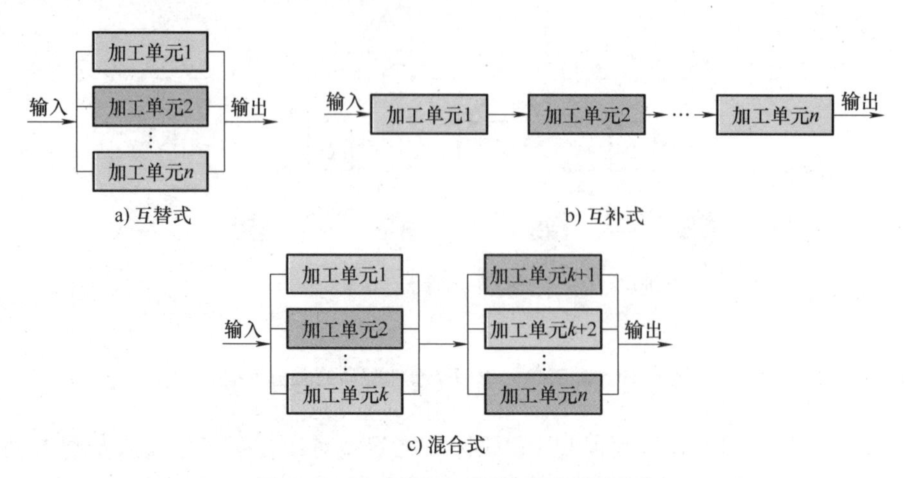

图 6.11 生产线加工单元不同配置形式

因此，生产线服务模型可通过一个个加工单元模型的串联或并联相互连接进行构建，如图 6.12 所示，其表达式为

$$O_{产线}\{O_{单元1}\cap(O_{单元2}\cup O_{单元3})\cap O_{单元4}\cdots\}$$

式中，∩为串联连接；∪为并联连接。

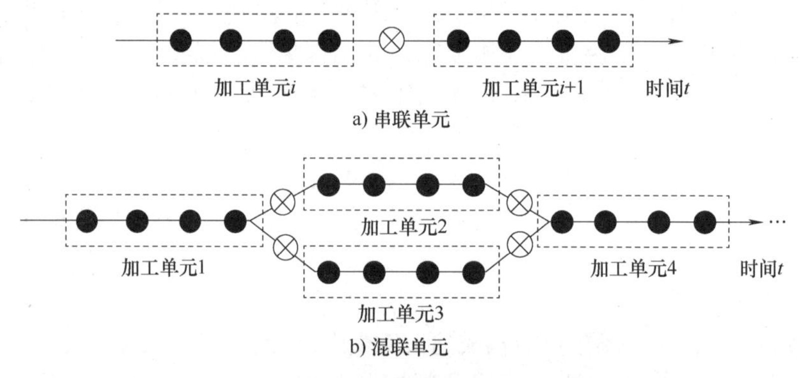

图 6.12 生产线服务模型

6.3.3 基于 RFID 事件驱动的智能制造服务活动

智能制造过程的各项服务活动可依据服务对象模型，基于 RFID 序列事件的触发，驱动各项服务活动的运行。每当有 RFID 事件的发生，即可启动智能制造系统相关 CPS 功能节点进行工作，通过智能制造服务数据采集系统所采集的服务对象现场生产数据，应用大数据技术，结合历史数据的分析处理，开展各项所需的服务活动。

1. 生产工艺流程的跟踪管理

由 RFID 序列事件的驱动，根据生产线服务模型可对生产线工艺流程进行跟踪管理。尤其对于一些重要复杂产品的加工，在每一个加工工件上可绑定主动式 RFID 标签。一般的 RFID 标签只是进行被动识别，不参与主动通信。而主动式 RFID 标签不仅能够被唯一识别，还能主动发起与 CPS 功能节点的通信，并能被写入相关的工艺信息。

绑定有主动式RFID标签的工件也称为智能工件。智能工件不仅可被唯一识别，还能够记载当前加工工艺参数，以及自身的加工工艺流程，并能够与相关CPS节点进行主动通信。通过智能工件与生产线加工设备的CPS节点配合，可实现对整个生产系统自主控制的智能制造过程。

当某个智能工件进入某加工单元时，便被该加工单元的RFID读写器识别出来，继而发出加工启动信号，唤醒该单元CPS节点工作，包括单元控制器及各类传感器。单元控制器按照既定的加工程序控制本单元的加工设备进行加工生产，各类传感器开始采集设备运行参数、切削温度、振动参数、刀具寿命等现场数据，并将所采集的数据传送至本单元CPS节点进行分析处理，进行跟踪监控。当该加工单元加工结束后，CPS节点可将本单元相关加工参数写入智能工件标签，发出加工结束信号，并将工件放入已加工缓存区，等待搬运工具传送至下一个加工单元。

按此步骤，智能工件在不同的加工单元间进行加工传递，整个生产工艺流程可自主控制、监控与跟踪。

2. 在制品控制管理

在制品是指工厂企业正在加工尚未完成的产品。在制品控制管理是对在制品进行计划、协调及其控制的管理，其作用是保证各生产环节间的衔接协调，按照生产作业计划有节奏地均衡生产，同时也是有效控制在制品的流转过程，减少在制品占用量，避免在制品积压所造成的浪费，降低生产成本，提高企业的经济效益。

在制品管理是车间生产管理的一项重要内容，也是精益生产的重要组成部分。物料的占用过程会消耗企业大量资金，是生产成本的主要构成。因此，必须对企业产品生产的原材料、半成品及产成品加以严格的管理，应用科学合理的管理方法对在制品进行控制与管理。

传统的在制品管理方法仅能从管理制度着眼，例如，建立和健全在制品收发领用制度，对在制品和半成品及时进行记账核对，做好在制品的清点、盘存工作等。所有这些工作都是由调度员或管理员人工进行的，费时费力，但仍不能对在制品进行有效控制。

精益生产以看板（Kanban）作为生产控制管理的工具。所谓看板，通常就是纸质或塑料封装的卡片，上面记载有产品名称、编码、用途、加工地点等在制品信息，一般附着于在制品之上。看板管理规定：没有看板不允许进行加工生产，没有看板不可以从前道工序领取物料。因此，看板便成为生产中的工作指令，可有效地组织生产，能够对生产系统中在制品数量进行有效控制，防止过量生产和传送。然而，看板管理存在不够直观，其管理信息不能为数字化信息管理系统共享共用等不足。

基于服务对象RFID模型的在制品管理，方便了对在制品的控制，能够真正做到按需求生产和传送，必要时可以实现只生产一件、只传送一件、只储备一件，可最大限度地减少在制品的储备和生产库存。通过生产线服务对象的RFID模型，可清楚展示生产线上每个在制品所在的物理位置、所处加工状态及各加工单元缓冲区的在制品数量，可及时调度生产线运载工具对在制品进行传送和调度，既提高了生产系统的加工效率，又显著降低了生产成本，消除在制品积压所造成的不必要浪费。

3. 生产调度管理

生产调度管理是企业生产管理的中心环节，是在掌控生产过程的基础上对生产系统关键工序的控制及与其他环节的协调平衡。

传统生产调度管理，是在由生产主管领导和生产调度员基于对生产现场了解及其个人管理经验基础上，通过召开生产调度会、生产平衡会、事故分析会等不同会议，共同针对生产系统的现状，分析讨论存在的问题及需要采取的措施，提出生产调度方案，调整协调生产系统的动态平衡。这种生产调度管理方法存在调度周期长、经验依赖度高、费时费力等缺点难以实现真正意义上生产系统的动态平衡。

基于生产系统 RFID 模型的生产调度管理，依据 RFID 序列事件及生产现场的实时数据，可全面了解生产系统的工作状态和工作参数，分析判断生产系统存在的生产瓶颈及生产资源的冗余，根据生产系统实时工作状态，既可人为地进行计算分析，调整生产节奏，调度平衡整个生产进程，也可通过不同的 CPS 功能节点，按照设定的生产模式进行自主分析、自主判断，优化调整生产参数，实现系统的智能化生产过程。

4. 基于数字孪生的智能制造运维服务

数字孪生是指利用数字化模型、传感器单元及物理实体的实时运行数据，在虚拟空间内与现实物理实体进行映射，以反映物理实体的运行过程。图 6.13 所示为生产线物理实体与其数字孪生体之间的映射关系。

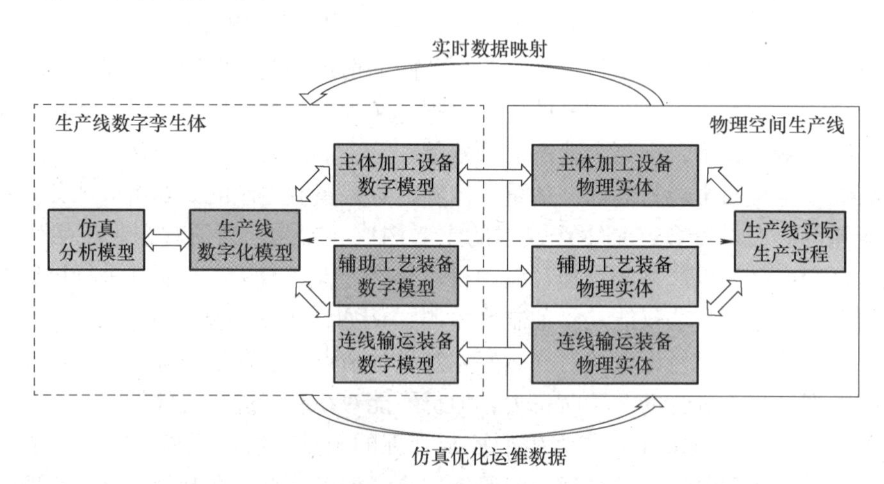

图 6.13 生产线物理实体与数字孪生体之间的映射关系

生产线数字孪生体是针对物理世界的实际生产线所构建的一个与之对应的数字化虚拟生产线。通过生产线数字孪生体，可在虚拟空间内对生产线的运行状态进行仿真分析与优化，进行相关的运维服务。

根据生产线 RFID 服务模型、生产对象数字化工艺信息及生产线实时服务数据，便可利用生产线数字孪生体对实际生产线进行几何学仿真，以及运动学和动力学等不同类型的仿真。

（1）几何学仿真 几何学仿真是数字孪生体应具备的基本功能，根据生产线各类加工设备的几何尺寸与连接关系，按照产品生产工艺流程进行仿真，以观察生产线各类设备间的运行状态，检查相互间存在的几何结构干涉与碰撞现象。

（2）运动学仿真 生产线运动学仿真是当前生产线数字孪生的主要应用领域，通过对生产线数字孪生体进行的加工过程仿真，模拟生产线各类加工设备及其辅助装置的运行动作，验证产品生产加工路径的合理性及成形加工工艺的经济性，优化设备的布局，调整设备运行程序和生产节拍，检查生产系统所存在的瓶颈，以改善加工工艺，优化生产工艺过程。

（3）动力学仿真　针对生产线加工过程中各种物理现象，应用机床动力学、切削热力学、机电耦合动力学模型等对数字孪生体进行动力学仿真，不断优化生产制造工艺，实现高质量、高稳定性的生产过程。

通过对生产线数字孪生体不同类型的仿真与优化，以完成智能制造过程的运维服务。通过三维仿真画面，可直观观察到生产线的各类加工设备、辅助工艺装置及连线输运装置等生产资源的运行状态，进行突发事件的处理；通过仿真模拟，检验生产线各个工序的生产作业耗时及相互工序间生产节拍的协调性，分析生产线产能及运行瓶颈；根据仿真结果，结合历史数据，进行生产线加工工艺参数的调整和优化，以保证生产线的生产效率及其经济性。

［案例6.3］　江苏亚威企业服务型制造转型

江苏亚威机床股份有限公司是国家定点锻压机床生产企业，早在20世纪90年代就开始了企业数字化建设，现已构建了研发-生产-销售-服务的全覆盖数字化平台，建立了“亚威智云”企业互联网云平台，可实现公司信息系统与第三方企业的数据共享。

（1）数字化平台建设　包括数字化研发平台、数字化管理平台和数字化制造平台。

1）数字化研发平台。通过产品生命周期管理（PLM）系统，将公司产品设计CAD、工艺设计CAPP及工程分析CAE等系统集成起来，构建了公司数字化协同设计开发平台，缩短了产品开发周期，提高了企业产品竞争力。

2）数字化管理平台。2011年公司成功上线了企业信息管理（SAP）系统、客户关系管理（CRM）系统和供应商关系管理（SRM）系统等，将公司数字化管理由企业内部延伸到企业外部，提升了企业对外部供应商和客户的管理力度。

3）数字化制造平台。2018年公司成功上线了MES，实现与CAD/CAM、数据采集与监控系统（SCADA）及仓库管理系统（WMS）等软件系统进行了成功的连接，可实现车间生产的计划下达、自动排产、生产过程实时监控、生产数据实时更新等功能，满足了公司多品种小批量及个性化产品定制的市场需求。

（2）供应链企业互联互通　通过公司互联网云平台，实现了公司供应链企业信息的互联互通。以公司智能生产装备为基础，以互联网平台为底层支撑，打通了企业供应链的各个环节，形成供应链企业的信息互联互通，提升了相关环节的工作效率和信息透明度，保证了生产订单的高质量准时交付。

（3）智慧仓储物流体系　2019年公司建成了先进的自动化立体仓库，实现从物料采购入库到物料出库的全过程物料流转自动化，通过与ERP、MES、WMS等信息系统的集成，形成高效的智慧仓储配送体系，有效支持了企业的大规模定制和柔性化生产。

（4）服务型制造转型　2021年公司搭建了“亚威智云”企业互联网平台，如图6.14所示，包括IaaS、Paas、SaaS等服务功能。

依托“亚威智云”平台为公司产品用户打造了机床全生命周期服务体系，如图6.15所示，每一个公司产品都与唯一的识别码相关联，可实时收集数万台公司机床产品的运行工况，通过大数据挖掘和分析，可为客户提供基于大数据驱动的故障预测、智能化设备健康管理，有效支撑了公司产品生命周期的监测和维护。

江苏亚威机床股份有限公司因具有企业数字化网络化智能化转型多年的工作基础，于2023年2月被确定为“2023年江苏省智能制造示范工厂”。围绕“智能制造工厂”企业目标，公司将为客户打造一个集“硬件+软件+云+集成+咨询规划”于一体的解决方案和生态系统。

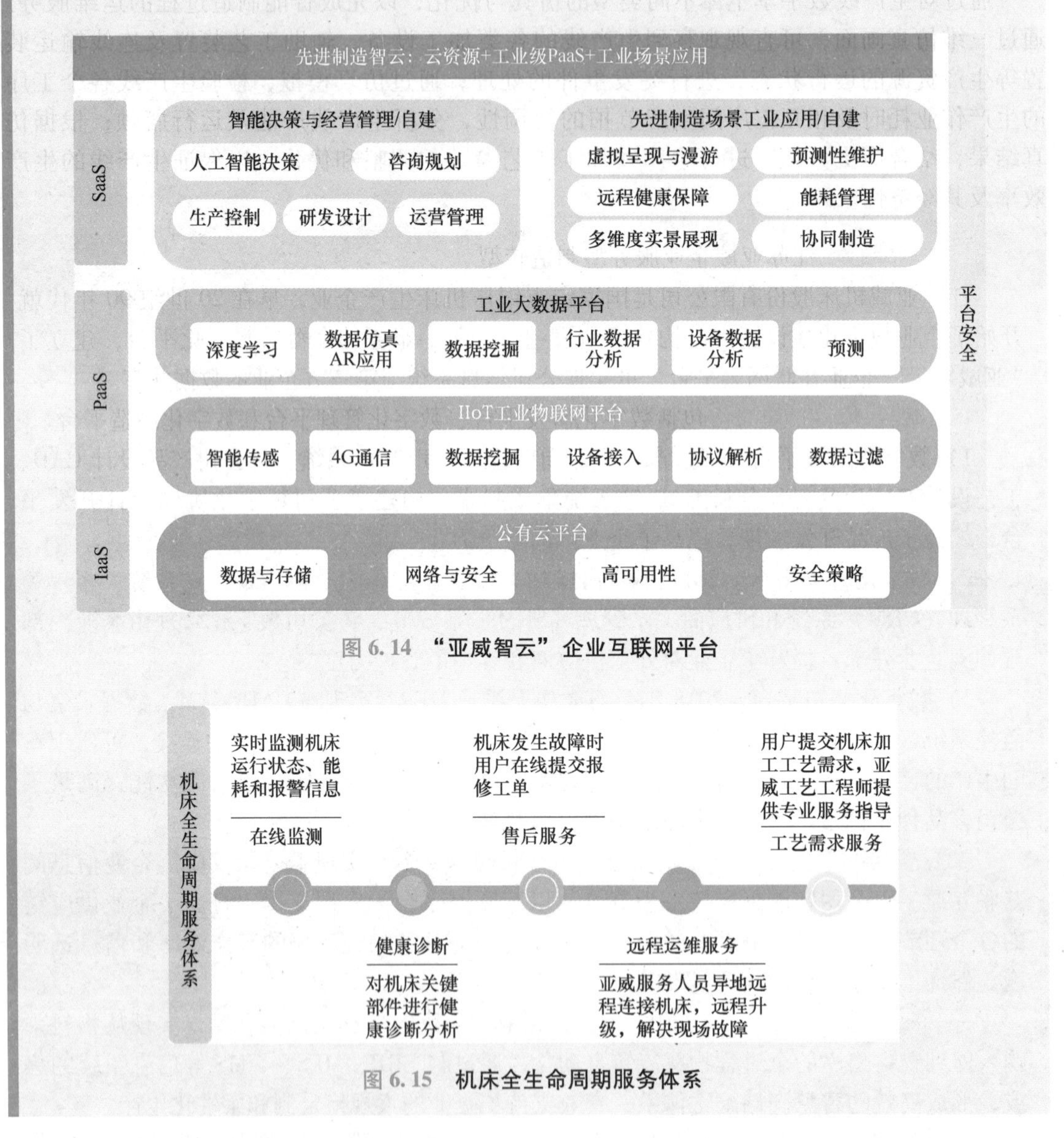

图 6.14 “亚威智云”企业互联网平台

图 6.15 机床全生命周期服务体系

6.4 ■ 生产系统预测性维护

生产系统维护是防止生产设备性能退化、降低设备失效概率的一项生产活动。生产设备在长期运行中，其性能和健康状态不可避免地会产生渐进式衰退下降。同时，随着大型设备组成部件增多，运行环境复杂多样，设备发生退化的概率也逐渐增大。若不能及时予以维护，轻则造成设备失效与故障，重则会造成财产损失和人员伤亡；若维护过于频繁，则又将增加生产成本，造成不必要的浪费。因此，业界便提出了预测性维护的实际需求。

6.4.1 生产系统维护理念的进化

生产系统维护理念随着企业管理水平的提高也在不断进化，先后经历事后维护、预防性维护、经济性维护及预测性维护的进化过程。

（1）事后维护 事后维护是在生产系统设备出现故障后再进行维护的方法。这种维护方法往往会导致生产系统的加工能力、加工效率及质量品质的下降，甚至会因设备故障的发生给企业带来重大的损失。

（2）预防性维护 预防性维护是防止设备故障发生的一种定期维护方法，其维护时间间隔可以是一年、半年、一月或一周。这种维护方法的关键是确定维护的时间间隔，间隔时间长了可能会发生意外的事故，时间短了维护次数增多，其维护的经济性变差。

（3）经济性维护 经济性维护是确保生产系统运行经济性的一种设备维护方法，是将设备的生命周期成本（Life Cycle Cost，LCC）与设备性能劣化而导致的经济损失综合起来，以确定最终的设备维护方式。这种方法往往难以评估设备生命周期成本及设备性能劣化所造成的损失成本。

（4）预测性维护 预测性维护（Predictive Maintenance）是以设备状态为依据的一种维护方法，通过对设备运行过程和运行状态进行连续在线监控，结合历史数据和影响设备寿命完整性要素分析，以大数据智能学习、计算、特征识别与诊断，预测设备故障产生的趋势，提前制订维护计划及维护维修方案的一种前瞻性维护方法。

现代企业生产系统面临着繁重的生产加工任务和连续长时间的生产环境，往往会导致较多设备故障的发生。激烈的市场竞争形势又对生产系统连续工作时长有比较严格的要求。因此，企业经营者总是尽最大可能来保持生产系统的连续工作，避免生产设备故障停机现象的发生。高效设备维护方法和手段可以改善生产系统的工作状态，降低设备故障率和维护成本，同时也延长了设备的工作寿命。

预测性维护是基于对设备工作状态进行持续监控，通过建立和训练设备剩余寿命预测模型进行故障分析的一种设备维护智能方法，可有效地降低维护成本，减少机器故障和维修停机时间，具有良好的发展应用前景。

6.4.2 预测性维护的基本思路

预测性维护是工业大数据和人工智能的一个重要应用场景，是针对设备故障和功能失效，从被动故障处理到主动故障预测的设备维护综合规划管理技术。因此，学术界及相关研究人员在近几年提出了许多维护新方法和新思路。

生产系统的设备故障往往是由于设备元器件或材料性能的渐进式衰退所引发的，当其所承载的负荷或服役时间超过临界值时便可能导致故障的产生。因此，对设备性能退化和剩余寿命的预测评估是一个很好的思路，具有较好的实际应用前景。中国科学院合肥物质科学研究院基于剩余寿命预测研究，提出了面向生产设备预测性维护的系统架构，如图6.16所示。

该系统架构主要是基于大量历史数据和设备运行现场数据的收集处理，来构建设备寿命

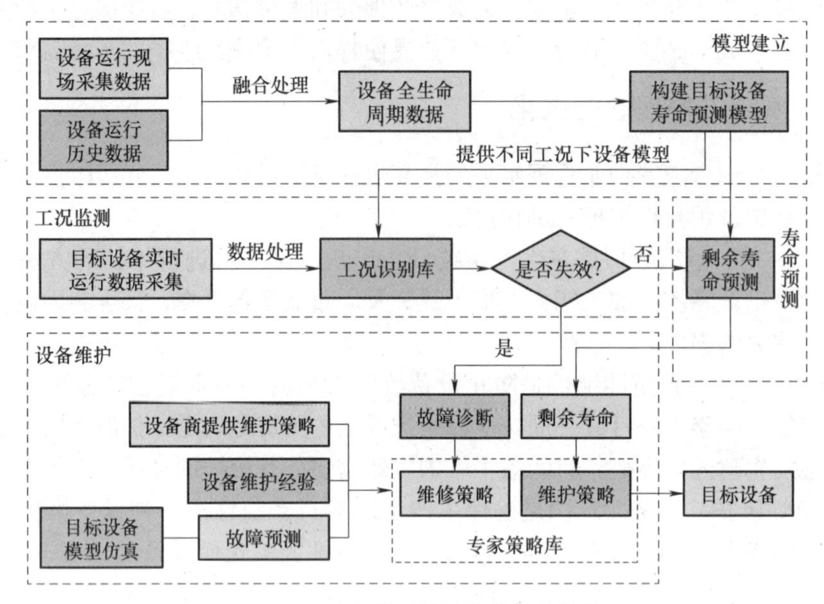

图 6.16 设备预测性维护的系统架构

预测模型的；应用所构建的设备寿命预测模型对设备运行数据进行采集处理和分析评估，根据不同工况故障识别库，判断目标设备的失效可能，预测其剩余寿命；根据设备故障类型或剩余寿命采用相应策略进行目标设备的维修和维护。其流程如下：

1）数据获取与处理。通过目标设备传感器所采集的现场实时数据和历史数据，经数据融合处理得到设备全生命周期的相关数据；对所获取的数据进行过滤整理，剔除其非必要变量和干扰信息，经特征提取识别设备的工况及性能衰减特征，以作为建模及模型训练的数据源。

2）建立模型及模型训练。选择合适的机器学习模型，利用设备全生命周期数据建立其剩余寿命预测模型并对模型进行训练，最终得到不同工况条件下目标设备的剩余寿命预测模型。

3）目标设备工况监测及失效分析。对目标设备当前运行数据进行实时采集，根据所建立的预测模型及工况识别库，分析判断当前设备是否存在失效的可能，并发出反馈信息和相关提示。

4）剩余寿命预测。若当前目标设备功能尚未失效，通过模型对其剩余寿命进行计算预测，并做相应信息反馈。

5）建立维修维护专家策略库。根据设备商所提供的设备维护策略、设备使用者维护经验及对目标设备模型仿真，建立可行的目标设备维修维护专家策略库。

6）目标设备维修维护作业实施。若设备预测模型已识别判断出当前设备已失效，则确定故障类型及采用相应策略进行维修实施；若目标设备尚未失效，则根据该设备的剩余工作寿命以确定设备的维护和保养策略。

面对不同的目标设备，其预测模型并不唯一，其结构多样。因此，需根据不同的设备对象及其功能，建立不同的设备剩余寿命预测模型。

6.4.3 预测性维护的建模技术

近年来，随着大数据和人工智能技术的发展进步，大大加速了预测性维护技术的研究和应用。目前，预测性维护最常用的技术是基于剩余使用寿命的预测，它是综合利用人工智能、工业互联网、大数据等技术，根据生产设备运行的监测数据、历史记录数据及设备性能退化机理，建立生产设备剩余使用寿命（Remaining Useful Life，RUL）模型。基于RUL模型的预测性维护，可有效保障生产系统运行的可靠性和安全性，减少停机时间，降低生产成本，提高生产任务的完成率。目前，RUL预测模型已被广泛应用于航空航天、武器装备、石油化工装备、船舶、高铁、电力设备及道路桥梁隧道等领域。

基于RUL预测模型的生产系统预测性维护闭环框架如图6.17所示。通过生产系统运行现场数据的采集及历史数据记录，建立生产设备的剩余寿命预测模型，应用经训练成熟的预测模型对生产设备实时状态进行剩余寿命预测，制订设备的维修维护策略和实施。由图6.17可见，目前最常用的RUL预测模型有退化模型和数据驱动模型两类。

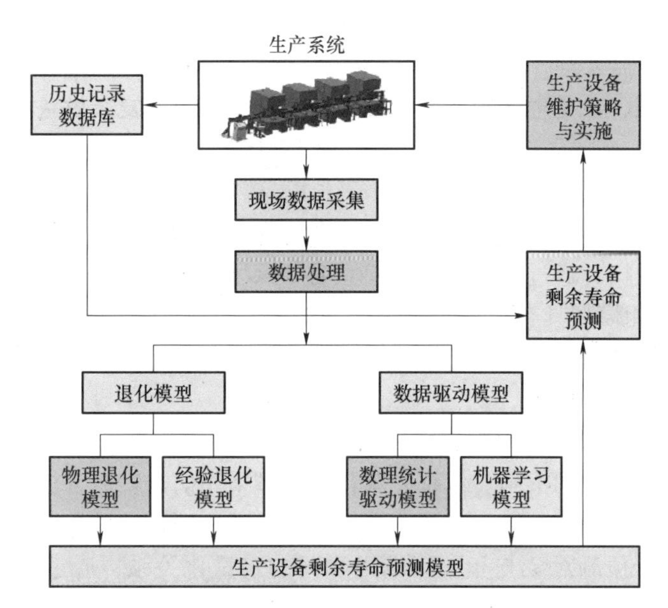

图6.17 基于RUL预测模型的生产系统预测性维护闭环框架

1. 退化模型

剩余使用寿命（RUL）预测的退化模型是采用数学公式来表征设备性能退化与其影响因素间的映射关系的。生产系统设备退化的影响因素较多，包括设计缺陷、制造误差、受力疲劳、环境影响及运行过程不确定性等因素。目前，常用的RUL预测退化模型有物理退化模型和经验退化模型。

（1）物理退化模型 物理退化模型是根据生产设备所承受的应力应变、疲劳损伤、断裂力学及能量消耗等实际物理量进行表征的，通过其微分或差分方程把设备实际应用中的多种影响因素和疲劳寿命直接联系起来。例如，较为成熟的金属材料疲劳扩展裂纹预测模型有Paris模型及Forman模型等。

基于物理退化模型的寿命预测方法是从设备受力分析、疲劳分析等退化机理来预测其剩余寿命的。这对于设备较为简单且其退化过程由单一退化因素影响时，其物理退化的 RUL 模型预测精度较高。而实际生产环境下的设备性能退化过程与较多因素有关，不同材质的零部件退化性能差异性较大，生产设备外部环境影响复杂多变，故精准的物理退化模型很难建立，而经简化的模型又很难取得高精度的预测结果。

（2）经验退化模型 经验退化模型是依赖于充足的历史数据和经验知识，不需要复杂的物理机理，而基于经验方法建立的，可以很好地解释设备退化过程中的状态演变规律。例如，基于概率论框架的经验退化模型，可较好地描述设备退化过程的时变和不确定特征，包括维纳过程、伽马过程、逆高斯过程的退化模型等，其主要思想是把剩余寿命定义为随机过程达到失效阈值的首达时间，通过求解首达时间的概率分布实现其寿命的预测，所得到的结果能够较好地解析描述预测结果的不确定性。

其中，维纳过程退化模型比较适用于由大量性能微小损失而导致设备表现出的增加或减小趋势的非单调退化过程。维纳过程的实质是物理学中的布朗运动过程，是一种连续时间的随机过程，其过程的当前值可以作为未来事件预测所需的信息。由于生产设备在设计、生产及使用过程的个体差异，设备检测数据中包含有随机过程误差及时变不确定性，维纳过程退化模型能够较好地符合实际工况的非线性和不确定性。在寿命预测研究中维纳过程退化模型有较多的研究和应用，也是寿命预测理论的一个热点，但对于复杂设备和系统存在着预测准确度有限等不足。

2. 数据驱动模型

随着大数据及机器学习人工智能技术的发展，充分应用设备运行的现场监测数据、历史记录数据及统计学数据，通过数据驱动来建立的 RUL 预测模型，可大大提高预测的精准性。数据驱动的 RUL 预测模型具有优良的数据处理能力，可规避复杂系统机理的建模过程，预测准确度较高，现已得到广泛研究与应用。根据建模机理的不同，数据驱动模型可分为数理统计驱动模型和机器学习模型。

（1）数理统计驱动模型 由数理统计驱动的 RUL 预测模型，也可看作一种经验预测模型，只是所采用的建模数据不同。传统经验预测模型采用的是实验分析数据，其数据采集耗时长、成本高，且不具有实时性，其预测精度较低。数理统计驱动模型依据的是统计学数据和大数据统计，基于预测对象与相关影响因素间的定量化关系，通过线性回归、非线性回归、逐步回归、多元线性回归、主成分分析法等不同类型计算分析方法建立，具有计算速度快、预测准确度高的特点。目前，较多数理统计驱动模型，如气象大数据预测统计模型、土壤养分含量预测模型、大气污染统计模型、传染病疫情统计预测模型等得到了较多的研究和应用。

（2）机器学习模型 机器学习模型是人工智能的最新优秀成果，是通过大数据驱动所建立的 RUL 预测模型。机器学习模型类型较多，其学习方法有普通学习方法和深度学习方法。普通机器学习有支持向量机、高斯过程回归、隐马尔可夫过程等学习方法；深度机器学习是应用多隐含层的深度神经网络进行特征识别的学习过程，其代表性方法包括卷积神经网络（CNN）、循环神经网络（RNN）、深度置信网络（DBN）等。基于深度学习的 RUL 预测模型在趋势性、单调性及尺度相似性方面均能取得了较好的效果。

深度学习 CNN 具有良好的特征提取能力和泛化能力，现已成为应用最为广泛的深度学习方法。CNN 架构由输入层、卷积层（包含池化层及全连接层）和输出层组成，其中的卷积层与池化层共同构成特征识别的提取器，其全连接层起着分类器或预测器的作用，从而形成一个端到端的网络模型。CNN 网络模型的准确性和鲁棒性取决于其网络深度、网络层类型、卷积层排列及每层功能选择和训练数据等。近年来，CNN 已成为深度学习的研究热点之一，推出了许多成熟的特征学习模型，包括 AlexNet、ZFNet、GoogLeNet、VGG 网络等。

随着工业互联网、大数据、云计算技术的快速发展与应用，生产系统的预测性维护得到越来越多的应用。目前，预测性维护技术在航空航天、武器装备、石油化工装备、船舶、高铁、电力设备、数控机床及道路桥梁隧道等领域已广泛使用。

当前，一些软件公司也向市场推出了相关的应用软件系统。例如，西门子推出了基于工业大数据分析的预测性维护软件系统 SiePA，该系统在充分利用工厂历史数据基础上通过设备运行状态预测预警模块与智能排查诊断模块，能够及时预测设备运营中的故障风险，帮助企业高效诊断故障原因，并指导其设备的维修维护。SiePA 系统现已在中国石化青岛炼油化工公司等多个企业应用。此外，知名物联网研究机构 IoT Analytics 发布的 ABB Ability 船舶远程诊断系统，能实现对船舶电气系统进行预防性连续监测，提供包括故障排除、预防性服务和预测性服务三个级别的服务，可通过预测性监测使服务工程师数量减少 70%，维护工作量减少 50%。

[案例 6.4] 船舶柴油机状态监测及预测维护研究与应用

中国船舶集团有限公司为提高船舶维护智能化水平，提升设备安全，降低船舶管理难度，研发了具有自主知识产权的船舶柴油机状态监测系统。

1. 系统架构

考虑船舶柴油机状态监测参数的可获取性、系统可维护性及效费比等因素，从热工、油液、振动、缸压四维度开展船舶柴油机状态监测及预测性维护工作，其系统架构自下而上分为 5 层结构，如图 6.18 所示。

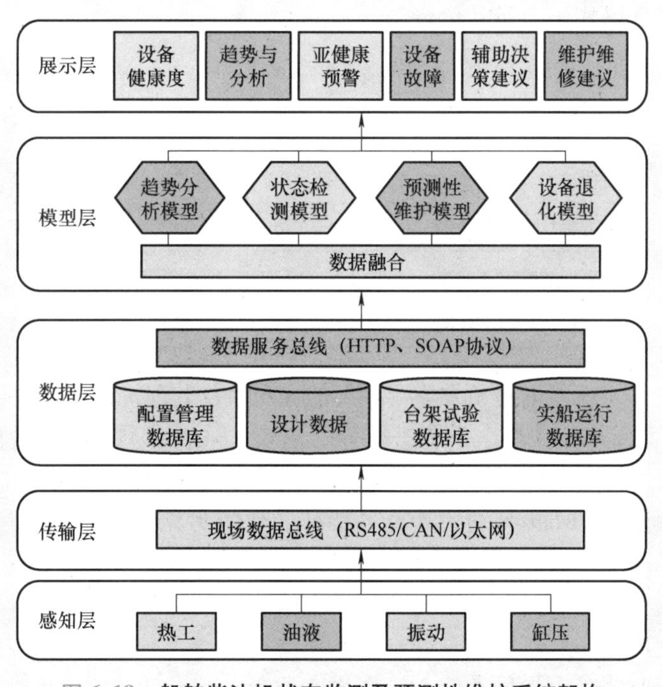

图 6.18 船舶柴油机状态监测及预测性维护系统架构

（1）感知层　通过传感器感知柴油机上止点、转速、振动、缸压、滑油理化及颗粒等柴油机实时运行数据。

（2）传输层　采用CANopen、Modbus TCP、OPC等网络协议将所感知采集的柴油机运行数据进行传输。

（3）数据层　数据层汇集有柴油机设计数据、配置管理数据、台架试验数据及实船运行数据等。

（4）模型层　包括柴油机运行趋势分析、状态检测、设备退化及预测性维护等模型。

（5）展示层　即为人机交互层，可查询各类设备部件的健康度、趋势与分析、设备业健康预警、设备故障及辅助决策建议、设备维护维修建议等。

2. 柴油机运行状态的监测

（1）数据采集　包括柴油机运行的热工数据、油液数据、振动数据及缸压数据等的采集。

1）热工数据。热工数据主要是从机舱检测报警系统采集，包括柴油机各缸排温差、空冷器冷却水出进口温差、高温水出进口温差、增压器滑油出进口温差、涡轮端废气进出口温差等，并对所采集的参数进行均值和均方差等特征数据的提取。

2）油液数据。油液数据是从滑油监测系统获取的，包括滑油温度、水分、黏度、介电常数和电导率等。

3）振动数据。振动数据分别由柴油机各缸盖、增压器、曲轴箱及底座等部位安装的振动传感器采集，对采集的振动信号进行时域和频域特征分析和提取，见表6.1。

4）缸压数据。该类数据由气缸及上止点压力传感器采集，并分析提取油缸压力升高率、着火点及最高爆炸压力及其位置等。

表6.1　振动特征参数

部位	时域特征	频域特征
气缸	各段冲击起始相位、均方根、持续时间	燃烧冲击段功率谱密度
增压器	均方根、峰值、峭度	一倍频和叶片通过频率功率谱密度
曲轴	均方根、峰值、峭度	一倍频功率谱密度
底座	均方根、峰值、峭度	一倍频、二倍频和固有频率功率谱密度

（2）状态监测　为了兼顾机器学习模型的客观性及数理统计模型的可解释性，系统对柴油机部件、子系统和柴油机全系统进行分层建模，采用单类支持向量机模型（OCSVM）和Fisher判别法进行柴油机运行状态的监测。当OCSVM机器学习模型捕捉到柴油机运行状态异常后，便调用Fisher判别法计算各特征参数的劣化指标，基于参数权值矩阵及劣化程度进行故障类型分析，最终结合专家知识库进行故障辅助决策。

基于实船运行的大数据典型工况数据样本多，其统计学特征稳定性好，绝大部分特征参数均符合高斯分布。若所监测的参数不在其均值与N倍方差范围内（N取值3~5），则大概率认为所监测参数为异常值，且离均值越远，其异常的置信度越高。

系统面对的对象为船用柴油机，其工况始终处于稳定-切换-稳定的状态，实际运行工况及其占比见表6.2。

表6.2 船用柴油机工况统计

序号	工况定义	工况条件	工况占比
1	稳定且典型	同时满足稳定及典型工况要求	约60%
2	稳定不典型	满足稳定工况要求但不属于典型工况	约30%
3	工况切换	工况波动大于10%	约10%

注：稳定工况条件为工况波动小于10%且波动值小于200kW；典型工况条件为功率处于选定工况±100kW。

表6.2中，若仅考虑稳定且典型工况，则模型仅在工况占比约60%情况下可进行状态监测。为提高模型的适用性，以覆盖更多工况，减少漏检率，系统引入模型动态调节策略，使其模型在符合统计规律的基础上采用函数调节机制。

在船舶运行过程中，其海洋环境、船舶航速、间歇负载的启停都会引起柴油机负荷较大的变化。随着负荷变化，其能量转化率、运行温度、压力、振动等参数都会随之波动。系统基于实船运行的数据统计，结合船舶的设计工况及使用习惯，选取了17种工况分别建立了OCSVM机器学习模型，初步保证了模型的适用性。进而对17种典型工况进行大数据统计，建立负荷-特征参数的线性回归模型，该模型可输出全工况范围内的特征参数均值、特征参数上限、特征参数下限。

3. 柴油机运行预测性维护

滑油是保障机械装备持久稳定运转的基础，滑油管理是柴油机管理的重中之重。随着油中氧化产物和热降解产物的积累，外来污染物不断增加，摩擦和磨损产生的金属颗粒及其他导电性强的化合物均会使滑油的介电常数发生变化。因此，可以通过监测滑油的介电常数来评价滑油的性能。系统提取了从2019年8月到2020年9月某台柴油机滑油的3435h历史运行数据，介电常数在2500h前一直处于缓慢上升状态，而在2500h后其上升趋势变得陡峭，预示着滑油综合品质加剧劣化。

预测模型采用LSTM（Long Short-Term Memory）算法，对3435h的数据进行重采样，50%用于训练，50%用于测试，并基于预测结果进行外推预测，以介电常数劣化到4为报警阈值，LSTM模型预测结果如图6.19所示。

模型算法运行结果表明：LSTM预测模型对学习过程的样本预测精度较高；将介电常数的告警阈值设为4，该模型能够提前约700h进行寿命预警。

4. 结论

系统结合实船数据开展数据分析与建模，采用OCSVM和Fisher判别法进行柴油机状态监测，可降低状态监测模型的虚警率，采取模型阈值动态调节策略，可保证模型具有较好的适用性。采用LSTM算法，基于介电常数开展柴油机滑油的预测性维护，可提前数百小时进行滑油寿命的预测。

船舶柴油机状态监测及预测性维护的系统框架及基本功能已开发完毕并投入实际应用，目前仅积累了4台柴油机约5000h的实船运行数据，基于全生命周期的预测性维护尚处于起步阶段，后续需要进一步开展预测性维护特征提取及算法研究。

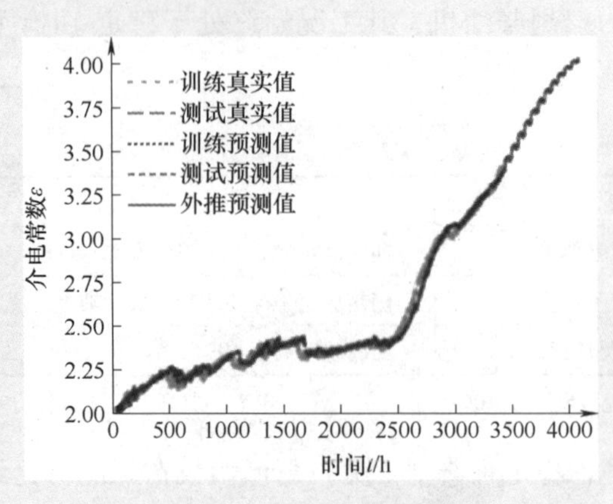

图 6.19 滑油剩余寿命预测

本章小结

制造业服务化是制造企业通过加大服务在产品价值链中的比重，由单纯出售“产品”转变为出售“产品”+“服务”的过程；服务型制造是由制造业服务化与服务活动工业化两者融合发展的结果；智能制造服务是将互联网、大数据、智能计算等新一代信息技术应用于产品生命周期制造服务的各个活动。

数字化、网络化、智能化技术推动着企业智能服务水平和服务能力的提高，能够为企业产品和用户提供更多、更好的服务。

智能制造服务数据的采集是智能制造服务运行的基础，可通过对不同加工设备进行 CPS 节点配置、对工序流程进行 RFID 配置，以及对操作管理人员进行 S^2ensor 配置，便可构建一个基于物联网“人、机、物”互联互通的智能制造服务数据采集系统。

通过对生产系统一个个加工单元建立基于 RFID 事件的服务模型并进行相互连接，便可构建整个生产系统的服务模型，以此模型可开展生产跟踪管理、在制品管理、生产调度管理及智能制造运维等各项服务活动。

生产系统维护先后经历了事后维护、预防性维护、经济性维护及预测性维护的进化过程。目前最常用的预测性维护是基于剩余使用寿命的预测，通过生产系统运行现场数据及历史数据记录，可建立生产系统不同设备的剩余寿命预测模型。

思考题

1. 解释服务、制造业服务化、服务型制造、智能制造服务的概念。
2. 阐述智能制造服务体系架构及其应用领域。
3. 产品服务的数字化可在哪些方面实施？
4. 什么是电子商务？电子商务具有哪些优势？
5. 新零售是一种什么样的销售模式？有何市场特征？

6. 如何针对产品进行增值服务？试举例说明。

7. CPS是什么？生产系统中的CPS有哪些组成模块？其作用如何？

8. RFID是什么？如何应用RFID构建加工工件与加工工位间的逻辑关系？RFID包含哪些状态信息？

9. S^2ensor是什么？有什么作用？

10. 如何应用CPS节点、RFID和S^2ensor构建智能制造服务的数据采集系统？

11. 阐述基于RFID序列事件的生产线服务模型构建过程。

12. 如何应用基于RFID事件生产线服务模型进行生产流程跟踪管理、在制品管理、生产调度及智能制造运维服务？

13. 叙述生产系统维护理念进化过程。

14. 阐述预测性维护的基本思路。

15. 目前有哪些常用的生产设备剩余使用寿命预测的建模技术？

第7章 智能制造生态

重点内容：

智能制造技术的进步与发展需要一个良好的生态环境，包括社会环境、政策规划、产业模式、教育培训、法律制度等多个方面。本章侧重围绕国家规划、产业模式、供应链及人才资源几方面介绍智能制造生态。

“生态”一词是指生物在一定的自然环境下生存和发展的状态。在科学层面，生态的概念主要指生物的多样性、自然环境的保护及人与自然可持续发展关系等。当前，“生态”固有含义已被人们大大延伸，如常说的健康生态、政治生态、社会生态、学术生态等是用来泛指健康、政治、社会、学术等处于一种良好、和谐、可持续的状态。

制造业生态往往是由一批相关企业组合而成的，相互间依据生态学、经济学、技术科学及系统科学原理，共生共存、相互依赖，以尽可能高的生产效率、最低的生产成本，在各项生产活动中节约资源、保护环境，以保证在有限自然资源条件下可持续长久发展。

智能制造是新一轮工业革命的核心要素，是实现我国制造强国宏大目标的主攻方向。智能制造技术的进步与发展除了自身技术因素之外，还需有一个良好的生态环境，包括社会环境、政策规划、产业模式、教育培训、法律制度等方面的支持。因此，本章围绕国家规划、产业模式、供应链及人才资源等方面介绍智能制造生态。

7.1 ■ 智能制造国家政策规划

进入 21 世纪以来，我国政府一直比较重视包括智能制造在内的高新技术引进与发展，先后制定了一系列的国家级政策规划，其中最具影响力的是《中国制造 2025》和《“十四五”智能制造发展规划》。

7.1.1 《中国制造 2025》

《中国制造 2025》是由国务院于 2015 年签批，通过努力以实现中国制造向中国创造、中国速度向中国质量、中国产品向中国品牌的三大转变，推动我国到 2025 年基本实现工业化、迈入制造强国行列的战略行动纲领。

《中国制造 2025》提出了我国制造业“三步走”战略目标，明确了九大战略任务和具体实施的五个重大工程，包括智能制造工程、制造业创新建设工程、工业强基工程、绿色制造工程、高端装备创新工程。其中，智能制造是其最为核心的部分，是《中国制造 2025》的主攻方向。

《中国制造 2025》的智能制造工程是紧密围绕重点制造领域关键环节，开展新一代信息技术与制造装备融合的集成创新和工程应用。支持“政、产、学、研、用”联合攻关，开发智能产品及自主可控的智能装置并实现产业化。依托优势企业，紧扣关键工序智能化、关键岗位机器人替代、生产过程智能优化控制、供应链优化等，建设重点领域的智能工厂和数字化车间。在基础条件好、需求迫切的重点地区、行业和企业中，分类实施流程制造、离散制造、智能装备和产品、新模式新业态、智能化管理、智能化服务等试点示范及应用推广，建立智能制造标准体系和信息安全保障系统，搭建智能制造网络系统平台等一系列具体发展任务。

《中国制造 2025》发展规划的出台，有力推动着我国制造业的发展和进步，引领着我国制造强国宏大目标实现的进程。

7.1.2 《“十四五”智能制造发展规划》

《“十四五”智能制造发展规划》是由国家工信部等八部门于 2021 年联合印发，为贯彻落实我国“十四五”规划和 2035 年远景目标纲要分步实施的智能制造发展行动规划。

《“十四五”智能制造发展规划》指出，智能制造作为我国制造强国建设的主攻方向，其发展水平关乎我国未来制造业的全球地位。发展智能制造，对于加快发展现代产业体系，巩固壮大实体经济根基，构建制造业新发展格局，建设数字中国具有重要意义。

《“十四五”智能制造发展规划》提出了一系列具体目标。其中，到 2025 年的具体发展目标为：

一是转型升级成效显著，70%的规模以上制造业企业基本实现数字化网络化，建成 500 个以上引领行业发展的智能制造示范工厂，制造业企业生产效率、产品良品率、能源资源利用率等显著提升，智能制造能力成熟度水平明显提升。

二是供给能力明显增强，智能制造装备和工业软件市场满足率分别超过 70%和 50%，培育 150 家以上专业水平高、服务能力强的智能制造系统解决方案供应商。

三是基础支撑更加坚实，建设一批智能制造创新载体和公共服务平台，完成200项以上国家、行业标准的制修订，建成120个以上具有行业和区域影响力的工业互联网平台。

结合我国智能制造发展现状和基础，《“十四五”智能制造发展规划》提出“十四五”期间要落实创新、应用、供给和支撑四项重点任务。

1）加快系统创新，增强融合发展新动能。具体任务为：①攻克基础技术、先进工艺技术、共性技术及人工智能等工业领域的关键核心技术；②突破生产过程数据集成，跨平台、跨领域、跨企业的业务互联、信息交互和协同优化，智能制造系统规划设计、仿真优化等系统集成技术；③建设创新中心、产业化促进机构、试验验证平台等智能化创新机构，形成全面支撑行业、区域、企业智能化发展的创新网络。

2）深化推广应用，开拓转型升级新路径。具体任务为：①建设智能制造示范工厂，开展场景、车间、工厂、供应链等多层级的应用示范，培育推广智能化设计、网络协同制造、大规模个性化定制、共享制造、智能运维服务等新模式；②推进中小企业数字化转型，实施中小企业数字化促进工程，加快专精特新“小巨人”企业智能制造发展；③拓展智能制造行业应用，针对细分行业特点和痛点，制定实施路线图，建设行业转型促进机构，组织开展经验交流和供需对接等活动，引导各行业加快数字化转型和智能化升级；④促进区域智能制造发展，鼓励探索各具特色的区域发展路径，加快智能制造进集群、进园区，支持建设一批智能制造先行区。

3）加强自主供给，壮大产业体系新优势。具体任务为：①大力发展智能制造装备，主要包括基础零部件和装置、通用智能制造装备、专用智能制造装备及融合了数字孪生、人工智能等新技术的新型智能制造装备；②聚力研发工业软件产品，引导软件、装备、用户等企业及研究院所等联合开发研发设计、生产制造、经营管理、控制执行等工业软件；③着力打造系统解决方案，包括面向典型场景和细分行业的专业化解决方案，以及面向中小企业的轻量化、易维护、低成本解决方案。

4）夯实基础支撑，构筑智能制造新保障。具体任务为：①深入推进标准化工作，持续优化标准顶层设计，制修订基础共性和关键技术标准，加快标准贯彻执行，积极参与国际标准化工作；②完善信息基础设施，包括网络、算力、工业互联网平台等基础设施；③加强安全保障，推动密码技术应用、网络安全和工业数据分级分类管理，加大网络安全产业供给；④强化人才培养，研究制定智能制造领域职业标准，开展大规模职业培训，建设智能制造现代产业学院，培养高端人才。

7.2 ■ 智能制造新模式新业态

数字化、网络化、智能化技术推动着制造业的生产模式、组织模式和产业模式的转型，为智能制造技术的发展构建了良好的生态环境，而智能制造技术的发展和应用又反向推动着制造业新型产业模式的提高和完善。

7.2.1 规模定制化生产模式

生产模式是基于制造系统运行逻辑而建立的企业经营管理、生产组织和技术系统的形态和运作方式。智能制造技术的应用，推动着制造业由以产品为中心向客户为中心的转变，更好地满足客户个性化、多样化的市场需求，有力促进着制造业生产模式向着规模定制化生产模式转变。

规模定制化生产是通过产品结构和生产流程的重构，汇集定制化生产和大规模生产的优势，在先进产品设计技术、生产管理技术及营销服务等技术平台的支持下，运用成组技术、柔性制造、及时生产等现代生产技术，以大规模生产的成本和速度，满足小批量、多品种的个性化市场需求。根据技术水平层次，规模定制化生产可分为需求挖掘型、用户参与选配型、个性化定制型等不同的生产类型。

1. 需求挖掘型规模定制化生产模式

制造企业通过深度挖掘用户市场的需求，主动适应和快速响应用户需求来完成规模定制化生产。准确获取用户需求信息是规模定制化生产的前提，可通过电子商务、客户关系管理及与用户一对一营销策略，可提升准确获取用户数据的能力。通过对用户数据的分析与推演，深度挖掘用户个性化的需求，进而安排产品设计和生产，为客户提供满意的定制产品。

例如，海尔集团借助用户全流程参与体验的工业互联网自主平台 COSMOPlat，构建起一个巨大的互联网社群生态，使海尔能够以客户为中心，采用开放式的创新体系形成独有的众创空间，可作为海尔产品定制化需求的引导和依据，如图 7.1 所示。

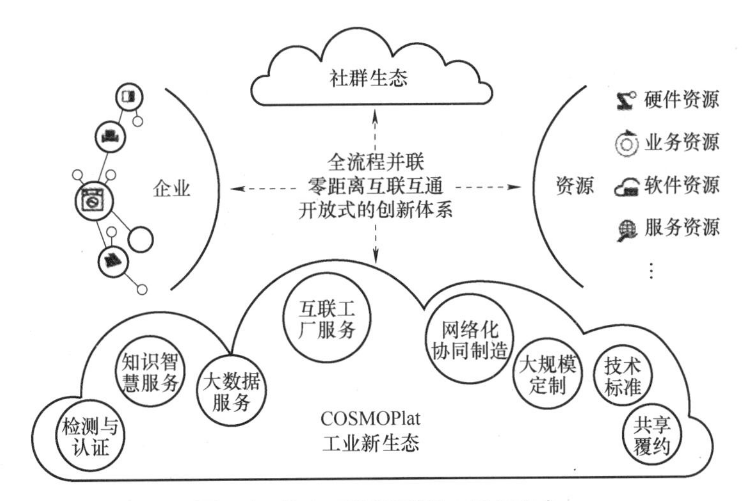

图 7.1　**海尔 COSMOPlat 平台理念**

海尔通过 COSMOPlat 平台，利用互联网社群生态进行市场调查和数据分析，以挖掘客户的需要。通过客户需求的大数据挖掘，海尔生产模式由大规模生产转变为规模定制化生产，实现海尔家电产品的研发过程、制造流程和营销方式的颠覆式创新，努力设计和生产更小批量、更多品种、适销对路的产品，推动海尔从白色家电市场拓展到智慧家居市场，在智慧美食、用水、洗护、空气等智慧生态圈内进行市场的开发创新，满足用户定制的服务需求。

2. 用户参与选配型规模定制化生产模式

用户参与选配型规模定制化生产，是将用户包容到企业产品设计和生产过程中，使企业更加接近消费者，将企业和用户间的关系转变为建立在共同利益基础上的合作关系。该模式也是企业用户需求的一种管理手段，可提高从订单到完成产品全过程的效率，能够对用户个性化需求做出快速响应，取得市场竞争的优势。

例如，上汽大通汽车公司 C2B 模式的选配平台“蜘蛛智选”，它既是用户在线购车通道，也是上汽大通的“数据大脑”。消费者上线后，上汽大通就通过该智能选配平台，让用户根据自己的需求，直接针对小到车身颜色、轮毂样式，大到座椅布局、驱动形式等多个部件进行选配定制，客户拥有近 200 项的选配定制空间。据统计，上汽大通 2019 年全年超过 3.6 万个订单来自“蜘蛛智选”，接近国内销售总量的 40%。

3. 个性化定制型规模定制化生产模式

随着客户个性化需求越来越高，单批订单的规模越来越小，产品制造将趋向“单件流”生产，即通过现场人员、设备及物料的组织，产品按照顾客要求进行一个个或一个固定批量的适时适量生产。这种个性化定制生产模式给企业提出了更大的挑战。目前，在服装、家具及汽车等领域已经出现了个性化定制生产的趋势。例如，青岛酷特智能股份有限公司是一家服装生产企业，以打造 C2M 产业互联网平台生态为战略，以 3000 余人的服装工厂为实验室，用十余年的实践探索，打造了一个全球个性化定制的中国时尚品牌 Cotte Yolan。该品牌实现了“一人一款、一人一版”个性化订单，在线下单后便直接进入智能工厂生产，7 个工作日便可发货，以满足个性化需求，拥抱消费者主权的时代。

7.2.2 协同共享组织模式

企业组织模式有企业内部组织与企业间组织模式之分。在企业内部，随着企业数字化水平的提高，企业组织模式已逐渐从传统金字塔组织结构向现代扁平式结构转变。在企业之间，在新一轮工业革命驱动下，要求企业相互间保持协调合作，有效汇聚制造资源和生产要素，将分散的生产资源进行有效集聚，弹性匹配和动态共享，充分发挥主体间的各自优势，以打造优势互补、合作共赢的协同创新与共享制造的组织模式。

1. 生产制造的协同与共享

（1）产品生产的合作分工　现代企业正在经历从原先以生产为主、以设计和服务为辅的“两头小、中间大”橄榄型模式，向以设计和服务为主、以生产为辅的“两头大、中间小”哑铃型模式的转变。这是新形势下企业组织模式的一种创新，也是生产制造协同与共享模式的前提。

哑铃型企业模式也是从“大而全”向“专而精”模式转变的结果，各个企业专注自己擅长的生产活动，将那些生产精度要求高而利润较低的生产环节，外包给生产能力更强的“代工”企业或“专精特新”企业去做，从而形成企业间协同合作，充分利用自身的技术优势，做大做好做强自身的核心业务。

（2）“代工”企业　原始设备制造商(Original Equipment Manufacturer，OEM）又称为定牌生产企业，俗称“代工”企业，是制造业分工的一个潮流，它专注订单下的生产而不能分享品牌的价值，不做自己客户的竞争对手。例如，富士康、台积电即为世界上较为著名的“代工”企业。“代工”企业以模块化、高质量生产为主要特征，满足委托企业交货期准、品质好、成本低的目标要求。“代工”企业的竞争优势主要建立在超大规模定制化生产、注重技术创新和较好的供应链管理能力基础之上，具有强大的生产能力与品质控制能力。

（3）“专精特新”企业　中小企业普遍存在规模小、实力弱、抗风险能力不强等特点。“专业化、精品化、特色化、新颖化”是制造业中小企业发展的方向，也是自身整体素质提高的内在需要。中小企业市场竞争的关键在于追求卓越的工匠精神，专注从事某一细分领域以取得市场领先优势。例如，江苏恒立高压油缸股份有限公司是我国液压零部件的“专精特新”小巨人企业，产品从单一油缸向液压元件和系统集成实现跨越。在初始阶段，公司突破了与6吨级小型挖掘机配套的280kg多路压力阀非主导产品技术，经市场认可后又突破了350kg压力多路阀的关键技术，从而打开了业内公认的20吨级中型挖掘机大门，进而生产出世界先进的高端液压元件及系统，实现了为国内三一重工等龙头企业供货的目标，并成功打入卡特彼勒等欧美日企业的全球供应链体系。

（4）生产制造协同创新平台　生产制造协同创新平台是将相关企业凝聚起来，汇聚生产设备、专用工具、生产线等制造能力，开展以租代售按需使用的设备共享服务，是一种制造业新型生产模式。在生产制造环节，中小企业不再需要大规模投资建设生产线，可以共用生产效率更高并愿意共享产能企业的生产能力，让更专业的人做更专业的事。例如，合心集团在重庆落地共享工厂项目，以共享工厂模式为当地企业提供刀具智能制造生产服务。中小企业带订单来加工，不再需要自建生产线，原来锻打一把刀具需要数小时，在该共享工厂智能生产线上仅需几十秒，效能得到了大幅提升。共享工厂的刀具锻打智能化生产线只有1~2人值守，年生产能力可达80万套。通过智能化生产线生产出刀具，经销商们普遍反映该刀具的锋利度和寿命比以前更好了，很受市场欢迎。

2. 创新设计的协同与共享

创新设计的协同与共享是由多个设计主体为实现统一的设计目标，通过信息交互与特定的协同机制完成创新产品的设计。

（1）软件开发协同创新平台　软件开发创新很难仅由一个企业或一个团队独自完成，借助协同创新平台，可为软件开发参与各方提供统一平等的环境，聚集成千上万软件人才和开发经验知识，实现了各类创新资源的充分集中，可让平台掌控软件技术创新的前沿方向，洞察产业的未来趋势。

例如，App Store是苹果公司主要产品发布的应用软件库，是由数以万计的第三方应用软件开发人员协同创新开发的。App Store聚集了众多开发者，激发了上千万软件开发人员的创新积极性，形成了“万众创新”的局面，上线的应用程序由App Store统一进行营销，获得的收益由苹果公司与开发者分成。该协同创新模式为苹果公司提供了巨大的人力资源和技术创新动力。

（2）众包、众创的协同与共享平台　“众包”是指将传统由特定企业完成的任务，向由自愿参与的所有企业与个人分工完成；“众创”则是指通过创业创新服务平台，聚集全社会各类资源进行创新创业活动。

例如，海尔模具的“众包”设计。海尔通过构建模具设计制造在线系统和数字化技术平台，将每副模具拆解为多个独立的模组，每个模组的设计作为一个个独立设计订单，明码标价，通过系统注册的模具设计小微企业进行在线承接，由此完成模具设计任务。这种“众包”社会化协作模式，在企业内外的各种技能人员均可利用自己本职工作之外的时间和智力资源，承接与自身技能匹配的工作，取得相应的报酬，实现创新的价值；对于企业而言，在不增加人员的情况下，通过互联网可将企业的人力资源迅速优化，构建网状的社会化设计制造生态圈。

再如，海尔天铂空调的“众创”设计。海尔让客户全流程参与产品的研发设计，使客户主动成为产品成长的一分子，将用户的需求直接融入产品设计。海尔天铂空调的一款圆形空调的最初创意来自一位网上客户的灵感，在该客户提出创意后，30 多名发烧友与他一起进行方案设计，并得到了 1700 多名网上客户的建议和支持，最后这一方案进入海尔开放平台上，并整合了包括中国科学院专家等在内的一流外部资源，实现了对传统产品的彻底颠覆，该产品上市后受到消费者广泛好评。

（3）创新协同生态圈　创新协同生态圈是产品从单个主体独立创新转变为多元主体协同创新的一种生态，体现了制造企业由竞争到合作的转变。

例如，小米“竹林”生态圈。小米基于信息技术方面的优势，将小米品牌、销售渠道、供应链资源、质量控制与生态链企业协同与共享，通过众智众创获得了手机周边生态的优秀产品布局，同时通过协同设计，确保了产品风格、产品定位和产品理念，使生态链产品融入小米的品牌。目前，小米生态圈已有数以百计的生态链企业，使小米与这些企业共享技术、协同创新，形成共生共荣的“竹林”生态，小米集团凭此迅速创造数以百计的高质量、高水平的数字化网络化产品，成为行业的领军企业。

3. 制造服务的协同与共享

围绕产品检测、设备维护、供应链管理、数据存储与分析等企业普遍存在的共性服务需求，整合海量社会服务资源，探索并发展集约化、智能化、个性化的服务能力共享，这就是制造服务的协同与共享模式。该协同与共享模式有利于减少能源与资源要素的投入，降低成本，保护环境，提高企业整体的运营效益。

（1）产品检测服务能力协同与共享　在产业集群区域，行业领先企业依靠自身丰富的检验检测技术与经验，建设独立运营的试验中心，为地区范围内有需要的企业提供共享的工业软件、试验设备和试验技术，有助于缩短共性技术研发周期、降低研发成本。

例如，湖南新化特种陶瓷产业集聚区，根据特种陶瓷企业产品、材料、原材料及工艺装备模具的检验检测要求，于 2017 年建立特种陶瓷技术研发及检验中心，严格按照国家标准对特种陶瓷产品、材料及原材料提供各种项目的检验检测服务，中心研发实验室实行开放式服务，共享检测资源，改变了园区企业原有实验设施和人才分散所造成的资源浪费，节省了大量的人力、物力、财力，提高了企业制造水平和产品质量。

（2）能源综合利用服务协同与共享　在工业园区，依据循环经济理论进行规划、设计和建设，以宽带网络、物联网为基础，结合园区物料、能量和信息流动情况，设计和实现企业能源的综合管控。

例如，苏州工业园区拥有 5000 多家科技企业，综合能源服务需求巨大。2018 年，该园区构建了能源互联网共享服务平台，打通水、电、气、热数据壁垒，实现了数据全面采集与有效集成，形成“物联接入—数据挖掘—交易撮合—价值落地”的良性闭环，构建综合能源服务的“平台经济”，推动能源服务产业发展和生态环境建设。

（3）基于产业联盟的信息共享和合作共赢　在产业联盟中，通过网络信息技术实现整个供应链的信息、技术和创新成果的共享，构建信息共享和互信机制，培养各节点企业“合作共赢”的意识和价值观，在实现供应链整体利益最大化的同时实现自身利益的最大化。

例如，佛山众陶联供应链服务有限公司是全球首家 B2B+O2O（Business to Business + Online to Offline）陶瓷产业链集采平台，该公司以“产业+互联网+金融资本”为核心整合产业资源，采用平台模式让陶瓷企业与物料供应商直接对接，减少中间环节，提升产业效率及产业资源的集中度，与参与各方分享平台所带来的供应链金融、大数据开发、资金池、资本市场回报等多重收益，提升所集聚的陶瓷产业链整体盈利水平，增强产业发展活力。

7.2.3　服务型制造产业模式

制造业产业模式是制造企业通过优化生产过程、组织模式和业务运作方式，以提升企业产品价值的方法和路径。传统制造业通常采用“以产品为中心”的生产型制造产业模式，而现代制造业在向着“以客户为中心”的服务型制造产业模式转变。

服务型制造是制造与服务共生发展的产业模式。在企业内部，通过生产技术的优化与升级，从为市场供给产品的模式逐渐向供给基于产品的服务模式转变；在企业外部，通过提高产品附加值为客户提供基于产品的服务。

服务型制造仍然以产品为载体，以生产为根基，其变化主要在于企业的经营活动从“以产品为中心”向着“以客户为中心”转变，基于产品的服务成为主要增值业务。

服务型制造模式的变革推动了制造业的整体发展，不同的企业有不同的模式选择，包括“产品+服务”产业模式、“产品即服务”产业模式及“系统解决方案”产业模式等。

1. “产品+服务”产业模式

在“产品+服务”的产业模式中，企业可为用户提供包括远程运维、工艺优化、回收再制造等不同业务形式的服务。

(1) 产品健康保障的远程运维服务　设备安全、可靠和高效运行是企业正常运营的基础。设备提供商可通过传感器、嵌入式系统、互联网、大数据等信息技术提升设备产品的智能化程度，并利用故障诊断、远程运维等技术，实现用户设备管理的数字化和运维服务的平台化。

例如，中国核工业集团围绕核反应堆产品开发了反应堆远程运维平台，通过对关键设备状态数据实时感知和对传输系统的充分利用，实现核电站内各类关键设备的数据汇集和实时处理，提升故障诊断和健康保障服务的及时性、准确性和可靠性，进而实现群堆（数十台核电机组）状态下的反应堆关键设备智能运维和健康保障。

(2) 工艺优化服务　制造企业可利用数字化、网络化、智能化技术，通过实时信息互动，帮助客户企业对生产信息、设备运行、能源消耗、产品品质等内容进行全面分析，为客户企业提供最优的工艺参数设定和计划调度，提高整体工艺管理水平和工艺产品质量，增强客户企业的核心竞争力。

例如，石化行业的设备生产厂家帮助客户企业对生产运行、环保监测、DCS 控制、视频监控等整个炼化过程进行工艺优化服务，包括生产经营计划、在线调整工艺规程、动态跟踪、分析优化工艺过程等，以提升客户企业全流程生产能力。

(3) 回收再制造服务　形形色色的产品极大丰富了人们的物质文化生活，但越来越多的报废产品将导致环境的污染和生态的破坏。随着地球有限资源的枯竭和可持续发展要求的提出，产品回收再制造和循环经济发展将成为服务型制造的重要任务。

例如，机电产品报废后可拆解为四类零部件：第一类是可再利用零部件，其性能完好，经过检测合格后可直接利用；第二类是可再制造零部件，通过应用表面工程各种新技术、新工艺进行再制造加工或升级改造，使其性能等同或高于原产品的再制造产品；第三类是目前无法修复或修复成本过高的零部件，可通过回炉循环变成原材料，具有良好的环境保护效益；第四类是目前无法再利用、再制造和循环回收的零部件，只能通过填埋等措施进行安全处理。回收再制造服务使制造业产品进入“资源—产品—再生资源—再制造产品”的绿色循环新局面。

2. “产品即服务”产业模式

“产品即服务”是一种服务的业务模式，最早是在软件业中得到应用，如软件即服务（Software as a Service，SaaS）是指云平台上由软件商提供的不同软件产品，可根据实际需要为客户提供相应的软件服务，按服务量和时间长短支付费用。类似的还有平台即服务（PaaS）、基础设施即服务（IaaS）等。在制造业中，“产品即服务”（Product as a Service）是以产品为基础，为客户提供使用权及其服务的一种业务模式。该模式直接把产品作为一种服务，客户不需要购买产品，只需购买产品所带来的服务效用，产品提供商通过以量计价或以成果计价的方式获取收益，而客户在购买产品效能期间，拥有服务效能的占有权，但并不拥有产品的所有权。

例如，对于打印而言，客户需要的不是打印机而仅是打印服务，惠普公司为此推出了“打印先锋”金牌服务。客户使用惠普打印机时，除了打印纸张外，不需要承担耗材、易损件及维修费等相关额外费用，只需为其所享用的打印服务付费。

3. “系统解决方案”产业模式

在市场全球化的今天，制造企业需要从挖掘客户需求出发，结合自身所具有的能力、资源和知识，向客户企业提供系统解决方案，这不仅能为客户提供优质的增值服务，还能增加自身产品的附加值，延伸产品的价值链，使企业成长空间得到不断拓展。

（1）系统解决方案　产品用户所购买的并不仅仅是产品及产品的使用权，而是一系列装备和软件所构成的系统解决方案，从而实现系统有效运转并产生良好的经济效益。系统解决方案就是以客户为中心，为客户提供“一揽子”的集成服务，从而满足客户的更高要求。面向客户需求的“一揽子”系统解决方案，简化客户服务流程，为客户带来更加便捷高效的服务。与此同时，也为产品提供方带来更好的客户满意度与忠诚度，增强了企业竞争优势和经济收益能力。

例如，金风公司拥有自身风力发电机组核心技术，引领了全球风力发电技术的新潮流。通过对气象环境、地形地质、交通条件、联网条件及社会经济等综合因素分析评估，为客户企业提供风电场选址、风电场设计、工程建设、调试运维等环节风电场建设的系统解决方案，为客户企业创造更多更大的经济价值。依托金风公司自主研发的智能服务支撑平台，结合机组运行历史数据，为客户企业提供并承接风电场运营的整体解决方案，这也使金风自身完成了新能源服务型制造企业的转型。

（2）产品平台　制造企业通过智能化感知、通信和控制系统搭建自身的产品平台，为客户提供产品管理和控制等产品“效能服务”。如同苹果公司那样，围绕智能手机、平板电脑、笔记本电脑和台式机等数字消费产品，构建高质量、高性能的系统平台，从传统计算机硬件制造商转变为以智能互联产品为基础的“平台公司”。

例如，海尔公司瞄准智慧家庭和智慧社区领域，向市场推出了 U-home 系统平台。U-home是家庭和社区的智慧安防平台，提供有安防报警、家居控制、远程监控等硬件设施和互联互通的操作软件，并聚合第三方服务资源的物联网平台，可实现人与人、人与物、物与物之间的信息交互与协同。

(3) 产品生态圈　遵循“以客户为中心”原则，制造企业可打造自身产品生态圈，以便为客户提供更丰富、高效的增值服务。产品生态圈本质是制造企业为客户提供覆盖产品、平台和服务为一体的系统解决方案。

智能家居产品生态圈是通过大数据、云计算等网络数字技术的支持，融合硬件、智能产品、智能系统及客户应用为一体的网络化智能化产品生态圈，如图 7.2 所示。家电制造企业利用物联网和工业互联网等网络技术，实现智能家电产品的互联互通；利用传感器、嵌入式系统等硬件及大数据、云计算等信息技术，实现家电产品的智能化；借助智能家居平台、APP 系统等，为客户提供个性化的生活服务。目前，家电企业的竞争已从单纯依靠价格及硬件竞争转变成更深层的产品生态之争。

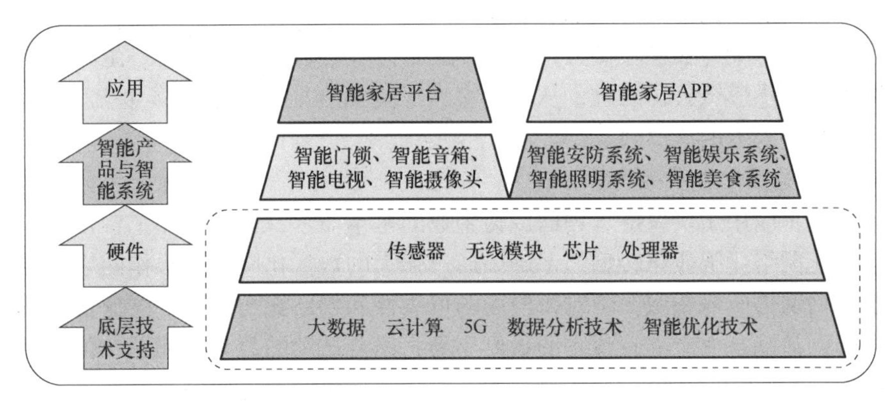

图 7.2　智能家居产品生态圈

7.3 ■ 智能制造供应链生态

供应链是围绕核心企业，从最初的原材料供应商、零部件制造商、分销商、零售商直到最终用户所连成的一个功能性企业网链。

通常，企业很难掌握产品所有关键技术，往往需要借助外部力量才能完成整个产品的制造过程。现代企业不像传统企业，其产品不是全都靠自己生产完成的，自身往往仅做产品最具核心竞争力的部分，非关键部分则寻求供应商来提供，专业供应商所提供的产品零部件的产品成本更低，资源消耗更少。因此，供应链已成为现代制造业的重要组成部分。

7.3.1　智能制造供应链

智能制造企业更需要基于供应链的运作环境，对产品供应链也提出了更高的要求。

1. 精简的供应链

精简的供应链可在智能制造企业的整个产品生命周期中提供更高的需求预测和进度计划的准确度，是帮助企业提高运营效率和市场响应能力的一种有效途径，能够为客户提供更短的交货时间和更低的库存成本。

例如，库克把苹果的主要供应商从 100 家减少到 24 家，还说服许多家供应商迁到苹果工厂旁边，就近供货，不仅精简了供应链，还大大压缩了库存量，缩短了产品的生产周期，将库存期由原先的2个月缩短到2天，甚至有时仅仅是15个小时，制造苹果计算机的生产周期从4个月压缩到2个月。不仅降低了成本，也保证了每一台计算机都安装上最新的组件。

2. 专业化供应链公司

为满足企业服务需求，当前市场出现了一批专业供应链公司。这些供应链公司具有较高的供应链运营数字化、智能化和集成化的专业水平，除能做一般企业工作之外，还能深入市场分析，通过大数据在供应链前端进行精准的市场分析和预测，给予企业市场趋势、采购生产及销售计划方面的数据支持；具有强大的供应链管理和市场整合能力，通过产业集采和供应商整合，帮助企业解决采购额分散、议价能力不强等问题；拥有优势的开发团队，可为企业提供产品定制研发等服务。

制造企业通过这类专业供应链公司，可专注自身核心业务，把采购、生产、销售等工作全都交付某家专业供应链公司处理，从而更有利于提高企业的物流、资金流和信息流效率，为企业带来供应链服务的增值效益。

3. 供应链的数字化和平台化

将数字化技术应用于供应链管理已成为企业的基本需求，数字化和平台化供应链也成为很多企业数字化网络化智能化转型的基础。通过强大的数字化网络化协作网络，能够帮助企业发掘更多合格的供应商资源，可对供应商的可靠性和创新能力进行智能分析和预测。

例如，采购活动是供应链管理中的重要一环，采购活动的数字化和平台化可助力企业迅速处理和分类采购数据，充分挖掘各种品类支出的数据价值；应用区块链技术，可增强合同条款执行和付款的安全；应用流程自动化和模式识别技术，可减少甚至消除如发票匹配、预算审核等重复性手动操作，降低采购资源负担等。

供应链数字化、平台化有利于供应链资源的端到端整合，可将供应链需求计划与业务执行有效协同，可更好地关注终端客户需求、服务和满意度，全面展开需求预测及产销协同和跨部门协作。

7.3.2 供应链平台生态圈

基于互联网的供应链平台是能够有效整合物流、信息流、资金流和服务流为一体的供应链共享平台，可为制造企业提供设计、生产、流通、消费、服务等一体化供应链服务，是智能制造供应链的重要载体。

1. 平台型供应链模式

近年来，业界对平台型供应链模式有较多的研究，下面以某一研究成果介绍平台型供应链模式。

平台型供应链可认为是以竞争优势为核心，以运营管理、客户服务及赢利/利益分配为支撑的一个封闭三角形理论架构，如图7.3所示。

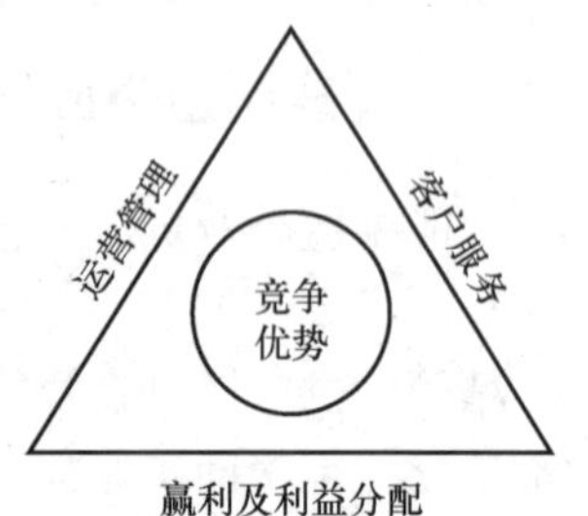

图7.3 平台型供应链三角形理论架构

(1) 竞争优势 培育供应链核心竞争优势是供应链平台实现战略目标的重要抓手。围绕供应链平台的实际需求，结合其平台战略、管理、技术、人才和品牌等方面，不断培育供应链竞争优势，以保持供应链平台长远发展和赢利水平。

（2）运营管理　运营管理是实现供应链平台价值创造的基础。供应链平台的运营管理由平台方主导，其管理内容包括平台搭建、组织架构优化、运营流程整合、信息系统构建、绩效考核设置、奖惩淘汰机制建立、平台文化营造、各主体企业融合及关系协调等。通过联合供应链平台的供应方、客户及其他利益相关者，以实现供应链平台价值的共创目标。

（3）客户服务　客户服务是实现供应链平台价值传递的重要渠道。供应链平台价值创造的立足点是客户，客户服务的直接目标是让客户尽可能多地感知价值、体验价值进而获得价值。客户服务内容主要包括客户定位及分类、客户需求挖掘、客户价值分析、客户关系管理、客户服务活动完善、客户服务评价与管理等。

（4）赢利及利益分配　赢利模式是实现供应链平台价值获取的基础，也是确保供应链平台持续、健康、稳定发展的重要因素。供应链平台的赢利模式包括平台的定价机制、价格撮合机制、收费机制、补贴机制、交易规则等。利益分配是供应链平台价值获取的关键，合理的利益分配模式有利于实现价值在平台不同主体间的合理流动与分享，有利于调动平台各参与方及客户的积极性，有利于保持供应链平台生态圈的稳定与和谐。平台利益分配模式主要包括平台各参与方的利益诉求、平均盈利、投入与贡献、风险承担、博弈能力、利益分配模型设计、利益分配制度等。

2. 平台型供应链生态圈进化发展

供应链平台是服务于客户的供应链运营新模式，对于优化供应链、提高供应链管理效率具有重要价值。为满足相关企业供应链一体化服务需求，在互联网、物联网、大数据及云计算等信息技术的支持下，供应链平台通过整合各种资源，吸引相关服务主体入驻平台，逐步形成一个资源共享的供应链平台生态圈。供应链平台中的企业可有效利用平台的海量信息资源、商业资源、计算资源、网络资源和各种服务资源等，共享平台的价值，从而实现平台生态圈内企业资源的高效配置和优化重组，实现整个平台生态圈的共享、共赢与发展。与此同时，供应链平台的生态圈也得到不断的进化发展。

图7.4所示为供应链平台生态圈进化发展过程及其模式。其中，供应链平台生态圈从原先的物流服务导向型不断向着物流与金融服务导向型及增值服务导向型方向发展进化，如图7.4a所示；各种类型的供应链平台生态圈都以移动互联网、云服务、大数据等信息技术为支撑，由服务商向服务对象提供与供应链相关的不同服务，如图7.4b所示。

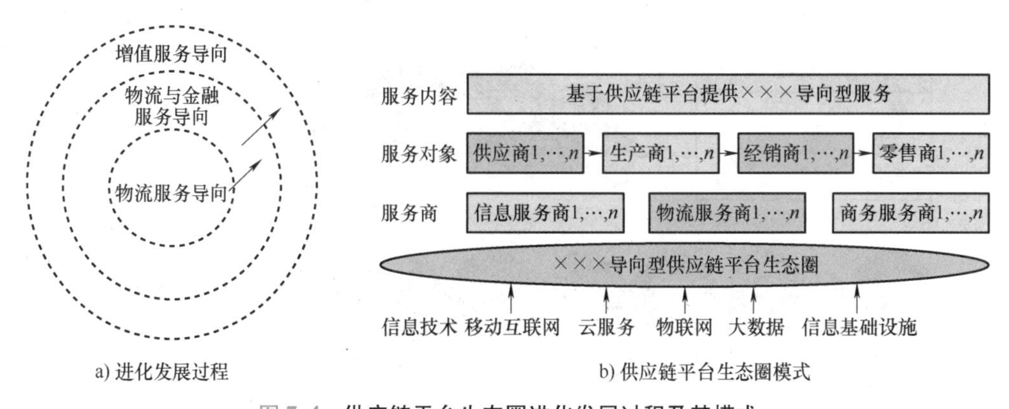

a) 进化发展过程　　b) 供应链平台生态圈模式

图7.4　供应链平台生态圈进化发展过程及其模式

（1）物流服务导向型 基于物流服务导向的供应链平台生态圈，本质上是一个基于供应链协作的物流平台，以物流服务为主线，贯穿整条供应链或供应链网络。在此供应链平台生态圈内集聚的企业，以物流服务企业及相关物流需求企业为主，这类平台可提供的服务主要为物流服务，在此基础上辅以信息服务及相关商务服务等。

（2）物流与金融服务导向型 在物流服务导向的供应链平台生态圈的基础上，整合金融服务产品和资源，逐步拓展物流金融和供应链金融服务，完善供应链平台生态圈服务内容，形成一个集采购、物流、销售、融资、信息等服务为一体的供应链平台生态圈，实现与原材料供应商、生产商、经销商、零售商、物流服务商、金融服务商及终端客户的高效协同。

（3）增值服务导向型 即以客户需求为导向，通过资源整合、信息共享、模式创新等形式为客户提供物超所值的全程供应链服务，将信息服务、金融服务、商务服务、政务服务等增值服务贯穿于整条供应链，通过整合采购、营销、物流、金融、商务、政务等系列资源，为平台中的合作伙伴提供全程供应链服务，助力平台合作伙伴提高供应链管理效益，最终实现整个供应链平台生态圈的共赢发展。这种增值服务导向的供应链平台生态圈是一个高效协同、环环相扣、溢价增值、良性互动的生态系统，可为供应链平台中的相关企业提供一体化的综合物流服务和优质的客户体验，帮助平台合作伙伴重塑企业品牌，在供应链运营管理中实现总成本领先，凸显平台合作伙伴的核心竞争优势，更有利于实现整个平台生态圈的良性健康发展。

3. 供应链数字孪生

供应链数字孪生是数字化供应链发展的新趋势。在整个供应链环节，从供应商到客户，从采购、生产、产品到库存，从供应商关系管理（SRM）、制造执行系统（MES）到客户关系管理（CRM），都可以应用数字孪生技术，如图 7.5 所示。将数字孪生技术应用于供应链系统，可获取传统系统无法获取的数据信息，例如，来自供应链资产的传感器、日志或仪表数据的实体观测数据；数字孪生的逻辑衍生数据；数字孪生系统的操作数据；基于数字孪生的物理实现的逻辑数据等。将数字孪生技术与供应链实体及其过程进行融合，可实现供应链资源优化匹配和收益最大化的目的。

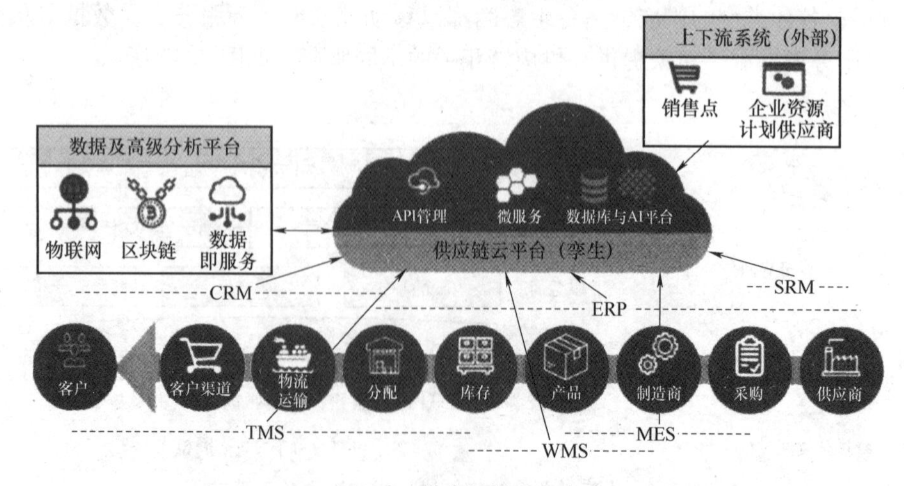

图 7.5 **供应链数字孪生**

7.3.3　从“壹米滴答”物流平台看供应链生态圈可持续协同发展

壹米滴答是一个利用互联网平台整合物流资源的平台型物流企业，通过汇聚国内各省级区域领先的中小物流企业和货运专线企业进行“组网”，构建起以“壹诺达、壹米小件、滴答到门、壹米重货、标准快运、次晨达”为目标的物流服务体系。

1. 壹米滴答供应链生态圈架构

壹米滴答供应链生态圈由内圈的利益相关者和外圈的生存环境构成，其内圈的利益相关者由领导种群、关键种群和支持种群等不同类型企业组成，外圈的生存环境包括经济、政治、技术、社会和生态，如图7.6所示。壹米滴答供应链生态圈内的利益相关者各自扮演着不同的角色而又相互关联，同时与外部的生存环境紧密相关。

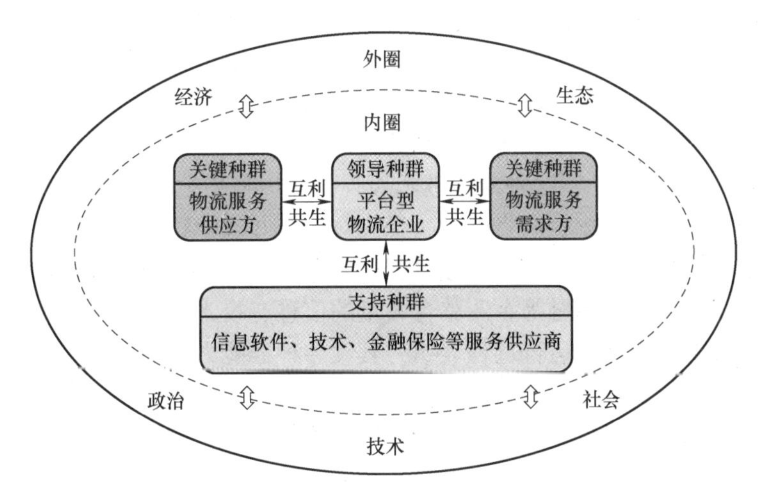

图7.6　壹米滴答供应链生态圈架构

（1）利益相关者

1）领导种群企业。领导种群企业为处于核心地位的壹米滴答公司，该公司为壹米滴答供应链生态圈搭建了一个生存平台，为整个生态圈企业提供了高效的交易场所，扮演着整合和调配资源、吸引新的成员、更新生态圈内的种群构成和联系的作用。

2）关键种群企业。关键种群企业是一个个连接省级分拨中心的专线企业和覆盖省内物流网络区域的中小物流企业，通过“合伙+加盟”方式相互聚集，是壹米滴答供应链生态圈的关键力量，包括物流服务的供应方和需求方。

3）支持种群企业。支持种群企业是壹米滴答平台供应链生态圈的基础，该平台运营、信息推进、资金流动及服务延伸等正是依靠包括信息技术企业、金融企业、保险企业等方面的支持才得以发展、成长和升级。

（2）外圈生存环境　外圈生存环境主要体现在技术、政治、社会、生态及经济发展、消费结构、物流行业发展水平等平台的外部环境。在技术环境方面，互联网、人工智能、区块链、云计算、大数据等技术将有力促进物流行业的发展和进步；在政治环境方面，国内外政治变化及相关政策法规的出台，将支持、促进、规范平台型物流企业的健康营运。外圈生存环境变化时刻存在，影响着平台型供应链生态圈利益相关者的行为活动和发展方向。

2. 平台型供应链生态圈协同发展过程

仅从壹米滴答平台的成长过程来看，平台型供应链生态圈的协同发展体现出由“初期整合”“网络扩张”再到“网络下沉”的发展过程。

（1）初期整合阶段 壹米滴答平台在初期整合阶段，是由东北金正、山东奔腾、山西三毛、陕西卓昊、湖北大道和四川金桥六家物流企业将各自省内的物流网络（简称 B 网）通过自建向外扩张形成联通省际物流网（简称 A 网），结成了壹米滴答初期区域联盟。

（2）网络扩张阶段 壹米滴答平台在初期区域联盟基础上，吸引了更多区域物流和专线企业的加入，成功实现了一二级城市的 100%覆盖。

（3）网络下沉阶段 壹米滴答平台实现了区县级网络的覆盖。当前，区县级网络的覆盖率已达 96.7%，将进一步实现铺开全国化网络布局，进行网络提速及智慧化建设，努力在供应链生态圈内各利益相关者的协同下实现新一轮的快速发展。

3. 平台型供应链生态圈可持续协同发展的影响因素

（1）生态圈内的影响因素 生态圈内的种群企业能力及其相互间关系是供应链平台协同发展的最重要因素，决定着平台协同发展的可持续性。

1）领导种群能力。作为领导种群的壹米滴答公司，在平台建设前期为了提升壹米滴答系列服务的质量，大力进行物料网络建设，提高对区域和省际物流网络的覆盖率，并加强对运力设施及设备的筛选；在平台提供服务过程中，制订完善的物流服务条例和控制规则，从各区域物流、专线、信息和金融等企业整合大量的信息、技术、知识和资金等资源并进行优化配置。壹米滴答平台的整个运行过程表明，其领导种群能力越高，越容易说服平台各企业遵循其安排调度，进行资源的优化配置。

正是由于壹米滴答公司具有强大的领导种群能力和魄力，从 2016 年到 2020 年五年期间壹米滴答平台的货运量从 595 万 t 增加至 950 万 t，营业收入也从 2508 亿元增长至 6703 亿元。此外，平台的信息化水平得到显著提高，有力提升了平台生态圈种群间的交流效率和服务质量，对平台需求预测的准确率也得到显著提高。

2）其他种群能力。在壹米滴答供应链生态圈中，区域物流企业和专线企业这些关键种群，掌握着遍布省际干线和省内区域的物流网络、人员和设施设备，从而可使技术、金融和投资企业这类支持种群通过与关键种群的协同，能够掌控平台所能提供的增值服务的具体内容和细分类型。无论是关键种群还是支持种群，他们都是壹米滴答主要客户群体的最终接触者，其服务能力和水平将决定壹米滴答平台的整体竞争力。

3）种群间关系。壹米滴答与区域物流、专线企业及金融投资企业的协同配合意愿越高，则资源整合、企业服务行为控制及对企业行为进行反馈整改的效率也越高。协同意愿的提高将使壹米滴答具有更高的领导水平和能力，区域物流、专线企业及金融投资企业会更愿意配合壹米滴答平台进行资源的调度和协调配置，以提高资源利用的质量和效率，从而达到提高服务水平的目的。

（2）生态圈外的生存环境因素 生态圈外的影响因素包括经济、政治、技术和社会环境等因素。经济因素主要是指物流市场的需求总量和增长速度，物流市场需求量越大则物流平台的业务规模提升空间也就越大；政治因素主要是政府对物流行业的服务监管和规范要求；技术因素主要涉及平台选用的技术种类和成熟度，这会影响信息共享水平和客户服务水平；社会环境因素主要涉及社会舆论倾向和基础环境设施，前者会影响平台的竞争力，后者会影响平台提供服务效率和服务水平。

7.4 ■ 智能制造企业员工生态

企业员工生态是智能制造生态的重要环节，是企业通过采取相关措施对员工进行培养发展，促使企业员工身心愉快，更好地发挥各自个性与专长融入企业的各项生产活动，相互协调合作，实现企业发展的战略目标。

7.4.1 智能制造企业员工生态位

生态位（Ecological Niche）是生态系统中每一种生物生存所必需的生存环境范围与规模。智能制造企业员工生态位的构建，就是为了改善企业员工自身所处环境，从而使员工能够得到更好的自我发展与进步，与此同时也推动着企业事业的发展。因此，国内一些学者通过问卷调查和探索性验证分析，归纳了以下七个维度的企业员工生态位：

（1）职业忠诚　职业忠诚是指热爱和忠于自己专业并且积极投入工作和认真负责的行为，体现了一种对于自己所从事职业的献身精神。

（2）自我发展　自我发展是指主动积极寻找学习和提高的机会，以增加个人知识和工作技能的行为，表现出极大的求知欲望和自主性。该行为对于提高企业员工的生态位具有极其重要的意义，既能实现自我发展目标又增强了对企业的贡献能力，使得其生态位具备更强的发展势能。

（3）创新行为　创新行为是指富有创新意识并且创造性地从事与工作相关的行为，目的在于提高工作绩效或是改善工作效率，对企业和自身持续发展和成长都非常有益，这是一种主动扩充生态位的行为，同时也体现了个人富有冒险与创新精神。

（4）进谏行为　进谏行为是指向上级提出意见及劝说同事改进工作等行为。这种行为表现为员工将自身与企业紧密联系起来，敢于表达个人意见，提出合理化建议，这在传统中庸之道的中华文化背景下难能可贵。

（5）协调沟通　协调沟通是指同事间的合作与沟通，以及维护人际和谐而实施的行为，体现了一种团队意识，创造一种良好的工作氛围，包括积极协助解决误会纠纷、积极主动与同事合作交流、主动维护部门团结与和谐。

（6）助人行为　助人行为是指自我表现为积极帮助同事的行为，这是中华文化的优良传统，可树立自身在别人心目中的良好形象，有助于友好关系的构建，为自身更好地工作奠定基础。

（7）组织忠诚　组织忠诚是指把自己视同为组织的一个组成部分，表现出忠诚的言行，是一种维持公众关系及与企业同进退的行为，把个体利益与组织利益结合起来，体现了员工生态位的全局性和互动性。

从上述企业员工生态位的结构可见，企业员工生态位是积极地、主动地塑造环境，使自己与企业互动匹配，从而实现自身的生存与发展，最终为自己在企业中找到特定位置，是有利于企业员工和企业生存与发展的行为。

构建企业员工生态位应是员工自身自发的行为，其行为构建的强度越大，说明员工的投入程度越大，最直接的体现就是工作绩效越高。作为企业管理者应该因势利导，不断帮助企业员工加强自己生态位构建的强度，以达到企业与员工之间的良性互动，最终形成双赢的局面。

7.4.2 构建智能制造企业员工良好生态环境

企业的发展，人才是关键。企业要在育才、爱才、用才上下功夫，努力打造良好的企业员工生态环境，通过多方位培养、专业岗位锻炼，来激发员工的内生动力，实现员工与企业同进步、共发展。

1）创建轻松愉快的员工生态环境。企业员工生态环境涉及人与工作关系、人与人关系、人与环境关系，以及员工自身生理和心理机能等多个方面。愉快的工作环境可使人心情舒畅，激发自身工作的热情；轻松的人与人之间的关系，可解除不必要的精神疲劳，也是提高工作效率的必要条件。智能制造企业应为企业员工创建良好的生态环境，营造心情舒畅、轻松愉快的工作氛围。企业每一个员工都是一个生命体，各有所长，若要求所有的树都长得一样高，将会挡住所有阳光，树下小草就没有了生存空间。因此，企业要给员工打造一个宽松的生态环境，充分发挥各自专长，允许“试错”，允许有不同意见的存在。

2）构建良好的企业生态文化。企业文化崇尚什么，在员工身上就会显现什么。企业有明确的价值观，有坚定的使命追求，将能激励员工工作激情，规范员工个体行为，同时也加强企业员工的责任意识，使员工将企业的使命在潜移默化中转化为自身的信念，不断提高自己的行为意愿，更好地在工作中发挥自身工作潜能和创造力。在当今的信息化时代，危机和机遇相互交织，员工的创造力是企业应对危机的最好抗体。

3）建立科学系统的员工教育培训体系，满足员工不断增长的知识诉求。根据企业发展目标和员工对知识的诉求，制订科学系统的员工教育培训计划和具体的培训内容。将企业员工的知识提升和技能培训作为企业不可或缺的工作内容，可通过请名师讲座、案例研讨、行业论坛、外出进修、国外参观学习等多种形式为员工提供信息、机会，通过培训可让企业员工得到快速成长与进步，以提高员工对企业的忠诚度和认同感，增强整个团队的凝聚力。

4）关心员工生活，帮助员工解决实际困难。企业应多为员工办实事，关心解决员工的实际困难和后顾之忧，增强对企业的认同感和归属感。对苗头倾向性问题及时提醒纠偏，强化员工的组织纪律观念意识和执行力，增强学习成就感，让员工愿意来、干得好、留得住，营造“如鱼得水、如鸟归林”的员工生态。

5）基础在“育”，关键在“用”，育用并举。员工要用当其时、不拘一格、大胆起用，抓住其成长成才的“黄金期”，综合考虑员工经历、性格、意愿和专业特长，真正实现人尽其才、才尽其用。通过揭榜挂帅等方式，给员工压担子，多鼓励支持，消除员工“不敢与不能”等顾虑，轻装上阵，实现创新创造活力的充分迸发。

7.4.3 海尔公司的员工生态

1. 海尔将员工视为实现企业战略的源头

海尔将企业比喻为一条河，企业员工则是河的源头，只有让源头不断喷涌，才会有满满的河水。海尔要实施名牌企业战略，必须让企业全体员工，成为产品品牌的源头。因此，海尔在企业品牌创建过程中，坚持对企业员工进行“心、芯、新、薪”基础管理建设。

1）心。企业要实现名牌战略，首先要与企业员工的“心”相通，在企业员工中树立做好品牌质量的责任心，每个岗位都是把好产品质量关的责任人，而不是靠监督、罚款等简单化的管理手段。

2）芯。企业要实现创名牌战略，光有员工意识和责任心还不够，还须使每位员工有合格的“芯”，即拥有做好产品质量的技能。因此，海尔为员工建立了完善的培训体系，以提高每一位员工的岗位技能素质。无论是哪种类型的职能培训，都要求严格考试，发放不同级别的培训证书。

3）新。每天都有“新”面貌，是企业发展的基本要求。海尔围绕企业战略目标，建了“日事日毕、日清日高”的管理模式，根据各个岗位特点和目标体系，将目标任务分解到每一天，每日明确具体目标，根据当日目标进行岗位任务的具体实施和控制，出现问题，及时寻找问题原因和解决办法，及时纠偏，总结经验。

4）薪。要让每一位员工成为喷涌的源头，离不开激励。海尔除了有晋升、荣誉称号等精神激励之外，以“薪”为基础的物质激励是其主要手段。海尔的“薪”酬激励主要有两种方式：一是点数工资激励，是根据工作性质、工作量大小、工作质量及安全因素等计算点数，以点数作为员工日工资，月工资是日工资之和；二是内部市场链激励，是把市场经济中的利益调节机制引入企业内部，把企业上下游流程、上下道工序和岗位之间的业务关系由原来的单纯行政及工艺机制转变为平等的买卖关系、服务关系和契约关系，形成以“订单”为驱动、上下工序和岗位之间调节运行的业务链，如果上道工序对本工序满意就可以索酬，不满意则要索赔。

2. 海尔员工的培训术

海尔作为一个世界级名牌企业，每年招录上千名大学生，但离职率一直较低，这归因于海尔制订了一套符合企业发展需求的新员工培训方案。

1）稳定员工心态。毕业生来到公司后，组织新、老大学生见面会，主管领导与新员工进行面对面沟通，使新员工能够尽快客观地了解海尔，解答新员工心中疑问，同时也不回避海尔所存在的问题，并鼓励他们发现并提出问题。此外，还与新员工共同规划自身职业发展及生活安排等问题，使新员工来公司后能够很快将心态端平、放稳。

2）鼓励说出心里话。海尔给新员工每人发了一张“合理化建议卡”，把自己对公司现有的制度、管理、工作及生活等各方面想法都提出来。对于合理的建议，公司会立即采纳并实行，对建议人还有一定的物质和精神奖励；对不适用的建议也给予积极回应，使建议人有被尊重的感觉，更敢于说出自己心里的话。

3）培养“家”的感觉。海尔对新员工的关心落实到细微小事，如新员工军训时，将一个个员工水杯盛满酸梅汤，让他们一休息便可喝到；关心新员工个人生活，“希望你们早日走出单身宿舍”；为新员工统一过生日，每个人都可得到一个温馨的蛋糕和精致的礼品等，帮助新员工找回“家”的感觉。

4）树立职业心。当一个员工真正认同并融入公司后，引导他们树立职业心，教他们如何去创造和实现自身的价值。在对员工职业培训方面，设置了部门实习、市场实习及拆机实习等一系列的培训活动，用近一年的时间来全面培训新员工，目的是让员工真正成为海尔躯体上的一个健康的细胞。

3. 海尔员工的管理机制

员工是企业的重要组成部分，如何做好员工的管理工作，激发员工的潜能，科学系统地运用管理机制促进员工的个人发展与企业战略目标契合，这是每一个企业均需面对的问题。

（1）海尔的员工选拔机制 海尔人才选拔机制包括内部选才、外部引才及多方借才等举措。

1）内部选才。内部选才是海尔选拔人才的重要路径。在内部选才过程中，海尔形成了“人人是人才，赛马不相马”人才遴选机制，其原则为：公平竞争、任人唯贤；职适其能、人尽其才；合理流动、动态管理。

2）外部引才。海尔历年都会从各大高校选拔优秀毕业生进入海尔公司，依据工作需要严格遵循人力资源部给出的供需方案来接纳每一名新员工。

3）多方借才。海尔的“借才”方式包括：一是以资本为纽带，与国内科研院所、高等院校进行产学研合作，借助外部人才促进企业发展；二是以经济利益为纽带，与国际著名大公司建立战略同盟，如飞利浦、迈兹公司等，在海外设立海尔信息站和设计部门，确保企业能够获取最新的国际科技发展信息。

（2）海尔的人才培训体系 员工培训在企业中扮演着十分重要的角色，需要建立企业人才培训体系。海尔公司建立了多层次人才培训体系，包括各事业部培训机构、集团公司培训机构及公司外部培训机构等，如图 7.7 所示。在公司内部，聘请具有多年工作经历，专业知识和实践经验丰富的工程师与技师担任教员，发放聘书，担负着员工培训和技能提高的职责。在公司外部，与多家高校、科研机构及国外大公司合作，为公司员工提供知识更新和新技术的学习机会。通过多层次的培训机构，使海尔员工能够接受全面的培训，在提升员工自身素质的同时，也为公司的发展做出重要贡献。

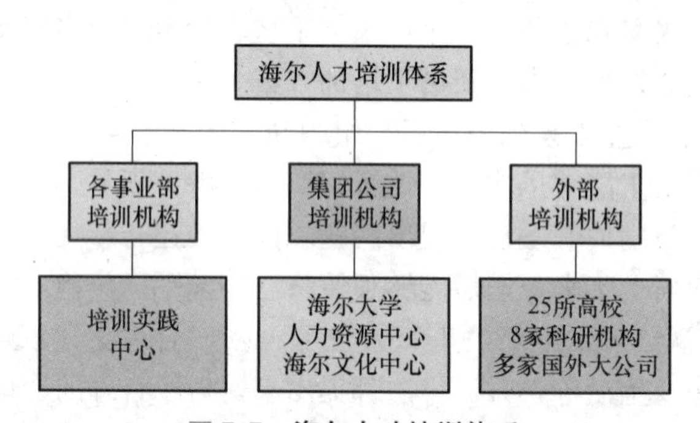

图 7.7　海尔人才培训体系

（3）海尔的员工绩效管理 绩效管理的目的是调动员工工作的积极性和主动性，推动企业战略目标的实现。海尔的绩效管理是由公司、部门、个人逐级分解确定的，将绩效计划分解到每个员工身上，根据绩效评价结果为员工提供薪酬、福利、晋升及学习培养等绩效回报，使员工能够共同参与公司的绩效管理，让公司员工与公司共同成长。

本章小结

制造业生态是由一批相关企业组合而成，相互间依据生态学、经济学、技术科学及系统科学原理，共生共存、相互依赖。智能制造生态环境包括社会环境、政策规划、产业模式、教育培训、法律制度等方面的支持。

《中国制造2025》和《“十四五”智能制造发展规划》是我国政府为推进智能制造技术，实现我国制造强国宏大目标提出的国家级政策规划。

数字化、网络化、智能化技术推动着我国制造业向着规模定制化生产模式、协同共享的组织模式和服务型产业模式转变，为智能制造技术的发展构建了良好的生态环境。

智能制造企业也需要借助外部力量完成自身产品的制造过程，需要有一个良好的供应链生态支持，以促进企业发展，实现企业发展的战略目标。

企业员工生态是智能制造生态的一个重要环节，构建良好的企业员工生态环境，可使企业员工能够身心愉快地工作，促使企业员工个体专长和创造性融入企业各项生产活动中。

思考题

1. 简述生态的含义。制造业生态指的是什么？为什么智能制造技术的进步与发展需要一个良好的生态环境？
2. 《中国制造2025》是什么发展规划？简述《中国制造2025》规划的核心内容。
3. 《“十四五”智能制造发展规划》是什么规划？其重点任务是什么？
4. 简述智能制造的生产模式、组织模式和产业模式。
5. 规模定制化生产如何能够实现以大规模生产的成本和速度来满足小批量多品种的个性化市场需求？
6. 简述智能制造企业关于生产制造的协同共享组织模式。
7. 如何实现制造业服务型制造的产业模式？
8. 什么是供应链？智能制造需要什么样的供应链？
9. 简述平台型供应链模式及平台型供应链生态圈的进化发展。
10. 什么是生态位？智能制造企业员工生态位包含哪些内容？
11. 如何构建智能制造企业员工的生态环境？

参考文献

[1] 周济，李培根. 智能制造导论［M］. 北京：高等教育出版社，2021.

[2] 李培根，高亮. 智能制造概论［M］. 北京：清华大学出版社，2021.

[3] 陈明，张光新，向宏. 智能制造导论［M］. 北京：机械工业出版社，2021.

[4] 姚锡凡，周佳军. 智慧制造理论与技术［M］. 北京：科学出版社，2020.

[5] 赖朝安. 智能制造——模型体系与实施路径［M］. 北京：机械工业出版社，2019.

[6] 工业和信息化部，国家标准化管理委员会. 国家智能制造标准体系建设指南（2021 版）[R/OL].（2021-11-17）［2024-07-26］. https://www.gov.cn/zhengce/zhengceku/2021-12/09/5659548/files/e0a926f4bc584e1d801f1f24ea0d624e.pdf.

[7] 魏毅寅，柴旭东. 工业互联网：技术与实践［M］. 2 版. 北京：电子工业出版社，2021.

[8] 杨挺，刘亚闯，刘宇哲，等. 信息物理系统技术现状分析与趋势综述［J］. 电子与信息学报，2021，43（12）：3393-3406.

[9] 徐小龙. 云计算与大数据［M］. 北京：电子工业出版社，2021.

[10] 王隆太. 先进制造技术［M］. 3 版. 北京：机械工业出版社，2020.

[11] 张忠平，刘廉如. 工业互联网导论［M］. 北京：科学出版社，2021.

[12] 马龙. 工业互联网与消费互联网的本质区别［J］. 软件和集成电路，2018（12）：14-17.

[13] 余晓晖，刘默，蒋昕昊，等. 工业互联网体系架构 2.0［J］. 计算机集成制造系统，2019，25（12）：2983-2996.

[14] 张广渊，周风余. 人工智能概论［M］. 北京：中国水利水电出版社，2019.

[15] 李德毅. 人工智能导论［M］. 北京：中国科学技术出版社，2018.

[16] 姜竹青，门爱东，王海婴. 计算机视觉中的深度学习［M］. 北京：电子工业出版社，2021.

[17] 方毅芳，宋彦彦，杜孟新. 智能制造领域中智能产品的基本特征［J］. 科技导报，2018，36（06）：90-96.

[18] 白雪，王兴，郭伟洁. 电子门锁的国内外现状及发展趋势研究［J］. 内蒙古科技与经济，2021（13）：97-101.

[19] 王隆太. 伺服压力机［M］. 北京：机械工业出版社，2019.

[20] 董衍善. 从小松的实践看工程机械企业的工业互联网之路［EB/OL］.（2019-06-03）. https://mp.weixin.qq.com/s/cshkctT89QnZjTcyVwDkhA.

[21] 和征，李彦妮，杨小红. 制造企业工业物联网的发展与智能制造转型分析——基于三一重工的案例研究［J］. 制造技术与机床，2022（07）：69-74.

[22] 曹鹏，熊圣新，李建科，等. 基于 5G 无线网络的风电机组监控系统组网研究［J］. 船舶工程，2020，42（S2）：260-264.

[23] 刘正超，屠袁飞，刘犇. 基于 LoRa 的注塑机联网数字化监控系统平台研究［J］. 电机信息，2021（18）：44-45.

[24] 谭建荣，刘振宇，徐敬华. 新一代人工智能引领下的智能产品与装备［J］. 中国工程科学，2018，20（04）：35-43.

[25] 宝鸡机床集团有限公司. 宝鸡机床：BM8-H 智能立式加工中心［J］. 世界制造技术与装备市场，2020（05）：37-40.

[26] 高升，吴鹏，尤少伟. 基于本体的产品设计知识表示综述［J］. 情报杂志，2011，30（11）：156-161.

[27] 杨得玉，徐志刚，沈卫东，等. 基于功构映射的拆卸设备设计方法［J］. 中国机械工程，2019，30（11）：1276-1286.

[28] 杨蔚华. 基于模糊理论和 ANN 的机械产品设计方案智能评价系统的开发与应用［J］. 机械，2009，36（12）：58-61.

[29] 马艳军，于佃海，吴甜，等. 飞桨：源于产业实践的开源深度学习平台［J］. 数据与计算发展前沿，2019，1（05）：105-115.

[30] 朱文海，郭丽琴著. 智能制造系统中的建模与仿真：系统工程与仿真的融合［M］. 北京：清华大学出版社，2021.

[31] 王隆太. 机械 CAD/CAM 技术［M］. 5 版. 北京：机械工业出版社，2023.

[32] 陶飞，戚庆林，张萌，等. 数字孪生及车间实践［M］. 北京：清华大学出版社，2021.

[33] 李国琛. 数字孪生技术与应用［M］. 长沙：湖南大学出版社，2020.

[34] 西门子工业软件公司，西门子中央研究院. 工业 4.0 实战：装备制造业数字化之道［M］. 北京：机械工业出版社，2015.

[35] 陈明，梁乃明. 智能制造之路：数字化工厂［M］. 北京：机械工业出版社，2022.

[36] 谭建荣，刘振宇. 智能制造：关键技术与企业应用［M］. 北京：机械工业出版社，2017.

[37] 房鑫洋，张洁，吕佑龙，等. 基于 Attention-BLSTM 的复杂产品制造质量预测方法［J/OL］. 计算机集成制造系统，1-17［2021-11-29］. http://kns.cnki.net/kcms/detail/11.5946.TP.20211126.1817.008.html.

[38] 闵庆飞，卢阳光. 面向智能制造的数字孪生构建方法与应用［M］. 北京：科学出版社，2022.

[39] 蒋炜，李四杰，黄文坡，等. 物联网大数据与产品全生命周期质量管理［M］. 北京：科学出版社，2021.

[40] 张梦璐，陶亚敏. 新零售时代下实体店环境设计——以小米之家为例［J］. 经营与管理，2017（06）：32-34.

[41] 安筱鹏. 基于产品效能提升的增值服务：航空发动机产业的实时在线支持服务［J］. 中国信息界，2010（06）：27-30.

[42] 江平宇，张富强，郭威. 智能制造服务技术［M］. 北京：清华大学出版社，2021.

[43] 李杰其，胡良兵. 基于机器学习的设备预测性维护方法综述［J］. 计算机工程与应用，2020，56（21）：11-19.

[44] 陈冬梅，赵思恒，魏承印，等. 船舶柴油机状态监测及预测性维护研究及应用［J］. 中国机械工程，2022，33（10）：1162-1168.

[45] 张建军，赵启兰. 基于“互联网+”的供应链平台生态圈商业模式创新［J］. 中国流通经济，2018，32（06）：37-44.

[46] 吴群，朱嘉懿. 平台型物流企业供应链生态圈可持续协同发展研究［J］. 中国软科学，2022（10）：114-124.

[47] 颜爱民，胡斌，齐兰. 企业核心员工生态位构建行为的探索性研究［J］. 管理评论，2012，24（03）：124-131.

[48] 徐小桐，范英杰. 传统服装制造业向新型平台生态企业转型升级后的盈利路径研究［J］. 商业会计，2018（15）：78-80.

[49] 刘奇林. 海尔集团：班组员工是实现企业战略的源头［J］. 现代班组，2012（08）：5-6.